中等职业教育计算机专业系列教材

Flash CS3 实例教程

主　编　李冰梅

副主编　邱开强　于瑛淑

参　编　王　健　李荣梅　李双林

主　审　蔡庆君

机 械 工 业 出 版 社

本书以 Flash CS3 为平台，采用任务驱动教学，每个任务由“任务效果”、“任务实施”、“知识拓展”3 个部分组成。在任务制作中将知识点与技能训练有机结合。充分展现了学生以“学”为主的教学思想，更有利于教师进行教学和学生自学。

本书共分 11 章，前 10 章主要介绍了 Flash CS3 工具的使用、编辑对象、动画制作、特效的应用、图层与场景、添加和编辑声音、交互式动画等内容，讲解循序渐进，由浅入深。第 11 章综合实训任务以制作动画实例汇总了前面各章所学知识点。为方便读者更好地学习本书内容，本书提供电子教学资源包，包括电子课件、实例源文件和相关素材文件，读者可登录机械工业出版社在教材服务网（www.cmpedu.com）以教师身份免费注册下载或联系编辑（010-88379194）咨询。

本书可作为职业院校动画设计、电子商务等相关专业的教材，也可作为各类社会培训班的教材以及广大动画爱好者、初中级动画学习人员的自学教材。

图书在版编目（CIP）数据

Flash CS3 实例教程 / 李冰梅主编．—北京：机械工业出版社，2013.7（2021.1 重印）
中等职业教育计算机专业系列教材
ISBN 978-7-111-43200-5

Ⅰ．①F… Ⅱ．①李… Ⅲ．①动画制作软件—中等专业学校—教材
Ⅳ．① TP391.41

中国版本图书馆 CIP 数据核字（2013）第 153489 号

机械工业出版社（北京市百万庄大街 22 号　邮政编码 100037）
策划编辑：梁　伟　　责任编辑：蔡　岩
责任校对：张　征　　封面设计：鞠　杨
责任印制：常天培

涿州市般润文化传播有限公司印刷

2021 年 1 月第 1 版第 5 次印刷
184mm×260mm・12 印张・292 千字
标准书号：ISBN 978-7-111-43200-5
定价：28.00 元

电话服务	网络服务
客服电话：010-88361066	机　工　官　网：www.cmpbook.com
010-88379833	机　工　官　博：weibo.com/cmp1952
010-68326294	金　　书　　网：www.golden-book.com
封底无防伪标均为盗版	机工教育服务网：www.cmpedu.com

前　言

Flash是由美国Macromedia公司推出的一款优秀的网页交互式矢量动画编辑软件，现已成为各职业院校计算机类学生学习的主要软件之一。对于职业教育而言，如何实现学生更有效地利用工具软件学习的目标成为职业教育发展的重点，如何更好地激发职校学生的学习兴趣已经成为关键，传统的以教师为主体的教育教学与以学生为主体的案例教学相比，当然后者更有说服力。本书在理论与实践相结合的前提下更注重实践应用，力求从实际应用的需要出发，尽量减少枯燥死板的理论概念，加强了应用性和可操作性的内容讲解，以充分调动学生的学习兴趣为关键，以社会职业需要为主，在教学中能够达到节节有实例、节节有练习。让学生在实践中总结，培养学生的学习和创新能力，加深与强化了学生对知识的理解。而训练题大多来自各行业的实际创作，达到了与社会需要相结合的目的，为学生自身职业发展奠定了坚实的基础。

本书以Flash CS3版进行讲解。全书共分11章，第1章主要介绍了Flash CS3的概念和基本操作方法，第2章主要介绍了Flash工具的使用，第3章主要介绍了Flash的编辑对象，第4章主要介绍了Flash CS3的动画制作，第5章主要介绍了Flash的素材与元件，第6章主要介绍了Flash CS3特效的应用，第7章主要介绍了Flash的图层与场景，第8章主要介绍了Flash的添加和编辑声音的制作，第9章主要介绍了Flash的交互式动画的应用，第10章主要介绍了作品的测试与发布。最后一章的综合实训任务以制作动画实例汇总了前面各章所学习的知识点。本书的最大特点是采用了任务驱动教学，每个任务由“任务效果”“任务实施”“知识拓展”3个部分组成。在任务制作中将知识点与技能训练有机结合，充分展现了学生以“学”为主的教学思想，更有利于教师进行教学和学生自学。

本书建议课时为48学时，分配如下。

章　节	任　务	课　时
第1章　Flash CS3入门	任务1　设置调整Flash CS3的工作环境	1
	任务2　制作自己的第一个动画——让小鸡动起来	1
第2章　使用Flash CS3工具	任务1　绘制可爱的“小鲸鱼”	2
	任务2　用笔刷工具“描”照片	2
	任务3　制作海天相接的景象	2
	任务4　绘制标准的“心”形图案	2
	任务5　天女散花——让文字从四面八方飞过来	2
第3章　编辑对象	任务1　随心所欲切割调整图形、图像和图片	2
	任务2　轻舞飞扬——“大风车”转动	2
	任务3　栩栩如生——蜡烛燃烧	2
第4章　Flash CS3动画制作	任务1　打字机打字效果制作	2
	任务2　“篮球落地”效果制作	2
	任务3　“翻书”效果制作	2

（续）

章　节	任　务	课　时
第 5 章　素材与元件	了解 Flash CS3 素材的类型	1
	任务 1　让电视机播放视频	1
	任务 2　夜空中星星闪烁	2
	任务 3　“雨点落地”效果制作	2
	任务 4　模仿制作“公用库”中的按钮	2
第 6 章　应用 Flash CS3 特效	Flash CS3 的特效应用	1
	任务 1　随心所欲玩转图像	3
	任务 2　热腾腾的咖啡	
	任务 3　快速制作绚丽特效	2
第 7 章　图层与场景	了解 Flash CS3 中的图层	1
	任务 1　落叶效果的制作	2
	任务 2　“飞机转圈飞行”实例制作	1
	任务 3　“探照灯”效果制作	1
	任务 4　用放大镜看文字	1
	任务 5　水波荡漾	1
	任务 6　文字书写——让笔能写字	1
	任务 7　创建多场景动画	1
第 8 章　添加和编辑声音	了解 Flash CS3 中可以使用的音频	1
	任务 1　为 MTV 影片中的按钮配置声音	1
	任务 2　为 MTV 影片动画配置音乐和对应歌词	2
第 9 章　交互式动画——影片控制	了解交互式动画	1
	任务 1　用按钮控制影片播放	1
	任务 2　升旗、降旗效果制作	2
	任务 3　MTV 高级制作——为 MTV 添加控制	3
第 10 章　作品的测试与发布	任务“简单 MTV”的测试与发布	2
第 11 章　综合实训任务		12
合　计		48

本书由李冰梅主编，邱开强、于瑛淑为副主编。本书第 1、第 2 章由于瑛淑编写，第 3、第 4、第 6 章由李冰梅编写，第 5 章由李荣梅编写，第 7 章由王健编写，第 8、第 9 章由邱开强编写，第 10、第 11 章由李双林编写，本书由蔡庆君主审。

编者们虽对本书内容与结构精心设计和编写，但书中难免有疏漏和不妥之处，恳请广大读者批评指正。

编　者

目　　录

第1章

Flash CS3入门

学习目标

熟悉Flash CS3操作环境，了解Flash CS3工作区的基本使用，包括工具栏、面板、工具箱、舞台、时间轴、图层的使用。

学习重点难点

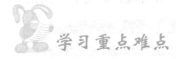

- 掌握Flash CS3最基本的操作
- Flash CS3的启动与退出
- 认识Flash CS3窗口的组成

初识Flash CS3

Flash CS3是Macromedia公司被Adobe公司收购后推出的一款优秀的矢量动画编辑软件。利用该软件制作的动画尺寸要比位图动画文件尺寸小得多，用户不但可以在动画中加入声音、视频和位图图像，还可以制作交互式的影片或者具有完备功能的网站。有了Flash，在Internet上可以完全实现多媒体的效果。

了解计算机图像的类型

我们在计算机屏幕上看到的各种画面大致分为两种：一种是位图，还有一种是矢量图。位图图像和矢量图形没有好坏之分，只是用途不同而已。

1．位图

位图是由像素组成的，像素就是一个一个不同颜色的小点，这些不同颜色的点一行行、一列列整齐地排列起来，最终形成由这些不同颜色的点组成的画面，我们称之为图像。

位图图像的特点与分辨率有关，即在一定面积的图像上包含有固定数量的像素。因此，如果在屏幕上以较大的倍数放大显示图像，或以过低的分辨率打印，位图图像都会出现锯齿边缘。

2. 矢量图

矢量图是以数学的方式，对各种各样的形状进行记录，最终看到由不同的形状所组成的画面，我们称之为图形。它的特点是放大后图像不会失真，和分辨率无关，文件占用空间较小，适用于图形设计、文字设计和一些标志设计、版式设计等。

任务1　设置调整 Flash CS3 的工作环境

任务效果

Flash 具有强大的功能和广泛的用途，先来熟悉一下 Flash 的工作环境，如图 1-1 所示。

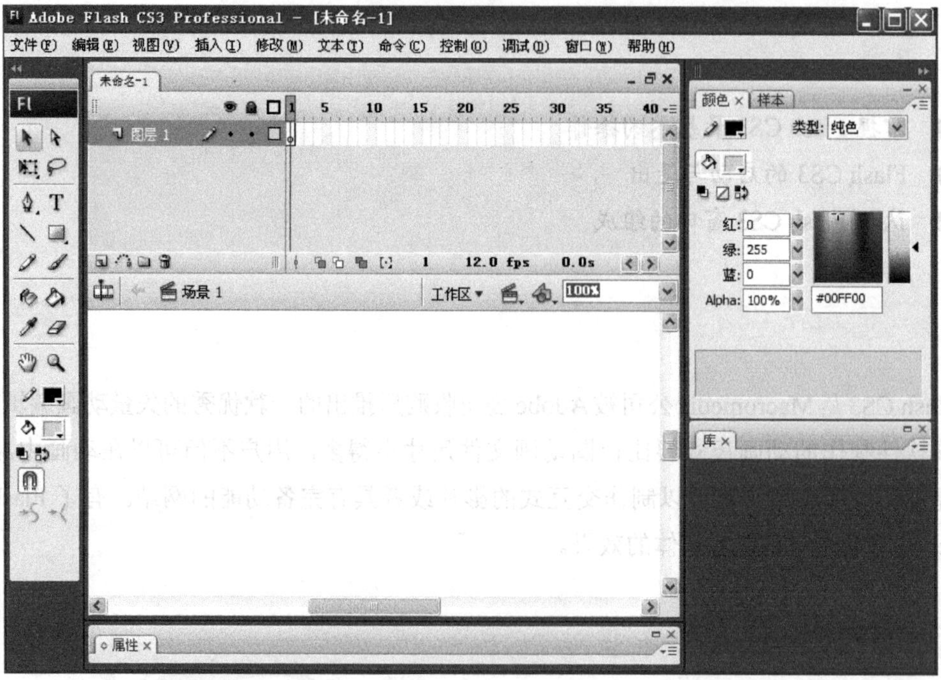

图 1-1　Flash 的工作环境

任务实施

1. Flash CS3 的启动与退出

1）选择“开始”→“程序”→“Adobe Flash CS3 Professional”命令，启动 Flash CS3，其界面如图 1-2 所示。此界面中显示了“开始”页，分为以下 3 个栏目。

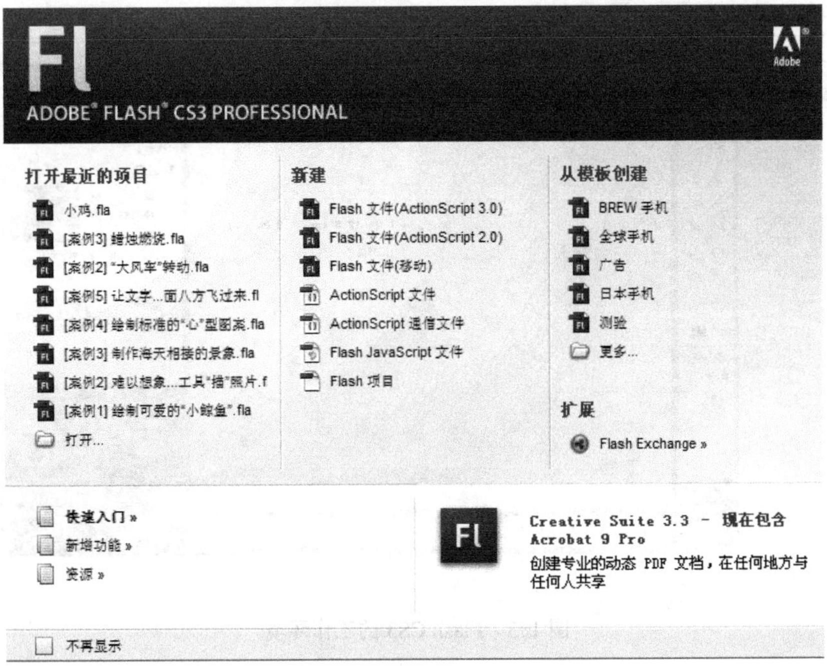

图 1-2　Flash CS3 界面

① 打开最近的项目：该栏目显示最近打开过的项目及文件，并在下面显示了"打开"按钮，单击"打开"按钮，弹出"打开"对话框，利用该对话框可以打开一个或多个 Flash 文件。

② 新建：该栏目列出了 Flash CS3 可以创建的文档类型，用户可以直接单击选择。如：单击"Flash 文件"项目，即可新建一个 Flash 文件（ActionScript 3.0）或 Flash 文件（ActionScript 2.0）。

③ 从模板创建：该栏目列出了 Flash CS3 创建文档的常用模板，用户可以直接单击其中一种模板类型，选择具体的模板，以便利用模板创建 Flash 影片。

提示：如果选择 Flash CS3 界面中的"不再显示"复选框，则下次启动时会直接进入"新建文档"对话框。

2）直接启动文档。在磁盘、文件夹中找到已保存的 Flash 文档或其快捷方式，双击文档进入 Flash 编辑环境。

3）退出 Flash 界面。当编辑完成后，可选择"文件"→"保存"命令，将弹出"另存为"对话框，选择文件保存的位置，单击"保存"按钮，即可将文件保存在指定的位置，单击窗口中的"关闭"按钮退出 Flash CS3。

2．认识 Flash CS3 窗口的组成

Flash CS3 的工作区由标题栏、菜单栏、工具箱、时间轴、舞台、属性面板、层叠面板和其他部件组成，如图 1-3 所示。

图 1-3　Flash CS3 的工作环境

知识拓展　Flash CS3 工作界面的调整

1. 打开或关闭工具箱、时间轴、库或面板等

选择“窗口”→“工具”命令，可以打开或关闭工具箱，通过选择“窗口”命令也可以打开或关闭时间轴、库或面板等，如图 1-4 所示。

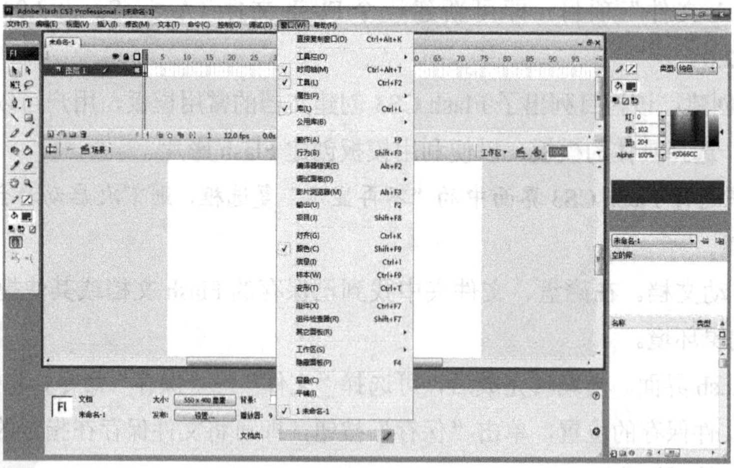

图 1-4　Flash CS3 窗口下拉菜单

提示：“窗口”菜单里面所有菜单项都针对界面窗口，勾选即在界面显示。

2. 调整面板的位置

使用鼠标拖动各面板左上角的面板名称图标，可以将面板拖曳到工作区的其他位置。

3．面板的展开和折叠

单击各面板右上角的按钮，可以折叠面板，同时面板右上角的按钮会变为形状，再单击又可以将面板展开。

任务 2　制作自己的第一个动画——让小鸡动起来

任务效果

Flash 的功能之一就是用于动画制作，现在我们就自己动手制作第一个动画——让一只小鸡动起来。

小鸡绘制完成后，可以做简单的张嘴、闭嘴和睁眼的动作，增加了 Flash 动画制作的趣味性，如图 1-5 所示。

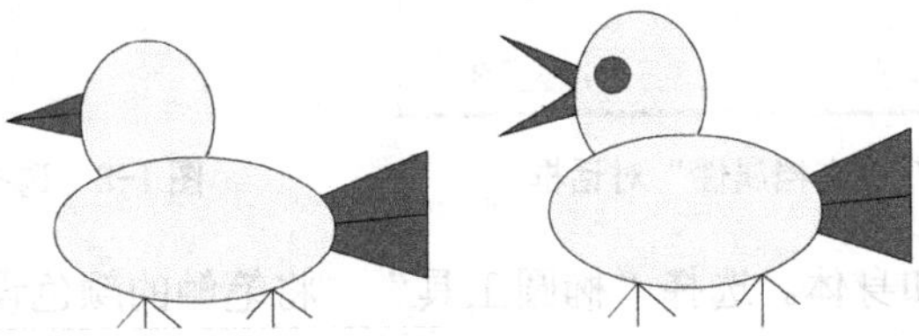

图 1-5　小鸡绘制完成动画效果

任务实施

1）启动 Flash CS3。

2）执行“文件”→“新建”命令，弹出如图 1-6 所示的“新建文档”对话框。在“类型”列表中选择“Flash 文件（ActionScript 3.0）”选项，单击“确定”按钮，如图 1-6 所示。

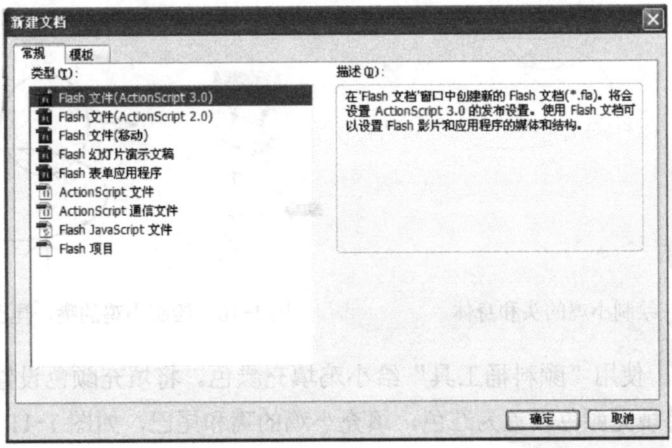

图 1-6 “新建文档”对话框

3）执行“修改”→“文档”命令，弹出“文档属性”对话框，设置“宽”为 500px，“高”为 400px，默认“背景颜色”为白色，单击“确定”按钮，如图 1-7 所示。在此面板中还可设置文档属性。

4）单击“工具箱”中“矩形工具”右下角，在弹出的菜单中选择“椭圆工具”，如图 1-8 所示。

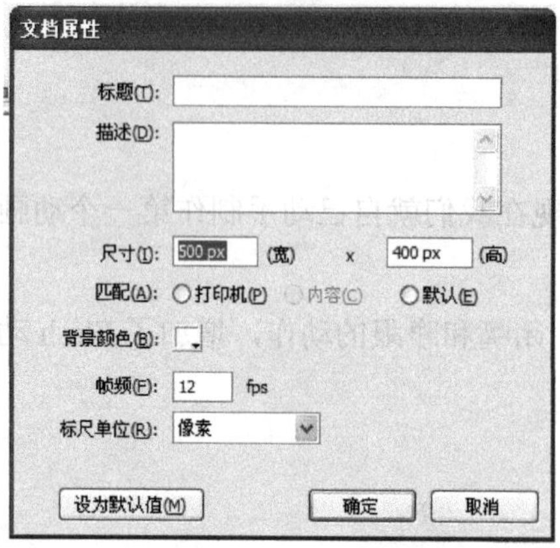

图 1-7 “文档属性”对话框

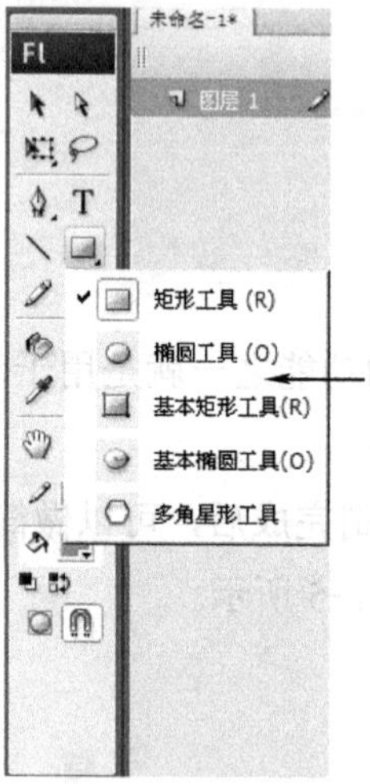

图 1-8 选择“椭圆工具”

5）绘制小鸡的头和身体。选择“椭圆工具”，将笔触的颜色设置为黑色，将填充颜色设置为无色，如图 1-9 所示，在舞台上拖动鼠标绘制出两个椭圆作为小鸡的头和身体。

6）绘制小鸡的嘴、尾巴和脚。选择“直线工具”绘制出小鸡的嘴、尾巴和脚，这样小鸡的基本形状就绘制完成了，如图 1-10 所示。

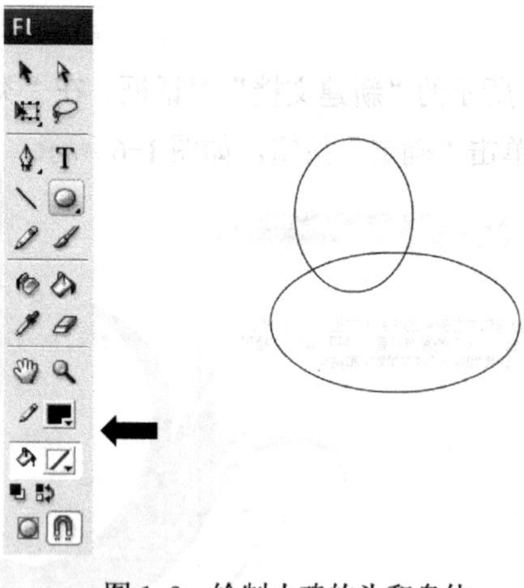

图 1-9 绘制小鸡的头和身体

图 1-10 绘制小鸡的嘴、尾巴和脚

7）填充颜色。使用“颜料桶工具”给小鸡填充颜色。将填充颜色设置为黄色，填充小鸡的头和身体；将填充颜色设置为红色，填充小鸡的嘴和尾巴，如图 1-11 所示。

8）擦除多余线条。使用橡皮擦工具，擦除小鸡头和身体的多余线条，如图 1-12 所示。

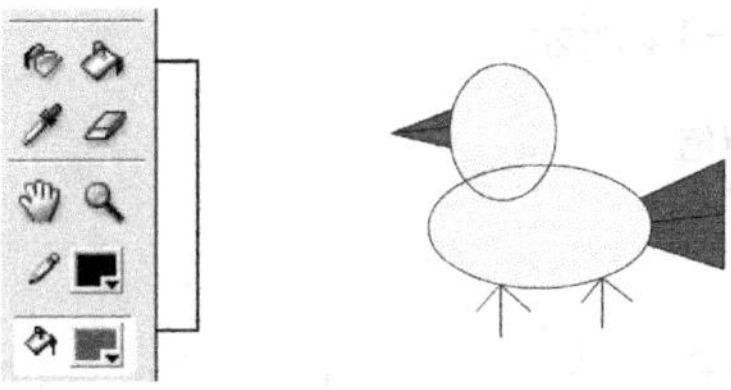

图 1-11　给小鸡填充颜色

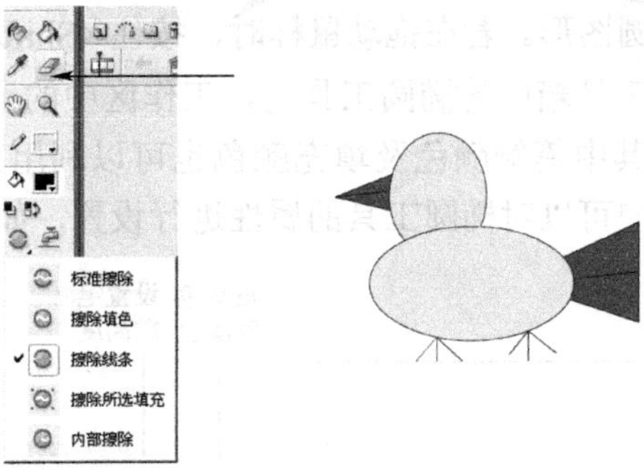

图 1-12　擦除小鸡的多余线条

9）制作会动的小鸡。在时间轴的第 2 帧处单击鼠标右键，在弹出的快捷菜单中选择“插入关键帧”。此时，可以利用椭圆工具及直线工具绘制小鸡张开的嘴，以及小鸡的眼睛，如图 1-13 所示。同时，利用橡皮擦工具擦除小鸡合并的嘴。此时即完成了一个简单的 Flash 动画作品。

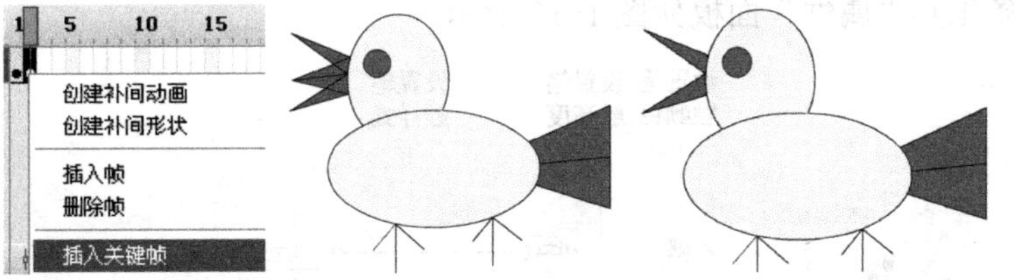

图 1-13　制作会动的小鸡

10）保存文件。在对 Flash 进行编辑的过程中或编辑结束时，可按 <Ctrl+S> 组合键或单击菜单“文件”→“保存”命令保存此 Flash 文件。本例保存为“小鸡 .fla”。

11）测试影片。在 Flash 的编辑环境中按 <Ctrl +Enter> 组合键，Flash 会先对当前的动画进行输出，输出的文件为“小鸡 .swf”。

知识拓展　Flash CS3 关键帧的简单了解

1. 保存、打开、关闭 Flash 文档

（1）保存 Flash 文件　如果是第一次保存 Flash 影片，可选择“文件”→“保存”命令，打开“保存为”对话框。利用该对话框将影片存储为扩展名是“.fla”的 Flash 文件。

（2）打开 Flash 文件　选择“文件”→“打开”命令，调出“打开”对话框，利用该对话框，选择扩展名为“.fla”的 Flash 文件，再单击“打开”按钮，即可打开选定的 Flash 文件。

（3）关闭 Flash 文件　选择“文件”→“关闭”命令或单击 Flash 窗口界面右上角的“关闭”按钮×。如果在此之前没有保存文件，则会弹出一个提示框，提示是否保存文件，单击“是”按钮，即可保存文档。

2. 椭圆、直线、颜料桶、橡皮擦工具

（1）绘制椭圆　单击工具箱内的“椭圆工具”，在 Flash 工作区内拖动鼠标，即可绘制

出一个椭圆图形。若在拖动鼠标时，按住 <Shift> 键，即可绘制出正圆图形。

选取工具箱中的椭圆工具，工作区中的鼠标指针呈“+”形状，这说明椭圆工具已经被激活（其中笔触颜色及填充颜色也可以利用工具栏中的边框工具及填充工具设置），用户可以对椭圆工具的属性进行设置，如图 1-14 所示。

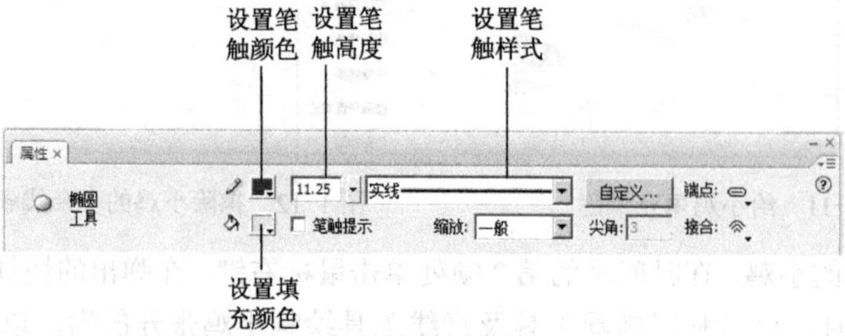

图 1-14 椭圆工具“属性”面板

（2）绘制线条 单击工具箱内的“线条工具”，在 Flash 工作区内拖动鼠标，即可绘制直线。线条工具“属性”面板如图 1-15 所示。

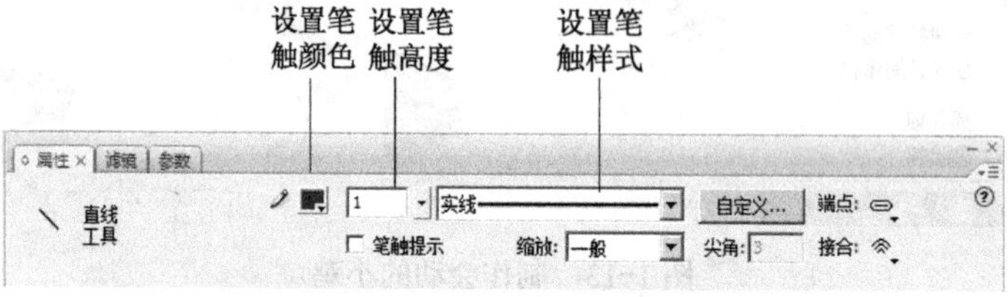

图 1-15 线条工具“属性”面板

1）笔触颜色：单击“笔触颜色”，可以在弹出的调色板中选择一种颜色。

2）笔触高度：通过调节弹出的滑块来调节线条的粗细。

3）笔触样式：可以在“笔触样式”下拉列表框中选择不同的线条样式。

（3）颜料桶工具 选择填充颜色后，可以使用“颜料桶工具”进行封闭区域颜色的填充。其属性设置如图 1-16 所示。

单击“颜料桶工具”，可以在工具箱中最下面的“选项区”单击“封闭模式”按钮，此时将弹出 4 种封闭模式的菜单，如图 1-17 所示。

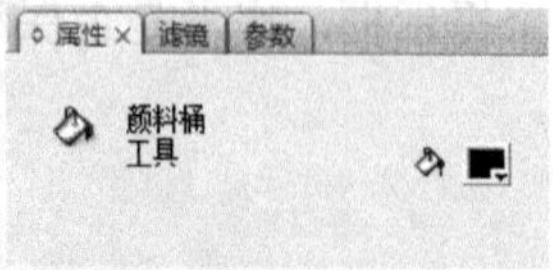

图 1-16 颜料桶工具“属性”面板

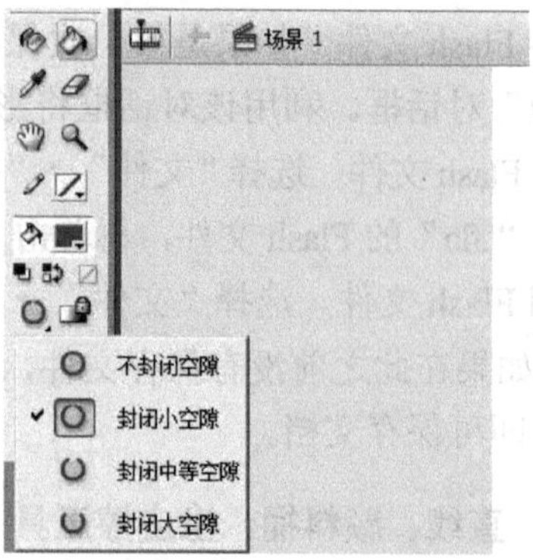

图 1-17 封闭模式的菜单

这 4 种封闭模式的功能如下：

1）不封闭空隙：只有区域完全闭合时才能填充。

2）封闭小空隙：当区域存在较小的缺口时可以填充。

3）封闭中等空隙：当区域存在中等缺口时可以填充。

4）封闭大空隙：当区域存在大缺口时可以填充。

（4）橡皮擦工具　利用橡皮擦工具可以擦除舞台上的图形、打散后的图像与文字等对象。

提示：此工具属性栏无设置，具体设置在选项栏，后面章节将会详细介绍。

3．关键帧基本操作

关键帧是放置了对象关键形状的帧。关键帧是由用户创建的、用于定义动画中变化的帧，用户可以在动画的重要位置定义关键帧，而关键帧之间的内容则由 Flash 自动创建。在逐帧动画中，每个帧都是关键帧，都需要用户创建。

创建关键帧的方法主要有以下 3 种：

1）单击“插入”→“时间轴”→“关键帧”命令，创建关键帧。

2）选择图层中要创建关键帧的位置，按 <F6> 键，创建关键帧。

3）选择图层中要创建关键帧的位置，单击鼠标右键，在弹出的快捷菜单中选择“插入关键帧”选项即可。

提示：此内容在以后的章节中将着重介绍。

第2章

使用 Flash CS3 工具

学习目标

通过任务的实施来完成本章内容，掌握 Flash 工具箱中工具的使用方法以及对对象的基本操作。

学习重点难点

- ❑ 基本图形对象的绘制
- ❑ 工具箱的使用
- ❑ 图层的基本应用

任务1　绘制可爱的“小鲸鱼”

任务效果

海底世界是美不胜收的，让我们通过绘制可爱的“小鲸鱼”来展示美丽的海底世界吧！如图 2-1 所示。

图 2-1　小鲸鱼任务效果图

任务实施

1）绘制小鲸鱼的轮廓。选择“铅笔工具”绘制小鲸鱼的轮廓。在“属性面板”里将笔触的高度设置为 3，绘制如图 2-2 所示的小鲸鱼。

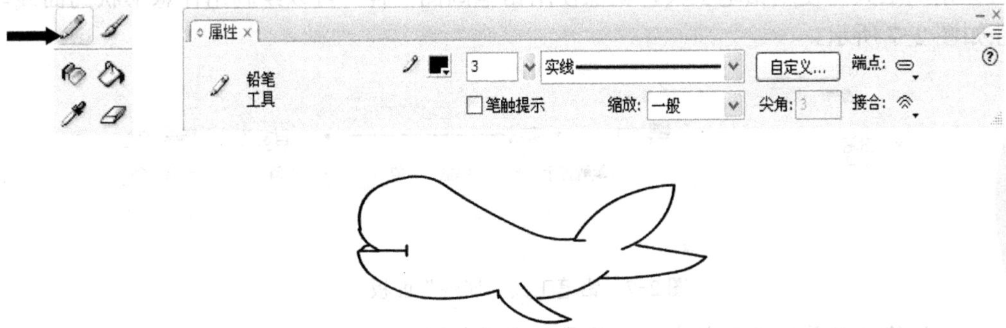

图 2-2　绘制小鲸鱼的轮廓

2）调整小鲸鱼的线条。单击“修改”菜单，选择“形状”→“平滑”命令对小鲸鱼进行曲线优化处理，如图 2-3 所示。

再使用“选择工具”调整图形的形状，当“选择工具”的箭头变成↖时，可以调整线条的弯曲度，使小鲸鱼看起来更逼真，如图 2-4 所示。

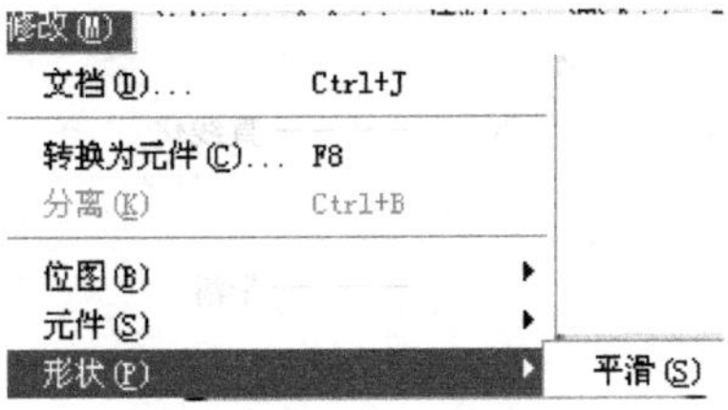

图 2-3　选择“平滑”命令

图 2-4　调整小鲸鱼的形状

3）绘制眼睛及填充颜色。使用“椭圆工具”给小鲸鱼绘制眼睛，并且使用“颜料桶工具”给小鲸鱼填充颜色，如图 2-5 所示。

4）绘制小鲸鱼头部的喷水孔。仍然使用“铅笔工具”绘制，再用“选择工具”进行调整，使用“颜料桶工具”进行颜色的填充。制作完成后如图 2-6 所示。

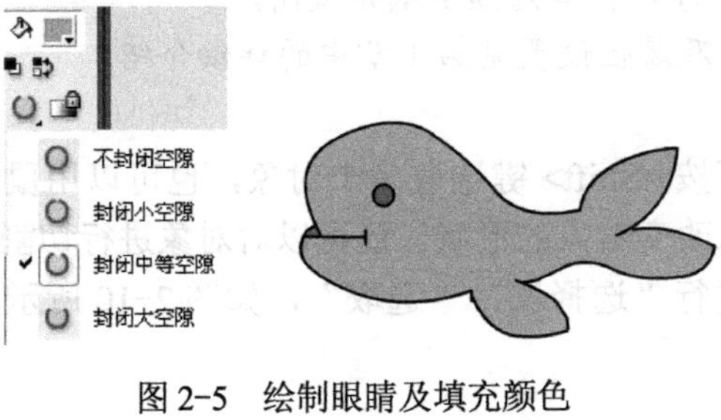

图 2-5　绘制眼睛及填充颜色

图 2-6　小鲸鱼制作完成

知识拓展　绘图工具的使用与图像的优化

1．铅笔、椭圆、颜料桶、箭头工具

（1）铅笔工具　使用铅笔工具，就像使用铅笔画图一样，可以绘制出任意形状的曲线。其属性如图 2-7 所示。

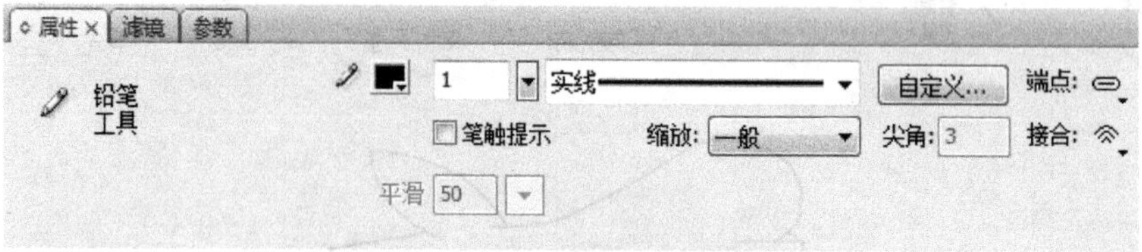

图 2-7　铅笔工具“属性”面板

提示：铅笔工具属性设置与直线工具属性设置相同。

使用时注意配合工具箱底部的“铅笔模式”进行使用，如图 2-8 所示。

1）直线化：适用于绘制规则线条，并且绘制的线条会分段转换成直线、圆、椭圆、矩形等规则线条中最接近的线条。

2）平滑：适用于绘制平滑曲线。

3）墨水：适用于绘制接近徒手画出的线条。

如图 2-9 所示为在 3 种铅笔模式下以线宽 1.0 绘制的实型线条。

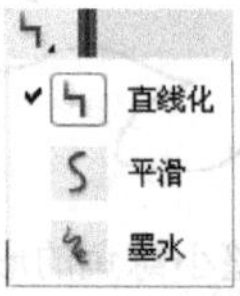

图 2-8　铅笔模式

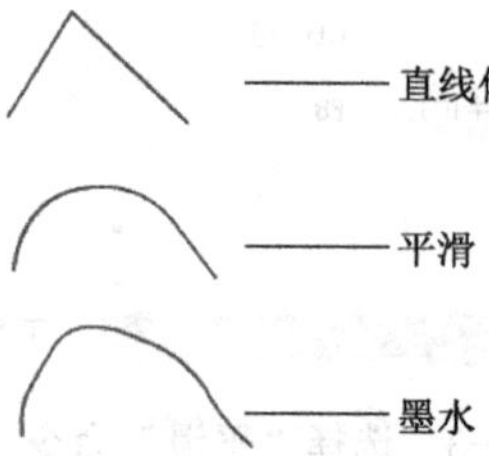

图 2-9　使用铅笔模式绘制的线条

（2）椭圆工具　绘制椭圆形或有填充的圆形。按 <Shift> 键可以绘制正圆。

（3）颜料桶工具　其作用是对填充属性进行修改。单击“颜料桶工具”后，对应的工具箱底部选项会出现两个按钮，单击其中的按钮，会弹出一个菜单，它用来选择对没有空隙和有不同大小空隙的图形进行填充；另一个为锁定填充按钮。

提示：椭圆及颜料桶工具的具体使用及属性设置见第 1 章中的详细介绍。

（4）箭头工具

1）选择工具：用来选取对象，可按 <Shift> 键选取多个对象，也可以用鼠标拖动出一个矩形将对象全部选中。同样，也可以改变对象的形状，还可以对对象进行切割。

“选择工具”是对不同类型的对象进行“选择”、“选取”，如图 2-10 所示为选择填充区域和选择线条的效果。

① 若选择的对象是图形，单击鼠标左键可以选择部分线条或填充区域。

② 双击填充区域可以选择填充和线条。

③ 双击线条可以选择对象中的所有线条。

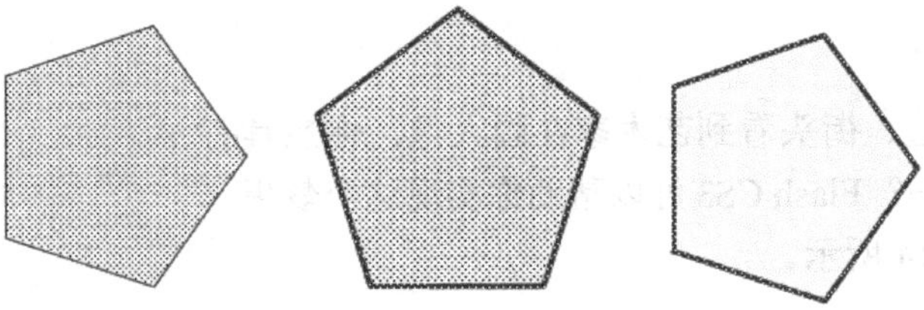

图 2-10　利用选择工具选取对象

2）部分选取工具：可以改变矢量图形的形状。用此工具单击对象，线条的上边会出现绿色亮点，用鼠标拖动节点，会改变线和轮廓线的形状。主要包括以下两种用途。

① 移动或编辑所选对象的单个节点。

②移动选择的对象。

2．曲线优化

曲线优化是指通过一条相对平滑的曲线线段来代替若干相互连接的小段曲线，从而达到使曲线平滑的目的。选中一条曲线后，连续单击“选项”选项区中的“平滑”按钮（例如，5 次）即可将选中的曲线柔化，如图 2-11 所示。

图 2-11　曲线优化

使曲线平滑可以借助于 Flash 的曲线优化功能，它可以减少曲线的数量，从而改变其平滑程度。选择“修改”→“形状”→“优化”命令，打开“最优化曲线”对话框如图 2-12 所示。

平滑：使用该滑块可以调节曲线的平滑程度。

使用多重过渡：选中该复选框，可以重复处理曲线的平滑过程。

显示总计消息：选中该复选框，可以在平滑之后显示优化完成信息，如图 2-13 所示。

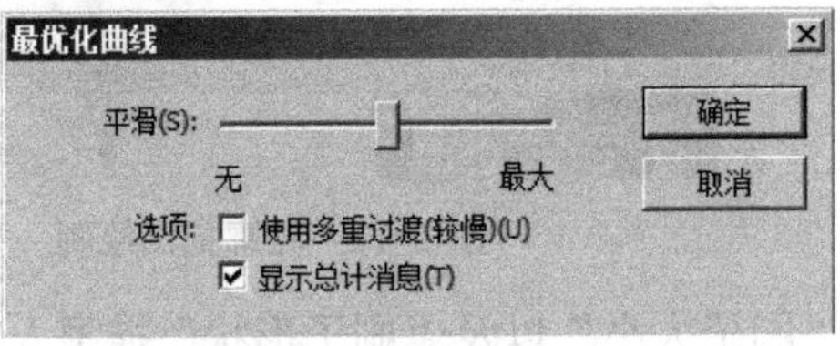

图 2-12 “最优化曲线”对话框

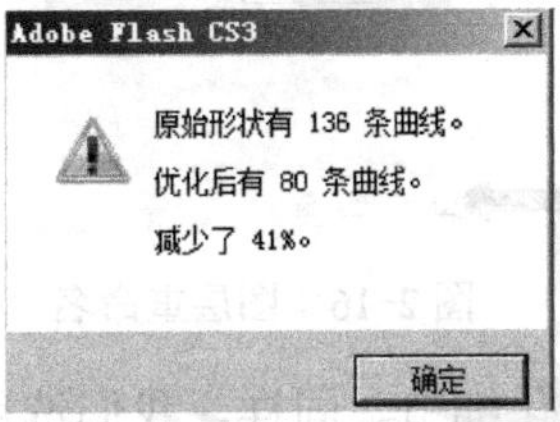

图 2-13　优化完成信息框

任务 2　用笔刷工具“描”照片

任务效果

我们经常在路边、街头看到艺术家在画人像，你想具有和他们一样的天赋吗？Flash CS3 可以帮助你实现这个梦想。任务效果图如图 2-14 所示。

图 2-14　任务效果图

任务实施

1）导入图片。选择“文件”→“导入”→“导入到舞台”命令，在弹出的快捷菜单中选择“zhoujl44.jpg”并将此图片设置成与舞台的大小一致。在“属性”面板中将“宽”设置为 550；高为 400；X：0；Y：0；如图 2-15 所示。

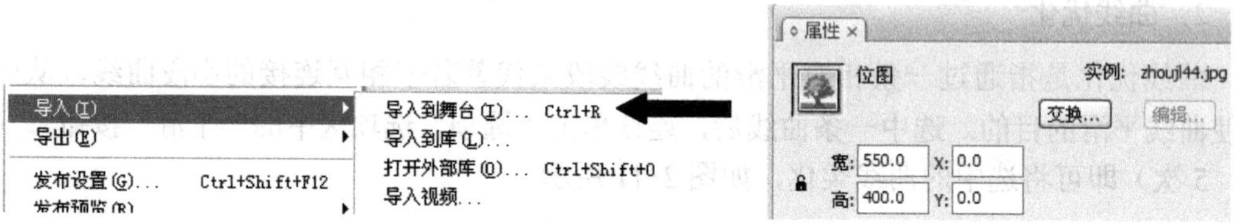

图 2-15　导入图片并设置图片属性

2）将此图层重命名为“原图”，并且新建一图层，命名为：“描图”。注：双击图层名称部分即可将图层进行重命名。如图 2-16 所示。

3）进行轮廓描图绘制。选择“描图”的第一帧，选择“刷子工具”，在对应的工具箱底部“刷子大小”里面选择适合描画轮廓的刷子大小，同样在“刷子形状”的工具箱中选择其形状，此时就可以描绘人物的轮廓了！为了对比鲜明，我们把“填充颜色”设置为浅绿色，绘制完成如图 2-17 所示。

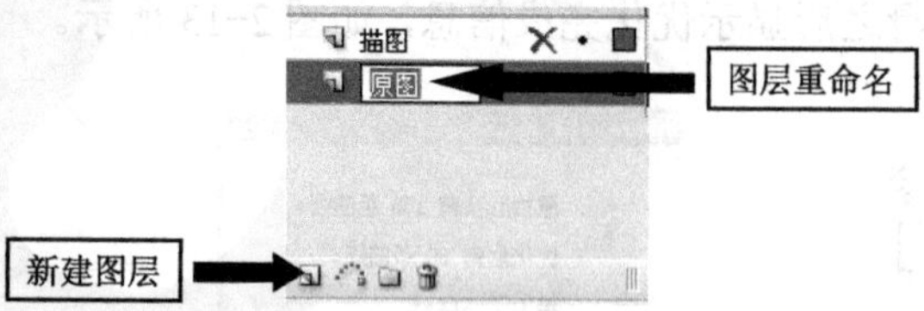

图 2-16　图层重命名

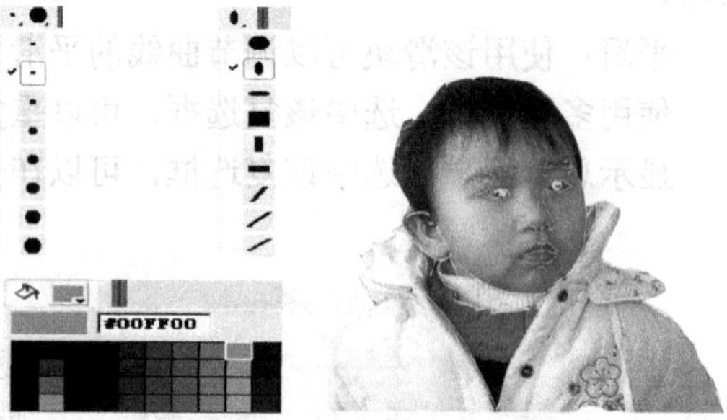

图 2-17　轮廓描图绘制

4）描化细节。同样，我们选用适合的“刷子大小”以及“刷子形状”描画人物的头发、眼睛、鼻子、嘴等细节。绘制细节的同时，可以将舞台的视图控制进行改变，以方便描画，如图 2-18 所示。

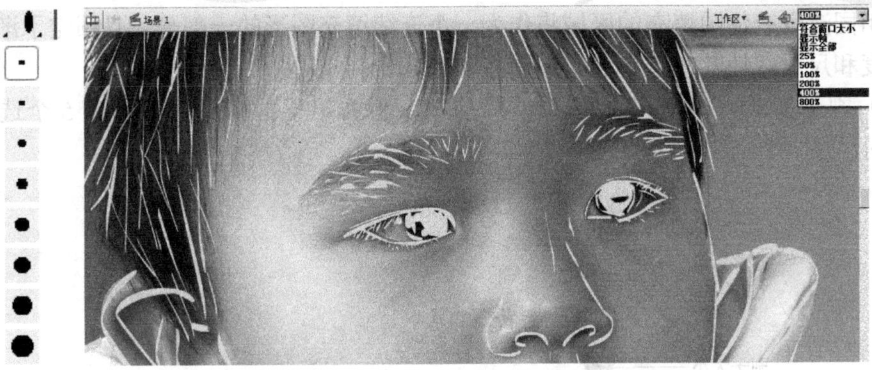

图 2-18　描化细节

5）描画完成后再将“原图”所在图层进行隐藏，即可得到任务效果，此时，如果要达到素描的效果，可以使用“选择工具”将整图选中，并将“填充颜色”改为黑色。如图 2-19 所示。

图 2-19　描画完后的效果

知识拓展　绘图工具的使用与图层简单操作

1. 刷子工具

选取工具箱中的刷子工具，可以像画笔一样绘制任意形状和精细的图形效果。

当单击“刷子工具”时，会在工具箱中对应出现“锁定填充”、“刷子模式”、“刷子大小”、“刷子形状”的选项，如图 2-20 所示。

（1）锁定填充　是指控制 Flash 处理渐变填充或位图填充的工具。激活该按钮后，所有使用相同渐变或位图填充的区域将作为一个连续填充图形的一部分，且锁定了渐变的起始点、角度和尺寸，使其在整个场景中保持一致。

（2）刷子模式　单击“刷子模式”按钮，将弹出下拉菜单，里面有 5 个选项，如图 2-21 所示。

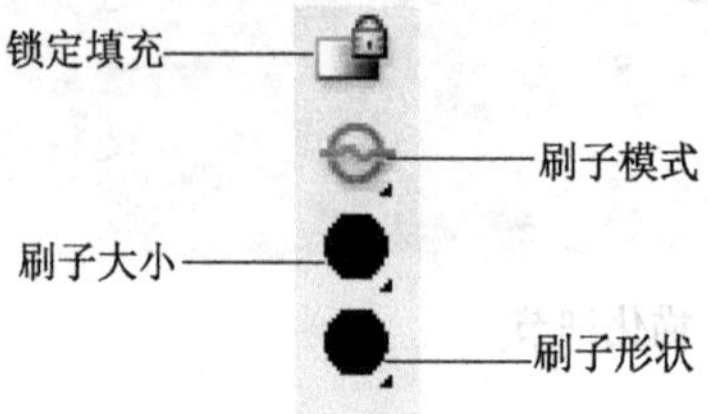

图 2-20　刷子工具

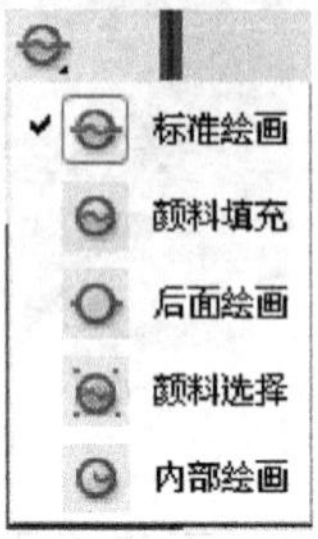

图 2-21　刷子模式

1）标准绘画：只要是画笔经过的地方，都变成了画笔的颜色。

2）颜料填充：刷子经过的地方只影响了填色的内容，不会遮盖住线条。

3）后面绘画：图像的后方，不会影响前景图像。

4）颜料选择：用“箭头工具”选中的图像部分，再使用画笔，颜色就上去了。

5）内部绘画：画笔的起点必须是在轮廓线以内，而且画笔的范围也只作用在轮廓线以内。

以上 5 种选项的绘画效果如图 2-22 所示。

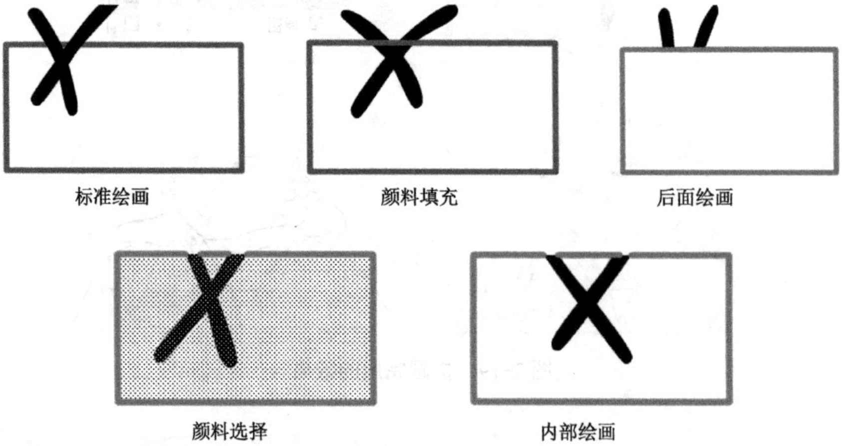

图 2-22　5 种刷子模式的绘画效果

（3）刷子大小　单击“刷子大小”按钮，会弹出画笔宽度示意图，选择其中之一，即可设置刷子的大小。

（4）刷子的形状　单击“刷子形状”按钮，会弹出刷子形状示意图，选择其中之一，即可设置刷子的形状。

2．图层基本操作

图层是管理舞台对象的重要方式。可以将每个图层当做一张透明的纸，每张纸上可以绘制不同的内容，当把这些纸叠加放置时，上层的纸会遮盖下层纸，各个图层之间是完全独立的，不会相互影响。

基本操作：

1）选择图层。单击图层控制区的相应图层行，即选中相应图层。

2）显示 / 隐藏图层。单击图层控制区的图标，可隐藏所有图层，当此图标的显示列变成✕时，表示该层被隐藏了，如此操作，再进行单击便可将图层显示出来。若只想隐藏 / 显示某一层，可通过该显示图标列下面的图标进行设置。

3）锁定 / 解锁图层。单击图层控制区的图标，可锁定所有图层。若只想锁定 / 解锁某一层，可通过该显示图标列下面的图标进行设置。

4）图层重命名。双击图层控制区相应图层的名称，输入新的图层名称。

5）改变图层的顺序。用鼠标拖动图层控制区域内的图层，即可改变图层的顺序。

6）新建图层和删除图层。单击图层控制区下面的按钮，即可新建图层；若想删除图层，则选中要删除的图层，单击按钮或将所选的图层拖动到此图标上，即可删除图层。

任务 3　制作海天相接的景象

任务效果

温暖的太阳，欢快的小鲸鱼，组成了一幅亦真亦幻的海天相接景象，如图 2-23 所示，优美至极。

图 2-23　海天相接效果图

任务实施

1）制作背景。选择工具箱中的“矩形工具”，在 Flash 工作区中拖动绘制一个没有笔触颜色的矩形，填充颜色是天蓝色到海蓝色的线性渐变。过渡的关键点滑块设置为白色。如图 2-24 所示。

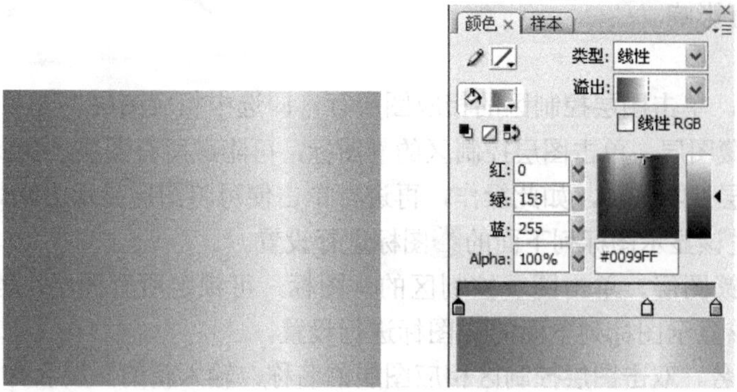

图 2-24　制作背景

2）设置背景。使用“任意变形工具”将渐变矩形顺时针旋转 270°，并在其属性面板中设置与舞台大小等大，可以将这一层重命名为“背景”，并将其锁定，设置完成后如图 2-25 所示。

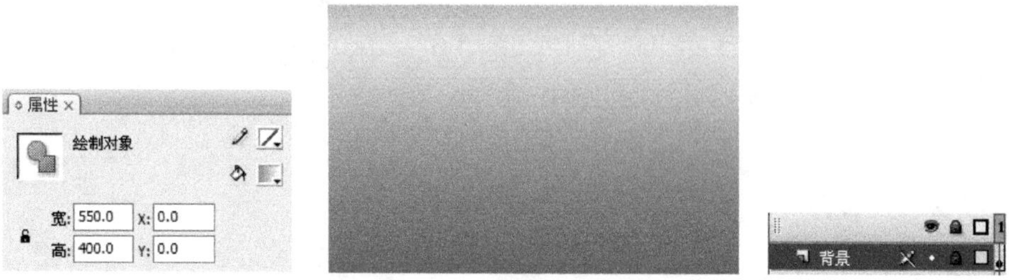

图 2-25　设置背景

3）绘制太阳。新建一层，命名为“太阳”。选择“椭圆工具”，笔触颜色设置为无色，填充颜色设置为由红到黄的放射状渐变，在舞台的合适位置按<Shift>键，绘制出一个正圆形，如图 2-26 所示。

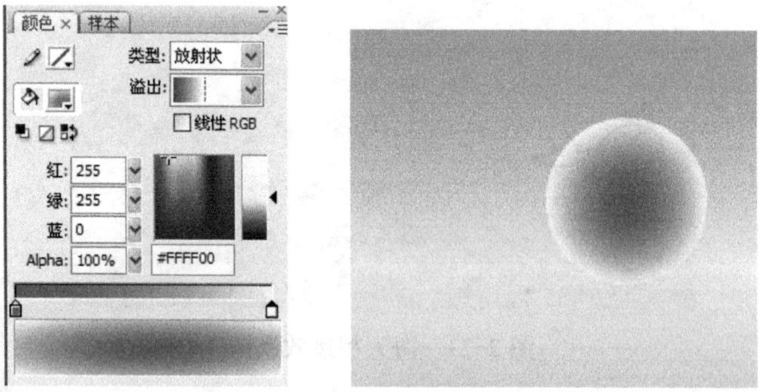

图 2-26　绘制太阳

4）修饰太阳。这样制作出的太阳看上去不那么柔和，接下来，我们可以对其进行修饰，使其散发出柔和的光线。选中绘制的太阳，单击“修改”→“形状”→“柔化填充边缘”命令，打开“柔化填充边缘”对话框，如图 2-27 所示，这样柔和的太阳光线就制作出来了。

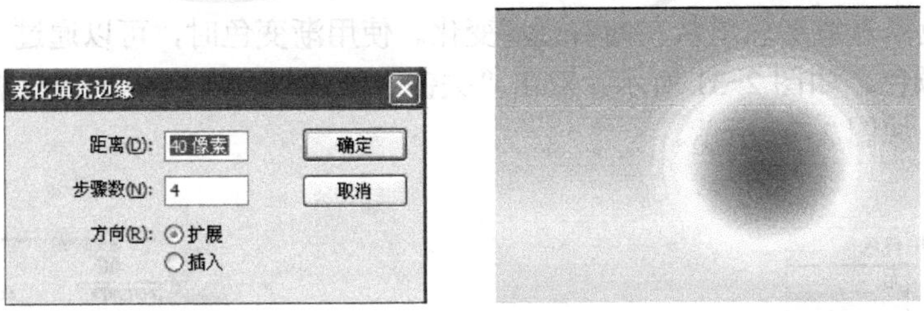

图 2-27　修饰太阳

5）制作光晕。为了更加形象，我们可以制作出太阳淡淡的光晕，使海天一色。仍旧选择“椭圆工具”，在上一步的基础上，设置填充颜色，如图 2-28 所示，将 Alpha 的值设置为 5%，这样绘制几个圆即可以使海天成一色了。

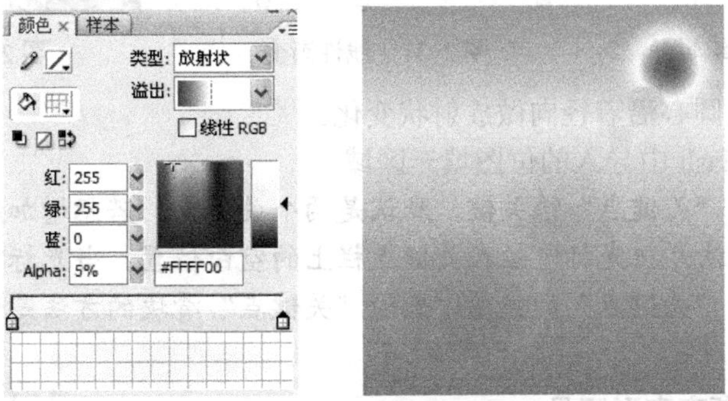

图 2-28　制作光晕

6）导入鲸鱼。新建一层，名为“鲸鱼”，此时，可以将已经绘制好的鲸鱼复制到舞台，使画面更优美。按 <Ctrl+G> 组合键将之前绘制好的鲸鱼进行组合，组合完成之后复制到工作区，并使用“任意变形工具”将其调整到合适的大小及位置，如图 2-29 所示。

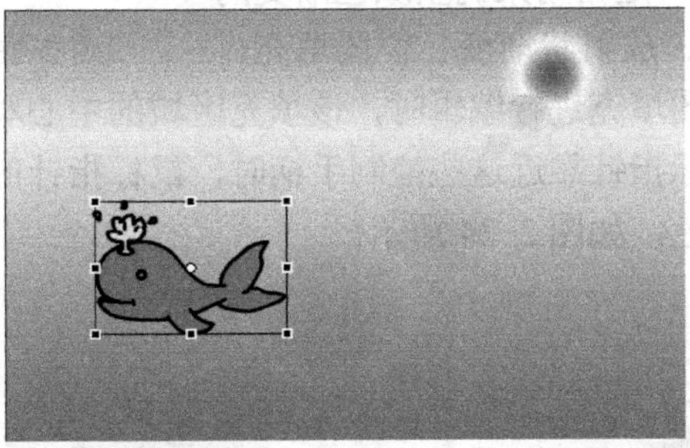

图 2-29　导入鲸鱼图片完成任务绘制

知识拓展　设置图形颜色与编辑、修饰对象

1．设置图形纯色和渐变色（见图 2-30）

首先选择需要设置的“边框”或“填充”色块。在“颜色”面板中的“类型”下拉列表中有几种填充类型的选择，分别为“无”、“纯色”、“线性”、“放射状”、“位图”。

无：不使用颜色。

纯色：填充类型是单一的颜色。

线性：颜色沿着线形轨道从左向右逐渐变化。使用渐变色时，可以通过“关键点滑块”设置关键点的颜色，如图 2-31 所示。双击“关键点滑块”，可以弹出调色板，此时可以选择适合的颜色，如图 2-32 所示。

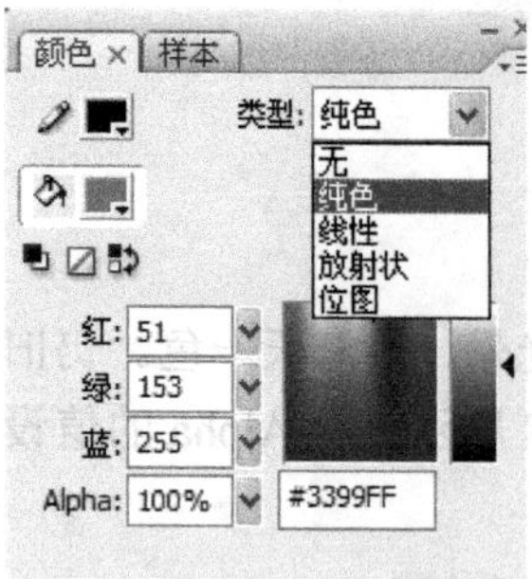

图 2-30　图形颜色编辑

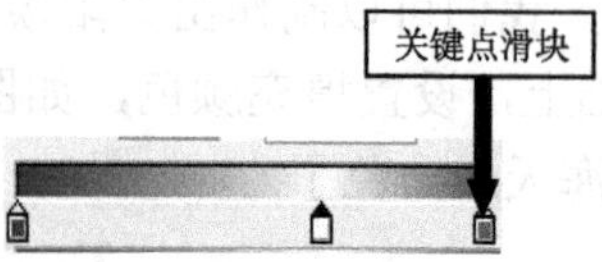

图 2-31　线性渐变

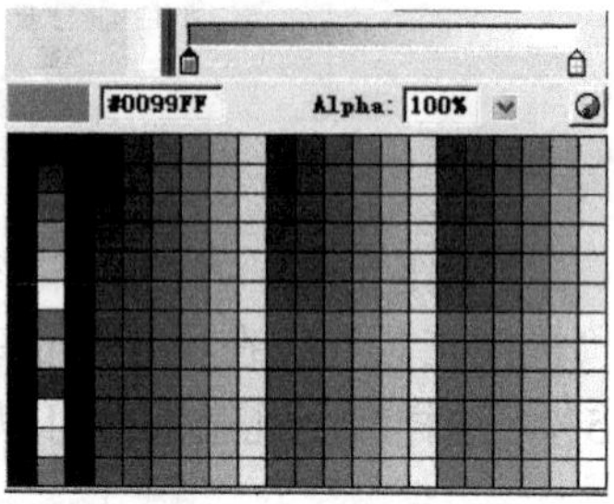

图 2-32　调色板

放射状：颜色从圆心沿着径向做放射状变化。

位图：可以用 Flash 中导入的位图填充区域。

提示：设置渐变“关键点”很关键，默认是两个关键点，若想增加渐变颜色数量就需要增加“关键点”，方法是把光标定位在关键点栏上的空白位置，当光标下面出现“+”图标，通过单击就可以增加“关键点”的数量；删除“关键点”滑块的方法是选中“关键点滑块”向外拖动鼠标即可删除。

2. 任意变形、渐变变形工具

任意变形工具及渐变变形工具都在工具栏的同一按钮中显示，鼠标在该按钮上停留 2s 即可出现下拉按钮，如图 2-33 所示。

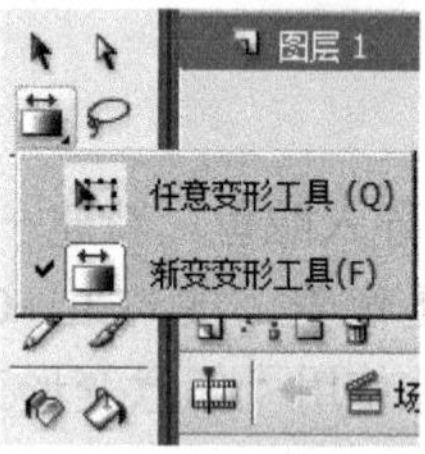

图 2-33　任意变形、渐变变形工具

（1）渐变变形工具 是指用来调整颜色渐变的工具。可以调整线性渐变、放射状渐变、位图填充，当选择一个渐变填充或位图填充进行编辑时，该填充区域的中心和边框会显示出来，并且边框上带有控制手柄，当鼠标指针靠近这些控制手柄时，鼠标指针的形状会发生改变，拖动控制手柄可以改变填充渐变色，如图 2-34 所示。

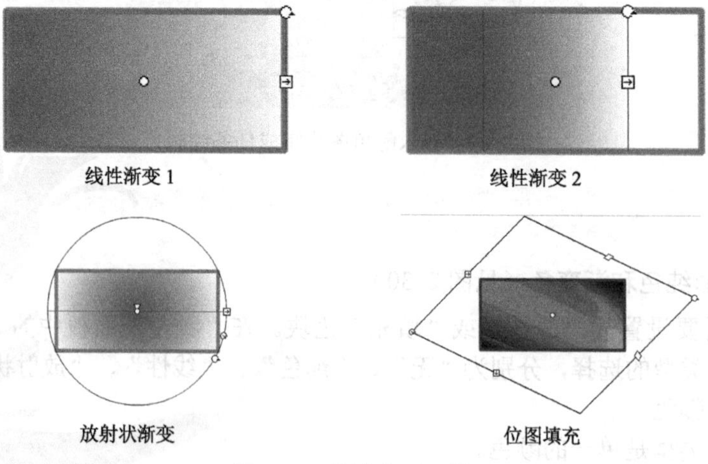

图 2-34　渐变变形工具

在有填充的图形没被选中的情况下，单击“渐变变形工具”，再用鼠标单击填充的内部，即可出现一些圆形、方形和三角形的控制柄，以及线条或矩形框，用鼠标拖动这些控制柄，可以调整填充状态。调整焦点，可以改变放射状渐变焦点；调整中心点，可以改变渐变的中心点。如图 2-35 所示。

改变放射状填充：单击“渐变变形工具”，再单击放射状填充，填充中会出现 4 个控制柄和 1 个中心标记，拖动这些控制柄，可调整放射状填充状态。

改变线性填充：单击“渐变变形工具”，再单击线性填充。填充中会出现 2 个控制柄和 1 个中心标记。拖动这些控制柄，可以调整线性填充的状态。

改变位图填充：单击“渐变变形工具”，再单击位图填充。位图填充中会出现 7 个控制柄和 1 个中心标记，用鼠标拖动控制柄，可以调整位图填充的状态。

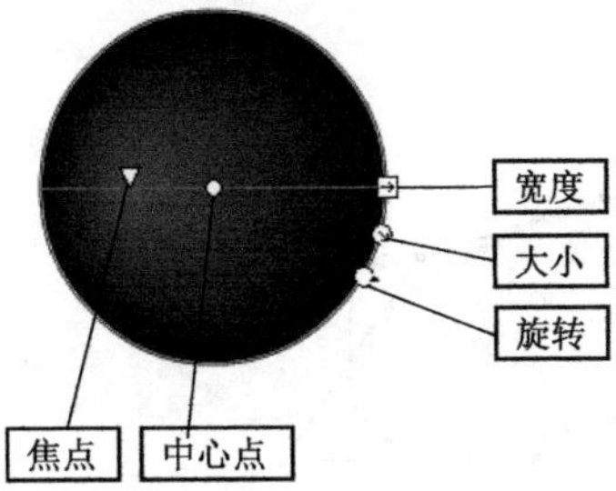

放射状填充调整

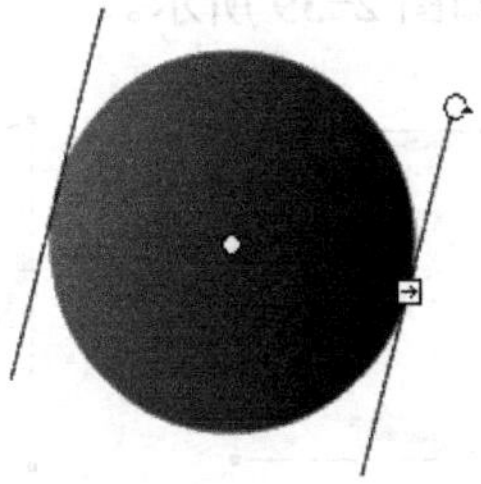
调整线性填充

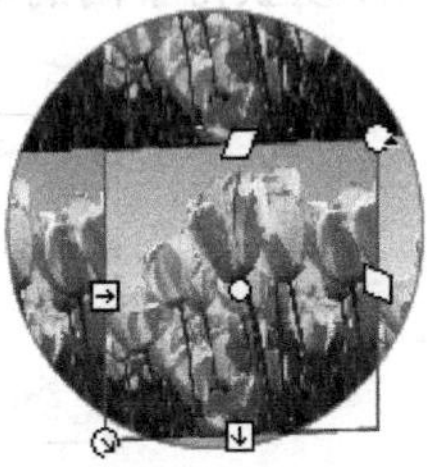
调整位图填充

图 2-35　调整填充状态

（2）任意变形工具　选中对象之后，可以使用“任意变形工具”对选中的对象进行封套、缩放、旋转与倾斜、扭曲等变形。如图 2-36 所示。

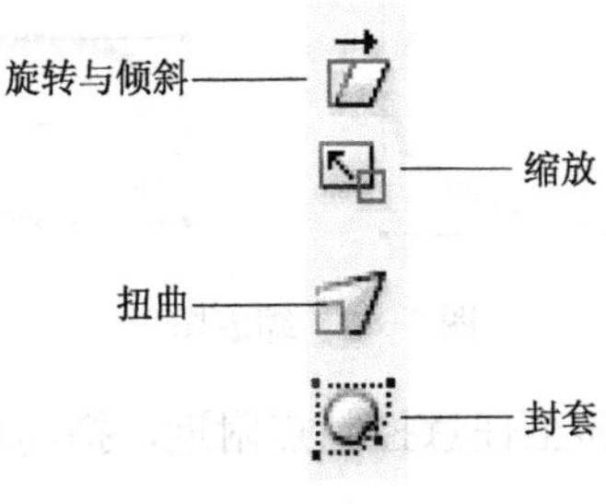

图 2-36　任意变形工具

1）旋转图形：将鼠标指针移至对象四个角的控制点上，即可旋转图形，如图 2-37 所示。

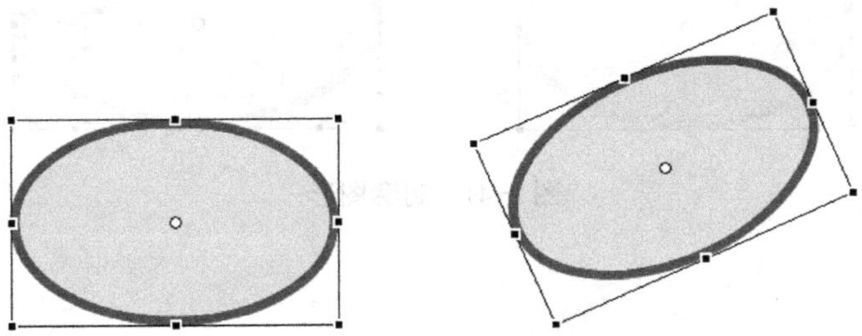

图 2-37　旋转图形

2）倾斜图形：将鼠标指针移到所选图形的任意边线上，在水平或垂直方向上拖动鼠标，图形会相应地进行倾斜变形。如图 2-38 所示。

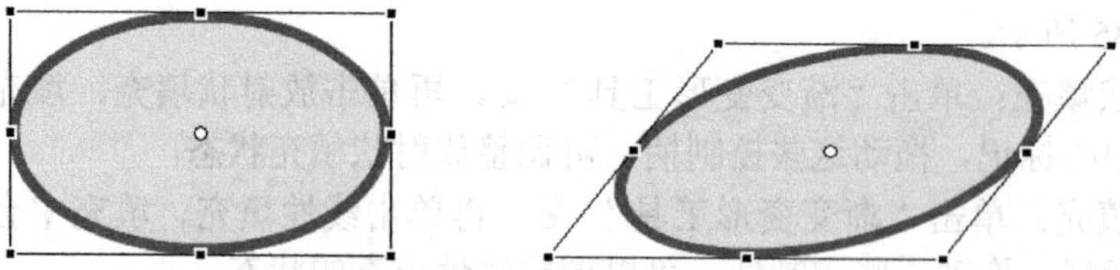

图 2-38　倾斜图形

3）扭曲图形：将鼠标指针移至任意控制点上，按鼠标左键并拖动鼠标，即可对该图形进行拉伸以获得不同的形状，如图 2-39 所示。

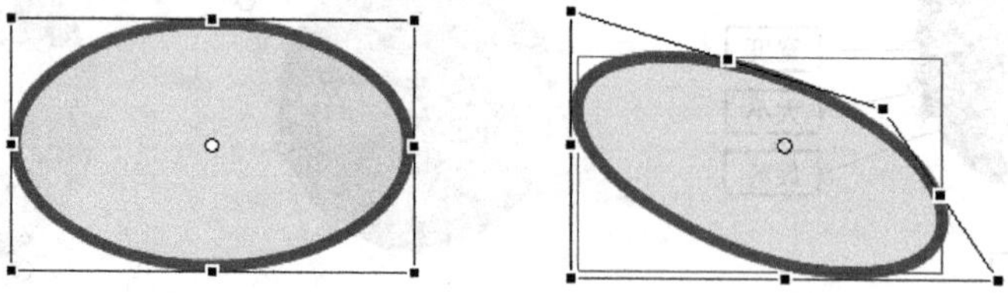

图 2-39　扭曲图形

4）缩放图形：将鼠标指针移至所选图形四周的控制点上，可缩放变形图形，如图 2-40 所示。

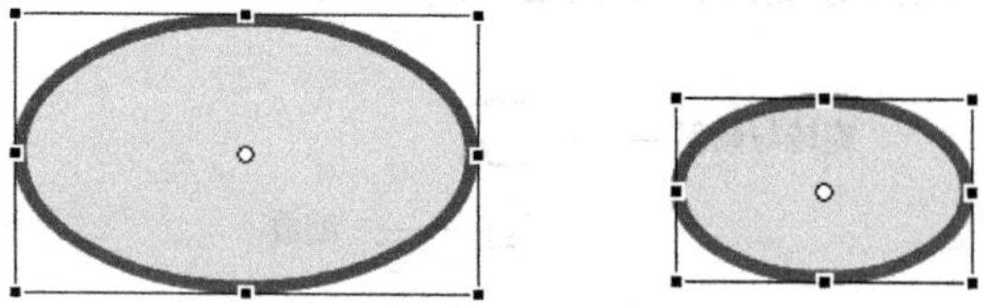

图 2-40　缩放图形

5）封套图形：将鼠标指针移至任意控制点附近，拖动鼠标即可改变图形的形状，如图 2-41 所示。

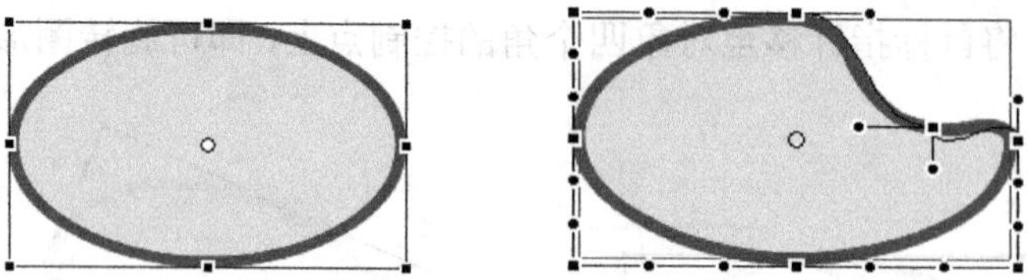

图 2-41　封套图形

3．修饰对象

柔化填充边缘：选择一个填充，单击“修改”→“形状”→“柔化填充边缘”命令，弹出“柔化填充边缘”对话框，通过设置柔化边缘的宽度对对象进行修饰。如图 2-42 所示。

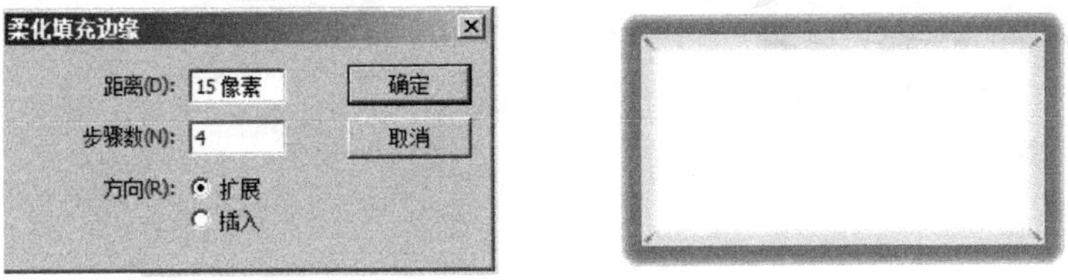

图 2-42　修饰对象

在该对话框中，可设置如下选项。

距离：在该编辑框中输入柔化边界距离。

步骤数：在该编辑框中输入柔化边界的曲线数目，帧数越多，效果越平滑。

方向：选中“扩展”按钮，可以扩展形状；选中“插入”按钮，可以缩小形状。

任务 4　绘制标准的“心”形图案

任务效果

我们常用“心”来代表忠诚，表达情感，下面就来使用工具绘制“心形图案”。如图 2-43 所示。

图 2-43　心形图案任务效果

任务实施

1）使用辅助线。选择“视图”→“标尺”命令，在 Flash 工作区上边和左边添加标尺。

2）利用辅助线给“心形图形”定位。单击工具箱中的“选择工具”按钮 ，从左边的标尺栏向工作区拖动 3 次，产生 3 条垂直的辅助线，再从上边的标尺栏向工作区拖动 3 次，产生 3 条水平的辅助线，如图 2-44 所示。

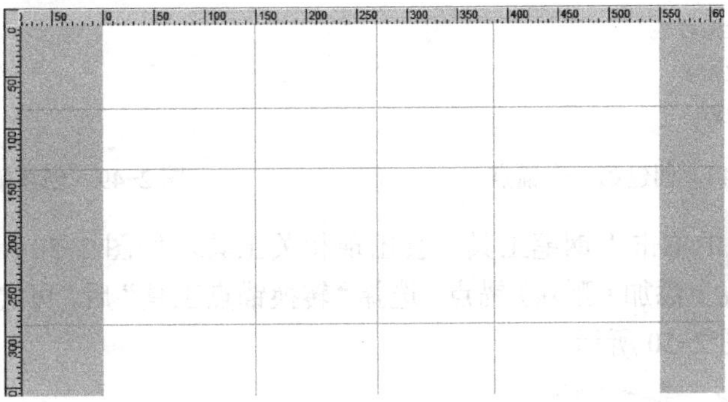

图 2-44　绘制辅助线

3）使用“钢笔工具”绘制直线与曲线。用“钢笔工具”绘制的图形需要进行一些调整才能满足要求，选择“部分选取”工具后单击“心形”，此时锚点就会显示出来，可以直接拖动锚点的控制点来调节曲线，如图 2-45 所示。

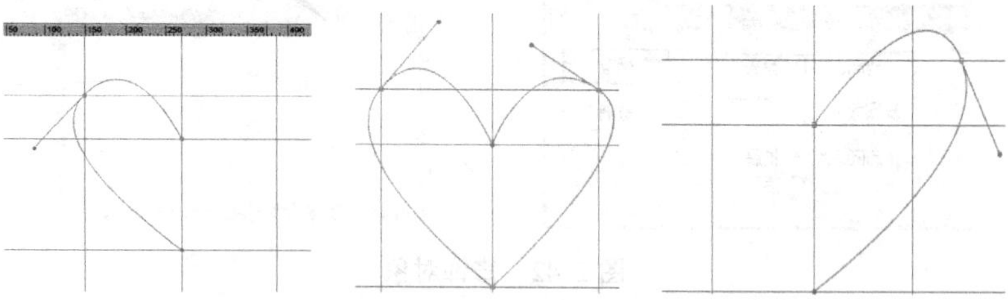

图 2-45　绘制直线与曲线

4）填充颜色。将填充颜色设置为红色，选择“颜料桶工具”进行填充，如图 2-46 所示。

5）撤销辅助线。选择“视图”→“辅助线”命令，取消勾选“显示辅助线”，即撤销辅助线。同样方法，也可撤销“标尺”。如图 2-47 所示。

图 2-46　填充颜色

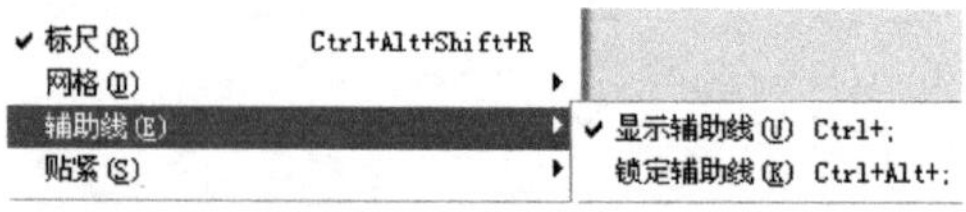

图 2-47　撤销辅助线

知识拓展　钢笔工具的使用

（1）钢笔工具　绘制对象时要求线条平滑、流畅时就需要使用“钢笔工具”。

1）选择“钢笔工具”后，在工作区中单击，可以创建第一个锚点，此时拖动鼠标就会出现锚点的控制点，通过控制点可以确定将要绘制曲线的方向。如图 2-48 所示。

2）松开鼠标，在下一个位置单击即可得到第二个锚点。第二个锚点和第一个锚点会自动连接上，若需要闭合曲线，则需要再在第一个锚点上单击，曲线自动闭合，如图 2-49 所示。

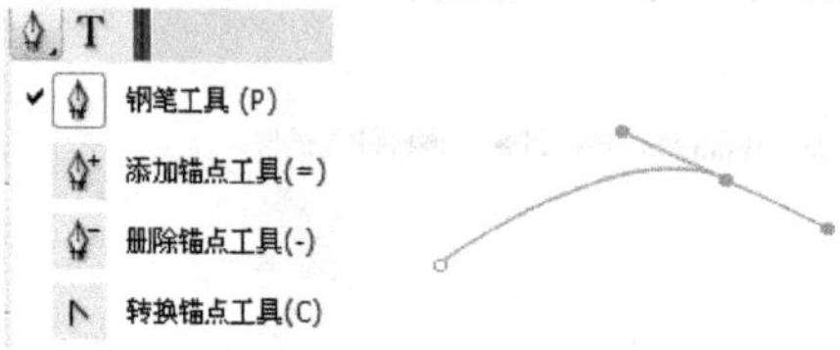

图 2-48　创建第一个锚点

图 2-49　创建第二个锚点

3）在工具面板中单击“钢笔工具”会出现相关工具，如图 2-50 所示，这些工具可以在已经绘制好的曲线上添加（删除）锚点。选择“转换锚点工具”后，可实现“曲线点”和“转角点”的转化。如图 2-50 所示。

图 2-50　增加及删除节点

提示：钢笔工具只能为使用钢笔工具绘制的曲线增加或删除节点，不能直接为使用铅笔工具绘制的曲线增加或删除节点。

（2）部分选取工具　用“钢笔工具”绘制曲线后，如果还想通过锚点来调整曲线的形状，可选择“部分选取工具”在曲线上单击就会出现曲线的锚点。可以直接拖动改变某个锚点的位置，也可以单击一个锚点，通过锚点的控制点来改变曲线的形状。如图 2-51 所示。

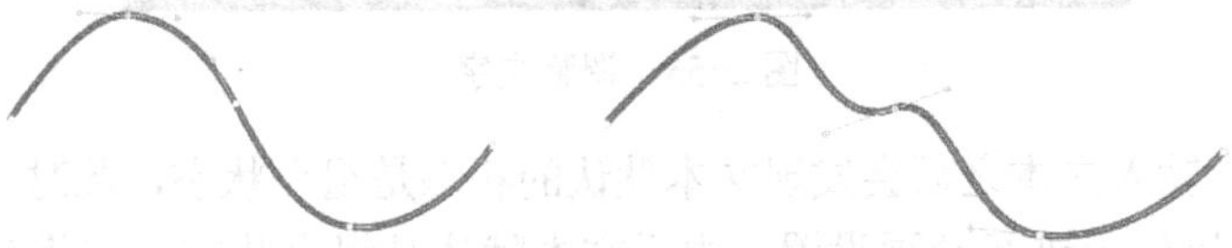

图 2-51　利用部分选取工具调整曲线形状

任务 5　天女散花——让文字从四面八方飞过来

任务效果

文字可以从四面八方飞入舞台，动画效果更加显著，引人入胜。如图 2-52 所示。

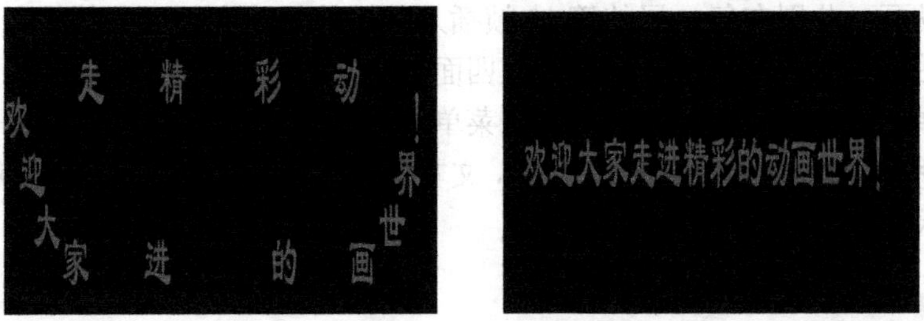

图 2-52　文字动画效果

任务实施

1）设置背景。将舞台的背景颜色设置为黑色，使舞台和文字对比更加鲜明，如图 2-53 所示。

图 2-53　设置背景

2）输入文字。选择“文本工具” T，将其属性作如下设置，如图 2-54 所示。

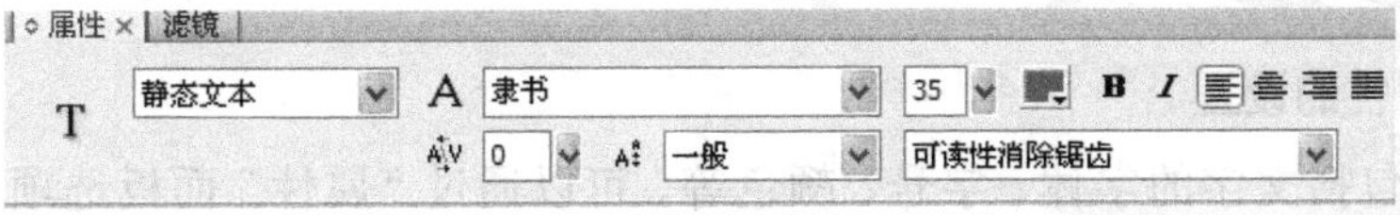

图 2-54　输入文字

输入文本内容“欢迎大家走进精彩的动画世界！”并使用“任意变形工具”调整文字的大小。如图 2-55 所示。

图 2-55　调整文字

3）分散文本。输入文本之后会发现文本默认的状态是组合状态，此时，需要将每个文本分散到各个图层，以便于进行动画设置。由于文本默认是组合状态，需将其分离后再分散到各个图层。选中输入的文本“欢迎大家走进精彩的动画世界！”按 <Ctrl+B> 组合键将各个文本分离，接下来，选中分散的文本并单击鼠标右键，在弹出的快捷菜单中选中“分散到图层”命令，使每一个文本作为一个图层存在。然后可以将原来的图层删除，如图 2-56 所示。

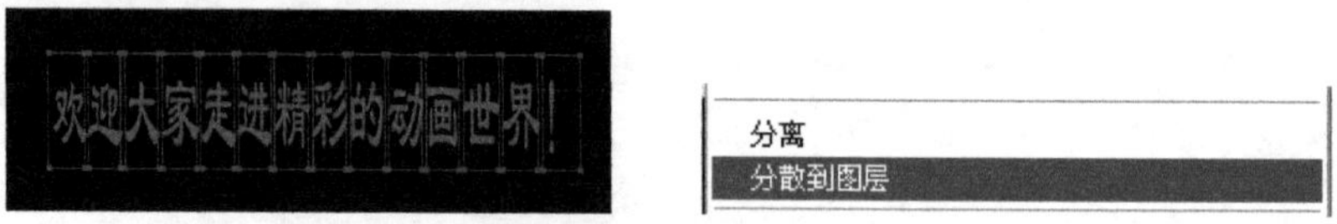

图 2-56 分散文本

4）创建动画。分别在每一层的第 10 帧插入关键帧，选中每一层的第 1 帧文本，分别放置在舞台外的某一位置，使得文本达到从四面八方进入的效果。接着选中“欢”字所在层的任意一帧并单击鼠标右键，在弹出的快捷菜单中选中“创建补间动画”命令，依此类推，将每一个文本所在层都创建补间动画。此时，文本就达到了像是从四面八方飞来一样的效果，如图 2-57 所示。

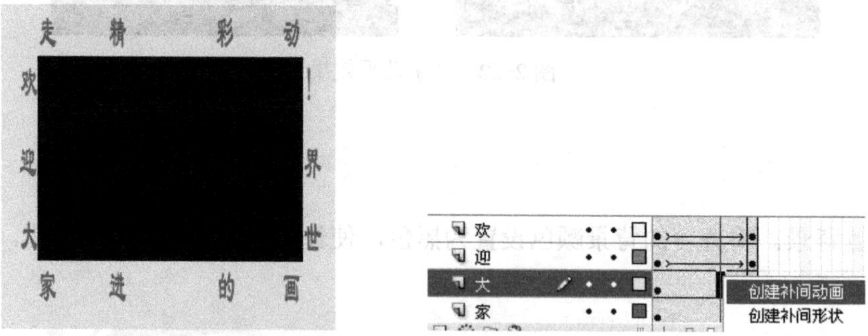

图 2-57　创建动画

知识拓展　文本工具的使用

1. 文本属性的设置

文本属性包括文字的字体、字号、颜色等。可以通过“属性”面板选项来设置文本属性，如图 2-58 所示。

图 2-58　文本工具“属性”面板

1）“字体”下拉列表框：在该下拉列表框中可为文本设置字体。

2）“字体大小”文本框：在该文本框中可以输入数值确定文字的大小，也可以单击该文本框右侧的按钮，通过拖动滑块的位置来设置字符的大小。

3）“文本填充颜色”按钮：将打开颜色列表，可以从中选择一种颜色作为文字颜色。

4）“切换粗体”按钮 **B**：单击该按钮，可以将文本设置为粗体。

5）“切换斜体”按钮 *I*：单击该按钮，可以将文本设置为斜体。

6）“字符位置”下拉列表框：单击该下拉列表框，在弹出的下拉列表中包括“一般”、“上标”和“下标”3 个选项。选择“一般”选项，可以设置文本沿基线对齐；选择“上标”选项，可以设置文本在基线上方（横排）或右侧（竖排）；选择“下标”选项，可以设置文本在基线下方（横排）或左侧（竖排）。

7）“字符间距”文本框：用来设置字符之间的距离，用户可以在该文本框中输入具体的数值，也可以通过拖动滑块改变字间距的大小，其取值范围是 -60 ～ 60 之间的任意一个整数。

8）“编辑格式选项”按钮¶：单击该按钮，可以打开“格式选项”对话框，如图 2-59 所示。其中：

①“缩进”编辑框中，可以输入段落首行缩进距离，范围为 -720 ～ 720 像素。

②“行距”编辑框中，可以输入段落文字的行间距，范围为 -360 ～ 720 像素。

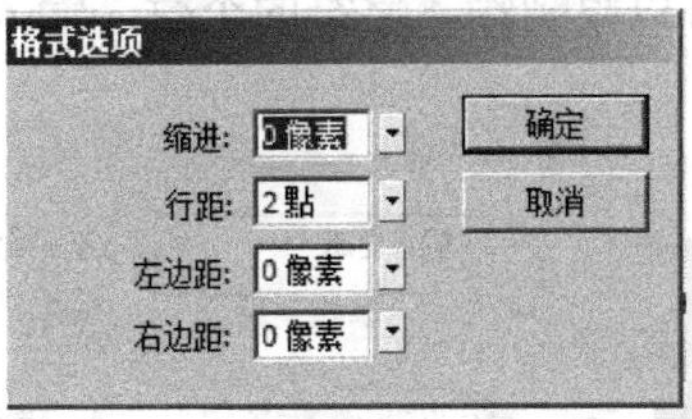

图 2-59 “格式选项”对话框

③“左边距”编辑框中，可以输入段落的左边距。

④在“右边距”编辑框中，可以输入段落的右边距，范围为 0 ～ 720 像素。

2．文本的输入

在输入文本之前，常常需要设置文本类型，或在输入文本后修改文本的属性。Flash CS3 中的文本类型可以分为 3 种：静态文本、动态文本、输入文本。

（1）静态文本　设置完文本属性后，选择工具箱内的“文本工具” T 按钮，再单击舞台工作区，即会出现一个矩形框，这时就可以输入文本了。随着文本的输入，矩形框会自动向右延伸，直到完成文本的输入，如图 2-60 所示。

图 2-60　静态文本

（2）动态文本　使用动态文本可以在舞台上创建随时更新的信息，如日期、新闻、天气预报等。在 Flash 动画播放时，其文本内容可以通过事件的触发来改变，动态文本所对应的“属性”面板如图 2-61 所示。

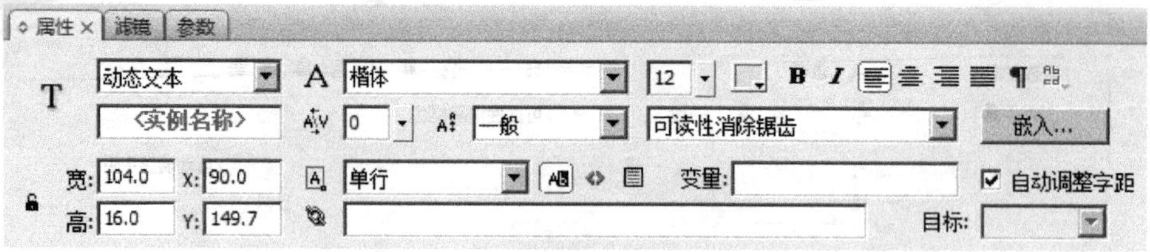

图 2-61　动态文本“属性”面板

1）“线条类型”下拉列表框：该下拉列表框中包括“单行”、“多行”和“多行不换行”3 个选项。其中，“单行”选项表示文本以单行方式显示；“多行”选项表示如果输入的文本长于文本框宽度限制，后面输入的内容将被自动换行；“多行不换行”选项表示文本以多行方式显示，不自动换行。

2）“将文本呈现 HTML”按钮 ：单击该按钮后文本对象支持 HTML 标签特有的字体格式、超链接等超文本格式。

3）“在文本周围显示边框”按钮 ：单击该按钮，文本将以白色背景和黑色边框显示。

4）“变量”：在该文本框中输入字符，可以定义该文本框为保存字符串数据的变量，它需要结合后面的动作脚本来应用。

5）“实例名称”：在该文本框中输入字符，可以为文本实例命名。

（3）输入文本　运行动画时，动态文本可以显示来自外部的文本，而输入文本则可以用来创建影片中可以输入文字的文本框，输入文本多用来创建密码输入框、用户答卷等，并可以限制输入字符的个数，输入文本“属性”面板如图 2-62 所示。

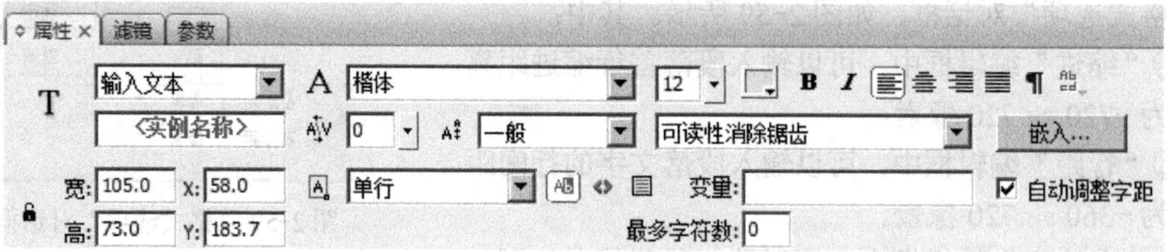

图 2-62　输入文本“属性”面板

1）“线条类型”下拉列表框：在该下拉列表框中，可选择“单行”、“多行”、“多行不换行”和“密码”4 个选项，其中“密码”选项为输入文本所特有的，选择该选项后，则在生成的 SWF 影片中输入的文字将显示为星号“*”。

2）“最多字符数”文本框：该文本框用于设置输入文字的最大数目，默认的数字为 0，也就是不限制；如果设定为数字，则在生成的 SWF 影片中此数值为最大输入文字数目。

3. 文本图形的转换

（1）文本的分离　对于 Flash 中输入的文本，它本身是一个整体，即一个对象。若想对其进行单独的操作，则需将其分离。选择“修改”→“分离”命令，或使用 <Ctrl+B> 组合键将其分离，此时，这些输入的文本将被分解为相互独立的文本。这些文本可以通过使用“任意变形工具”和“选择工具”来进行缩放、旋转、倾斜和移动的编辑操作。如图 2-63 所示。

（2）文本、图形的转换　若在刚才分离文本的基础上再进行分离打散操作，即可以看到被打散的文字上面有一些小白点。对于这样被打散的文字，可以像编辑操作图形那样来进行各种操作。可以选择工具箱中的“选择工具”、“套索工具”对打散的文字进行变形、切割等操作。同理，若想将图形转换成文本，只需将图形选中，单击“修改”→“组合”命令，或使用 <Ctrl+G> 组合键将图形进行组合，如图 2-64 所示。

图 2-63　文本的分离

图 2-64　文本、图形的转换

第3章 编辑对象

学习目标

主要通过完成任务实现 Flash 中对象的基本操作，读者要熟练掌握编辑工具对对象的调整方法，掌握图形对象的灵活操作以及简单动画的制作。

学习重点难点

掌握 Flash CS3 最基本的操作：

- ❐ 编辑工具对对象的调整
- ❐ 图形对象的灵活操作
- ❐ 简单动画的制作

任务1　随心所欲切割调整图形、图像和图片

任务效果

在网上经常会看到一些漂亮的图片或者可爱的动画形象，如果想把这样的图片应用到作品当中就需要对其进行调整、切割等操作。现在就让我们来随心所欲地调整对象吧！

这是网络著名动画中的一幅图片，根据需要只想使用图片对象中的人物对象，就需要使用套索工具来完成，如图 3-1 所示。

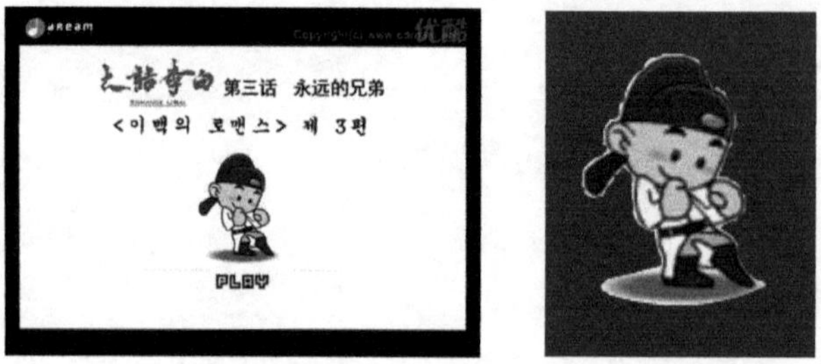

图 3-1　编辑图片

任务实施

1. 导入对象

首先要将图片对象导入到舞台，选择“文件”→“导入”→“导入到舞台”命令，在弹出的对话框中选择要导入图片“白 .bmp”的位图图像。

2. 使用套索工具选取图像

将图片导入之后，单击“选择工具”选中图像，按住 <Ctrl+B> 组合键将其打散，选择“套索工具”，选中之后会发现下面的工具箱中出现了相应的套索工具的参数选择，选择“多边形模式”，在卡通人物上绘制一个多边形的选框，双击封闭选框的终点即可选中对象，如图 3-2 所示。选中之后使用 <Ctrl+X> 组合键进行剪切，然后再按住 <Ctrl+A> 组合键将其余对象选中并按 <Delete> 键将其删除，按 <Ctrl+V> 键将卡通人物粘贴到舞台。

3. 使用魔术棒处理图像

卡通人物粘贴进来之后，将舞台的背景改变设置成蓝色，会发现卡通人物出现了白色的选区背景。如何去掉呢？如果用多边形套索工具操作太繁琐，这时可以用“魔术棒”。单击“魔术棒”，并打开“魔术棒设置”对话框，如图 3-3 所示，设置完成之后在图像上单击白色区域，再按 <Delete> 键将其删除。此时，这个卡通形象就被大致选择出来了。

图 3-2　使用套索工具选取图像

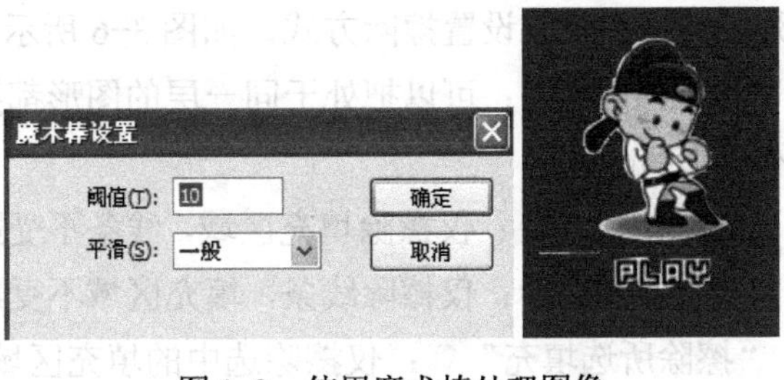

图 3-3　使用魔术棒处理图像

4. 使用橡皮擦工具擦除对象

选择“橡皮擦工具”，并在其对应的工具面板中选择合适的“橡皮擦形状”，对多余的线条及对象进行擦除。此时这个卡通形象就被选择出来了，如图 3-4 所示。

图 3-4　使用橡皮擦工具擦除对象

知识拓展　编辑工具的使用

1. 橡皮擦工具

单击工具箱中的"橡皮擦工具"按钮，工具箱中对应的选项区会显示出对应的选项，如图 3-5 所示。其对应的工具应用如下：

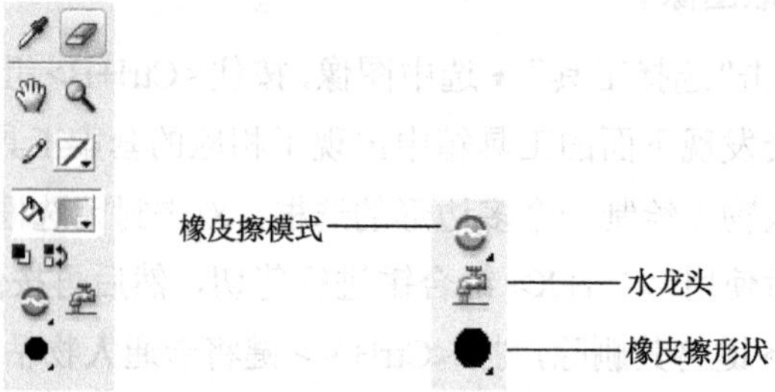

图 3-5　橡皮擦工具

（1）"水龙头"按钮　选择此按钮后，单击一个封闭的有填充的图形内部，可将填充擦除。

（2）"橡皮擦形状"按钮　单击该按钮后会弹出一个下拉列表，从中可以选择橡皮擦的形状与大小。

（3）"橡皮擦模式"按钮　单击该按钮后会弹出一个下拉列表，从中可以设置擦除方式，如图 3-6 所示。

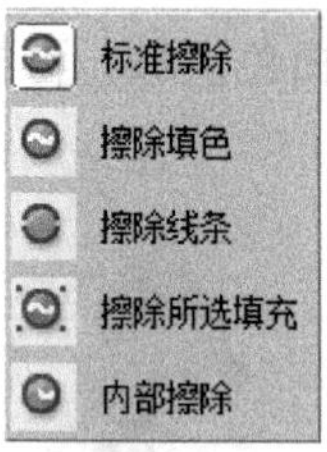

图 3-6 "橡皮擦模式"按钮

1）"标准擦除"：可以把处于同一层的图形都擦除，但文字不受影响。

2）"擦除填色"：仅擦除填充区域，线条不受影响。

3）"擦除线条"：仅擦除线条，填充区域不受影响。

4）"擦除所选填充"：仅擦除选中的填充区域，无论线条是否被选中都不受影响。

5）"内部擦除"：仅擦除拖动鼠标的起始点所在的填充区域，线条不会被擦除。

使用以上 5 种擦除模式擦除图形，其效果如图 3-7 所示。

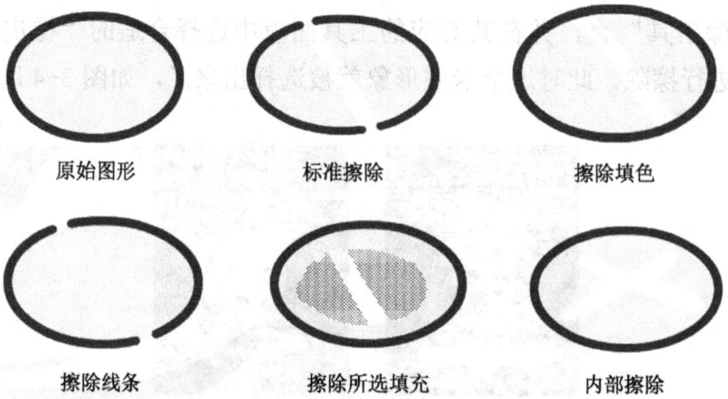

图 3-7　擦除图形的效果

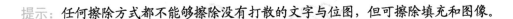

提示：任何擦除方式都不能够擦除没有打散的文字与位图，但可擦除填充和图像。

2．套索工具

在舞台中需要对不规则范围的一个或多个对象进行选择时，可以使用“套索工具”。使用“套索工具”操作的对象必须是矢量图形、经过分离的位图、打散的文字、分离的组合和元件实例等。单击工具箱中的“套索工具”按钮，在工作区内拖动鼠标勾勒出一个闭合的选择区域，释放鼠标左键后即选中了对象。

选择“套索工具”后，在工具面板的选项区出现了“魔术棒工具”、“魔术棒设置”和“多边形模式”工具，如图 3-8 所示，其对应的工具应用如下：

（1）“多边形模式”按钮　用于定义一个多边形的选择区域。双击鼠标，首尾选择点会自动连接成为一个闭合的多边形区域，它包围的对象就会被选中。

（2）“魔术棒工具”按钮　用于对位图处理。将鼠标移到对象的某种颜色处，当鼠标指针变成时单击，即可将该颜色和与该颜色相近的颜色对象选中。

（3）“魔术棒设置”按钮　如果要选取位图中的同一色彩，可以先设置魔术棒属性。单击“魔术棒属性”按钮，在弹出的“魔术棒设置”对话框进行属性设置，如图 3-9 所示。

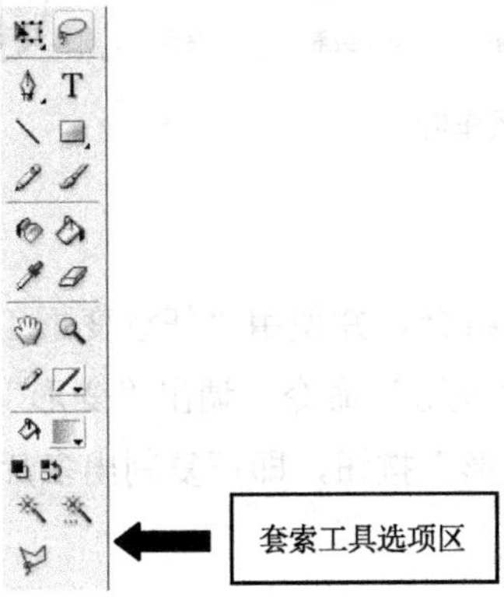

图 3-8　套索工具

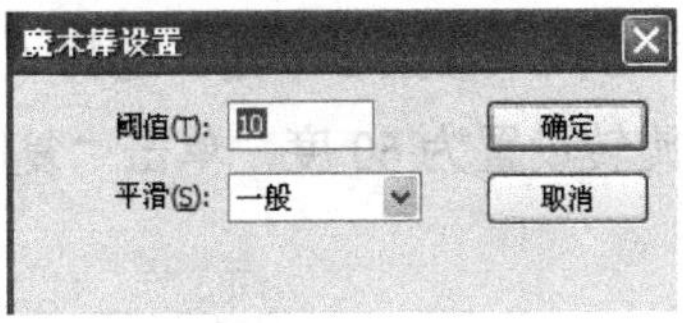

图 3-9　“魔术棒设置”对话框

其中，在“阈值”选项中输入一个介于 1 ～ 200 之间的值，数值越高，包含的颜色范围越广。

任务 2　轻舞飞扬——“大风车”转动

任务效果

小时候我们最喜欢拿着风车迎风奔跑，看着风车迎风转动，让我们通过制作如图 3-10 所示的这样一个“大风车”来追忆童年的时光吧！

图 3-10　转动的大风车

任务实施

1．绘制一片风车叶

选择“椭圆工具”，并按如图 3-11 所示设置其属性，在舞台上按住 <Shift> 键绘制正圆并使用 <Ctrl+B> 组合键将其打散分离，使用“选择工具”选中半圆并将其删除，再使用“墨水瓶工具”添加边缘的线条。这样，一片风车叶就绘制好了。

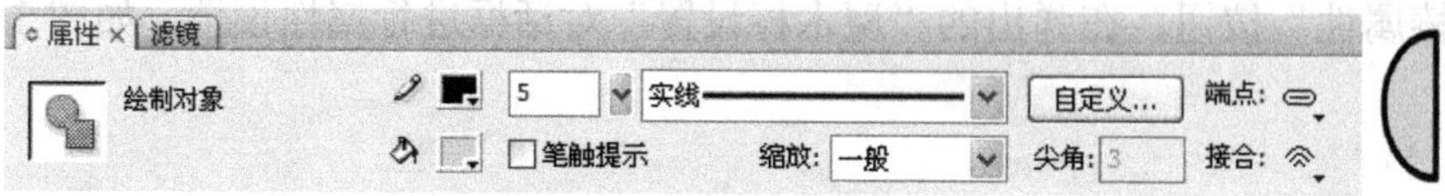

图 3-11　绘制一片风车叶

2．绘制风车叶

按 <Ctrl+G> 组合键将绘制好的一片风车叶进行组合，并使用“任意变形工具”选择风车叶，将其中心点下移至右下角。选择“窗口”→“变形”命令，调出“变形”面板，如图 3-12 所示，旋转设置为 60 度，单击“复制并应用变形”按钮，即可复制出多片风车叶。

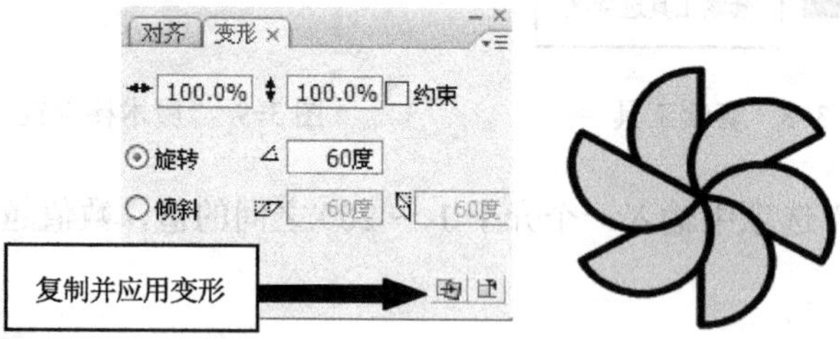

图 3-12　绘制风车叶

3．美化风车叶

同理，我们可以再制作出填充颜色为红色的风车叶。将其旋转属性设置为 30 度，单击“复制并应用变形”按钮，将其交叠，依次将每片风叶进行排列。选中要排列的风车叶并单击鼠标右键，在弹出的快捷菜单中选择“移至顶层”使其叠放排列，更具有观赏效果，并且利用“椭圆工具”绘制出风车的轴心。最后将制作好的风车叶进行组合，效果如图 3-13 所示。

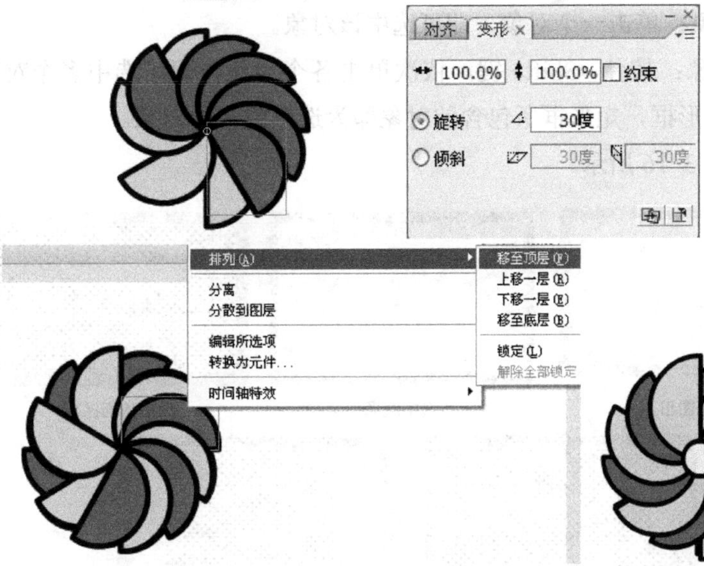

图 3-13　美化风车叶

4．转动风车

在图层 1 的第 30 帧处单击鼠标右键，在弹出的快捷菜单中选择“插入关键帧”，在第 1 帧与第 30 帧之间创建补间动画，并且将旋转属性设置为“顺时针”，如图 3-14 所示。

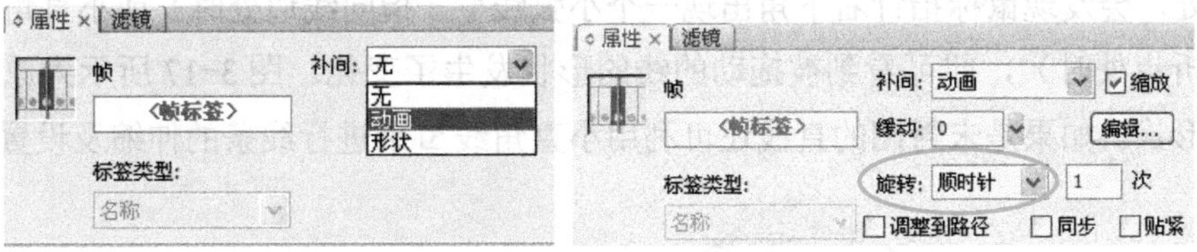

图 3-14　转动风车属性设置

5．修饰风车

新建图层 2，选中第 1 帧，在舞台上利用“矩形工具”绘制风车的手柄，并对图层 1 和图层 2 的排列顺序进行调整，使手柄位于风车的底层，并在第 30 帧处单击鼠标右键，在弹出的快捷菜单中选择“插入关键帧”，制作完成的风车如图 3-15 所示。

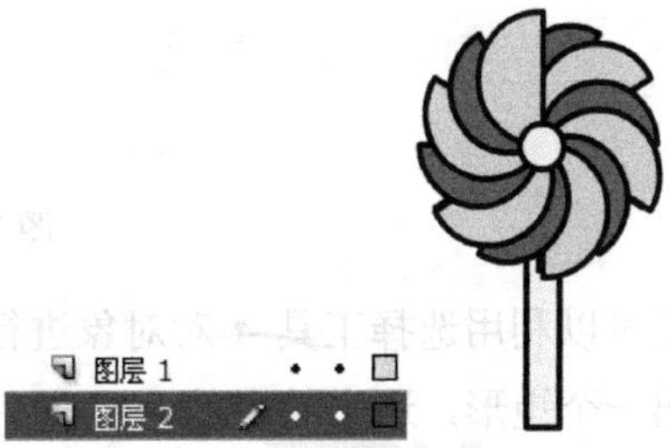

图 3-15　修饰风车

6．测试影片

按 <Ctrl+Enter> 组合键即可播放测试影片。

知识拓展　对对象的灵活操作

1．选择、移动、复制、删除对象

（1）选择对象　单击工具箱内的“选择工具”，即可选择对象。

1）选择一个对象：单击一个对象，即可选中该对象。

2）选择多个对象：按住 <Shift> 键，依次单击各个对象，即可选中多个对象。或者，用鼠标拖动出一个矩形框，矩形框所包含的对象即为选中的多个对象。

对象的选择如图 3-16 所示。

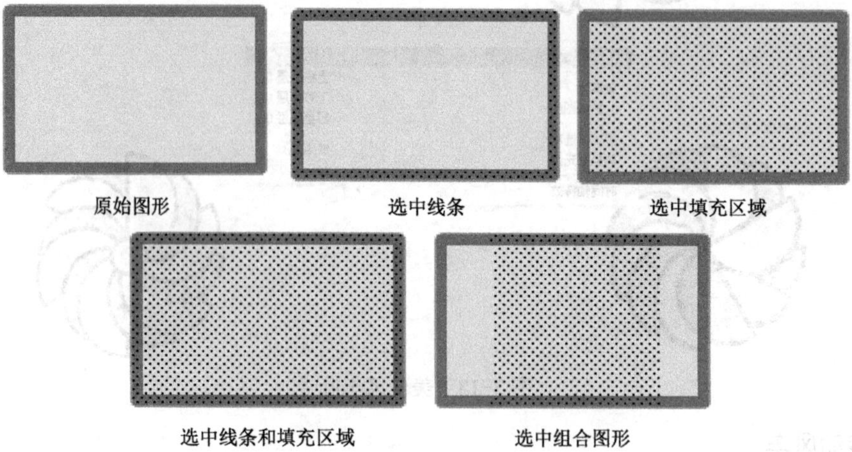

图 3-16　选择对象

另外，还可以利用选择工具对图形形状进行改变。将鼠标指针移到线、轮廓线或填充的边缘处，会发现鼠标指针右下角出现一个小弧线（指向线边处时）或小直角线（指向线端或折点处时），即可看到被拖动的线的形状发生了变化。图 3-17 所示为原始及改变后的图形形状。如果是未封闭的直线还可利用小直角线来进行线条的伸缩及设置拐点。

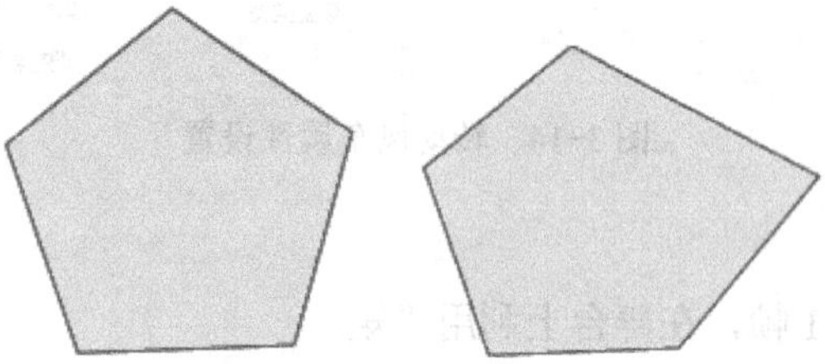

图 3-17　改变图形形状

还可以利用选择工具对对象进行切割，使对象进行分离。选择工具箱中的"选择工具"，拖动出一个矩形，选中其中的一部分，即可将选中的部分分离或在要切割的图形对象上边绘制一个图形，再使用"选择工具"选中新绘制的图形，并将其移出，如图 3-18 所示。

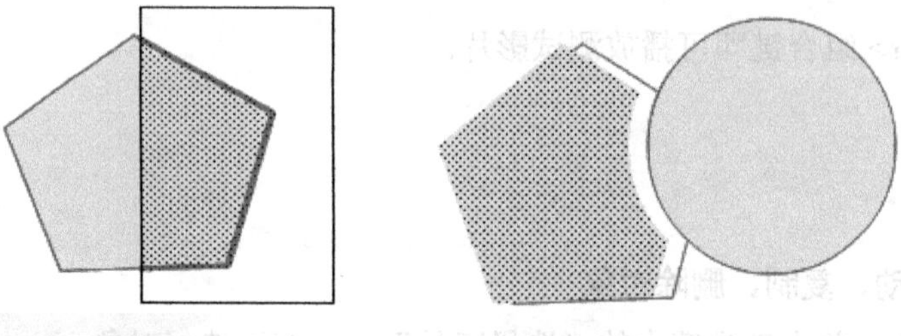

图 3-18　分割对象

（2）移动、复制、删除对象

1）移动对象：用鼠标拖动选中的对象即可移动对象。

2）复制对象：在用鼠标拖动对象的同时按住 <Ctrl> 键，即可复制被拖动的对象。

3）删除对象：选中要删除的对象，按 <Delete> 键即可删除选中的对象。

2. 组合、打散、排列、叠放对象

（1）组合对象　是指将一个或多个对象组成一个对象。选择所有要组合的对象，单击“修改”→“组合”命令即可将对象进行组合。几个组合对象还可以组成一个新的组合。组合对象和一般对象的区别是把一些选定图形“组合”操作后，这些图形就可以作为一个对象来进行操作。

（2）打散对象　打散对象是为了将位图打成矢量图，打散之后，可以一块一块地进行操作，也就是选择想要的部分进行操作。对于组合后的对象，可以通过“分离”功能命令来取消对对象的组合。选择“修改”→“分离”命令即可将对象打散。

（3）排列、叠放对象　Flash 中同一图层中的不同对象互相叠放时，存在着对象的层次关系，即前后的顺序。这里所说的对象指的是组合的对象。可以通过选择“修改”→“排列”命令来调整对象的前后顺序，如图 3-19 所示。

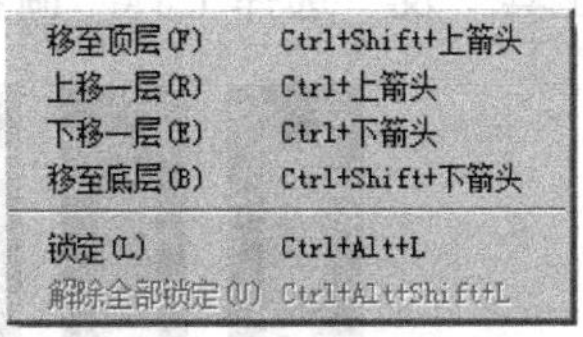

图 3-19 “排列”子菜单

在“排列”子菜单中包括如下菜单选项。

1）移到顶层：可以将选中的对象放置在最顶层。

2）上移一层：可以将选中的对象上移一层。

3）下移一层：可以使选中的对象下移一层。

4）移至底层：可以将选中的对象放置在最底层。

5）锁定：可以锁定选中的对象，这时将无法改变它的叠放顺序。

6）解除全部锁定：可以解除锁定的对象。

任务 3　栩栩如生——蜡烛燃烧

任务效果

明亮的屋子忽然暗了下来，原来是停电了，这时第一件事就是拿出一根蜡烛，点燃。下面我们就学习如何用 Flash 制作如图 3-20 所示的蜡烛燃烧效果。

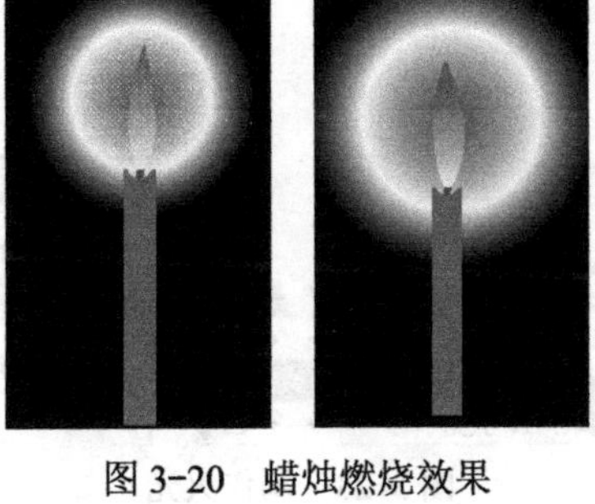

图 3-20　蜡烛燃烧效果

任务实施

1. 制作蜡烛及烛芯

将图层 1 重命名为“蜡烛”，并将舞台的背景颜色设置为黑色，使其具有黑暗的效果。将填充颜色设置为红色，笔触设置为无色，选择“矩形工具”在舞台的合适位置绘制矩形，并按住 <Ctrl+B> 组合键将其打散，利用“选择工具”将其修饰成蜡烛形状后按住 <Ctrl+G> 组合键将其组合。选择“铅笔工具”，将笔触的颜色设置为灰色，笔触的高度设置为 5，绘制烛芯。绘制完成之后，选中蜡烛，选择“修改”→“排列”→“移至顶层”命令后，将蜡烛与烛芯进行组合。这样蜡烛和烛芯就绘制完成了，如图 3-21 所示。

2. 制作火苗

新建一图层命名为“火苗”。在“火苗”层的第 1 帧绘制火苗，将填充颜色设置成由黄到红的“线性渐变”，再选择“椭圆工具”在舞台上绘制火苗，将其打散后使用“任意变形工具”及“选择工具”调整出火苗的形状，如图 3-22 所示。

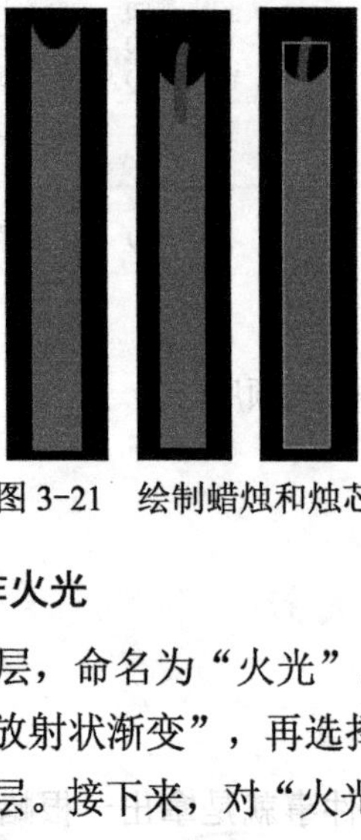

图 3-21 绘制蜡烛和烛芯

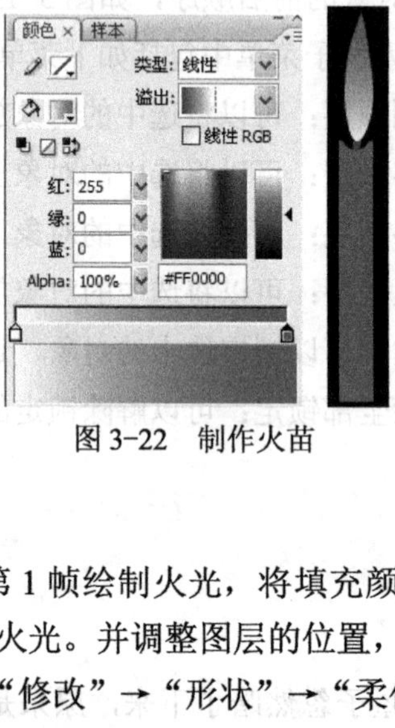

图 3-22 制作火苗

3. 制作火光

新建图层，命名为“火光”。在“火光”层的第 1 帧绘制火光，将填充颜色设置成由红到黄的“放射状渐变”，再选择“椭圆工具”绘制火光。并调整图层的位置，使“火光”层位于最下层。接下来，对“火光”进行修饰，选择“修改”→“形状”→“柔化填充边缘”命令，打开“柔化填充边缘”对话框，进行属性设置，如图 3-23 所示。

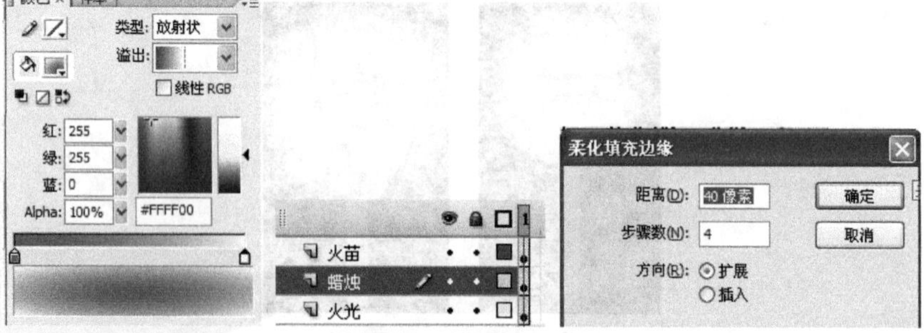

图 3-23 制作火光

4．制作动画效果

1）分别在“火苗”及“火光”层的第 5 帧单击鼠标右键，在弹出的快捷菜单中选择“插入关键帧”命令插入关键帧，在“蜡烛”层的第 5 帧插入关键帧，如图 3-24 所示。

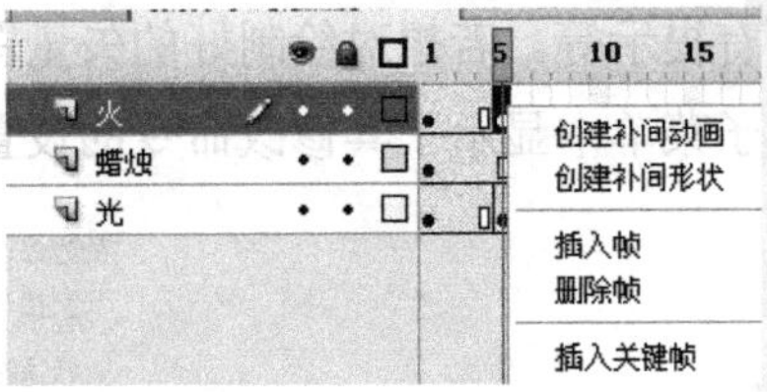

图 3-24　制作动画效果

2）选中“火苗”层的第 5 帧，使用“选择工具”将火苗的方向进行调整，第 1 帧及调整后的第 5 帧如图 3-25 所示。同理，使用“任意变形工具”在第 5 帧对火光进行放大调整，如图 3-25 所示。

3）分别选择“火苗”层及“火光”层第 1 ～ 5 帧之间的任意 1 帧并单击鼠标右键，在弹出的快捷菜单中选择“创建补间形状”命令，即可创建蜡烛燃烧的动画，如图 3-26 所示。

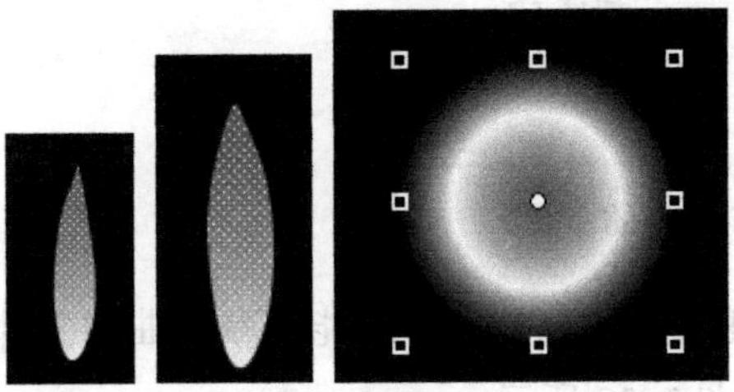

图 3-25　调整火苗

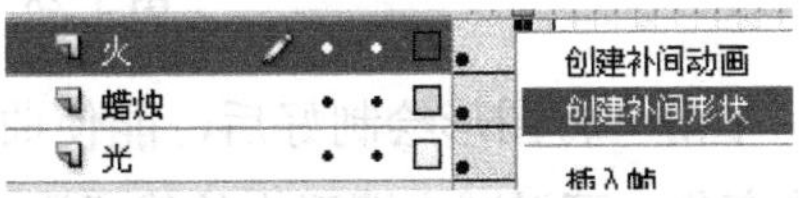

图 3-26　创建蜡烛燃烧动画

知识拓展　修饰对象与初识动画

1．绘图与颜色的设置

本任务中利用“放射状”渐变逼真地表现出了火苗及火光的变化过程，色彩变化可以很好地增加动画的表现力。色彩设置有 3 种方法，如图 3-27 所示。

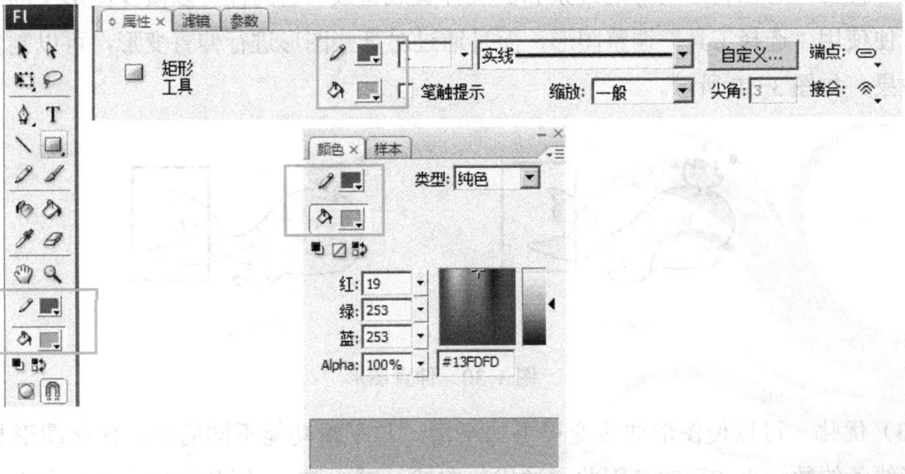

图 3-27　颜色设置方法

2．对象的效果修饰

矢量图的修饰主要包括扩展填充、柔化图形边缘、优化曲线、添加形状提示、删除所有提示等。若想对绘制好的矢量图进行修饰，可单击“修改”→“形状”命令，在“形状”子菜单中显示了其修改命令的设置，如图 3-28 所示。

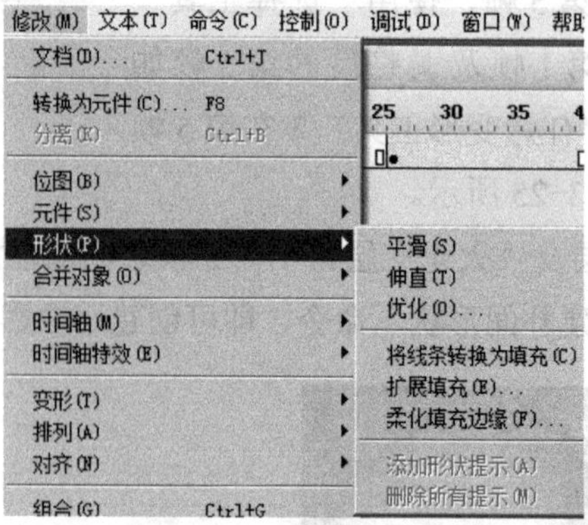

图 3-28　修饰对象的命令

（1）平滑　将图形绘制好后，能使曲线变得平和、美观，还能够减少曲线整体上的突起或其他变化，可以减少图形中的线段数，如图 3-29 所示。

图 3-29　平滑图形

（2）伸直　可以将绘制好的线条和曲线伸直成直线，它同样可以减少图形中的线段数，从而方便使用“选择工具”调整图形，而且通过对某些图形进行伸直变形，可以制作出一些特殊效果，如图 3-30 所示。

图 3-30　伸直图形

（3）优化　可以使图形曲线变得更加平滑。与平滑功能不同的是，优化图形是通过减少图形线条的数量来实现的，因此通过优化曲线可减小 Flash 影片的自身文件大小和将来导出的 Flash 影片大小，如图 3-31 所示。

图 3-31　优化图形

提示：此项命令已在前面章节有所介绍，在此不再赘述。

（4）将线条转换为填充　在 Flash 中绘制图形时，无论怎样调整，线条都是一样粗，没有精细变化。因此，在某些情况下，为了获得更好的边线效果，可以将线条转变为填充，使用工具，可修改花瓣边缘颜色，然后再使用进行调整，如图 3-32 所示。

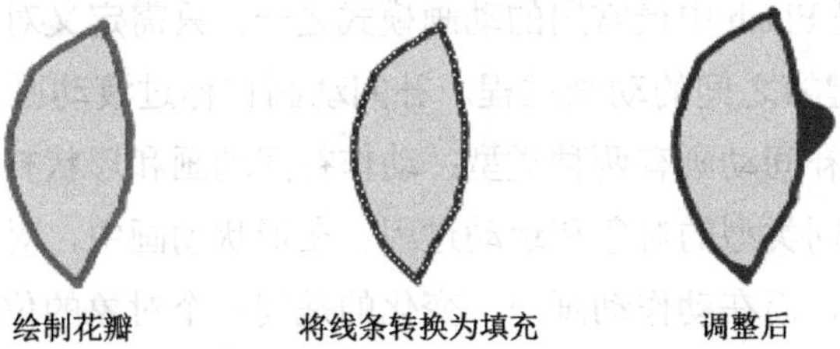

图 3-32　将线条转换为填充的效果

（5）扩展填充　绘制图形时，有时可能需要增大图形填充区域，此时可以通过扩展填充来实现，如图 3-33 所示。

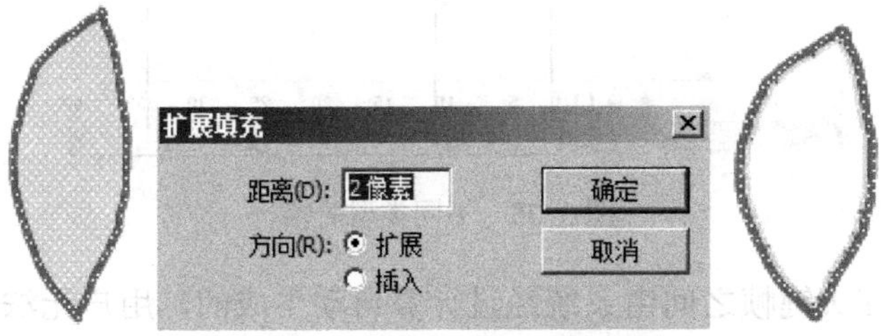

图 3-33　扩展填充效果及设置

（6）柔化填充边缘　为了避免图形的填充边缘过于生硬，可以对其进行柔化。柔化填充边缘还能起到其他一些特殊效果，如图 3-34 所示。其属性如下。

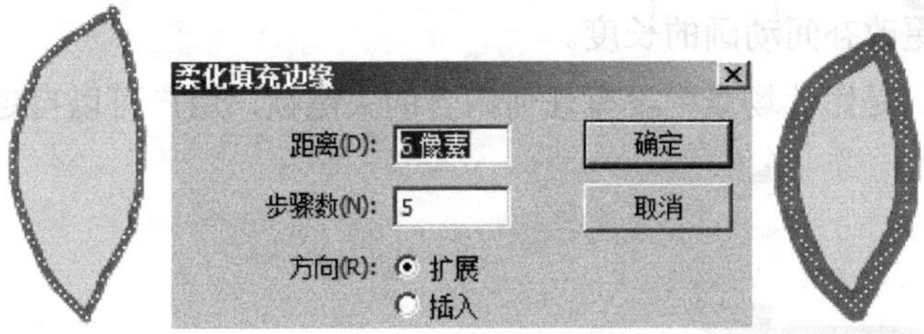

图 3-34　柔化填充边缘

1）距离：用于设置柔化的宽度，单位为像素。

2）步骤数：用于设置柔化边界的曲线数目，数值越大，柔化效果越明显。

3）扩展：此选项用于扩大填充区域。

4）插入：此选项用于缩小填充区域。

3．动画的初步认识

在 Flash CS3 中包括两种最基本的动画方式，即逐帧动画和补间动画，其中补间动画又分为动作补间动画和形状补间动画。

1）逐帧动画：Flash 中最基本的动画模式是逐帧动画，即每个关键帧中的对象都需要独立绘制、编辑和调整，然后依次播放这些动画，即可生成动画效果。逐帧动画又称帧－帧动画，适用于制作非常复杂的动画。

2）补间动画：它是 Flash 中最常用的动画模式之一。只需定义对象在关键帧中的状态，Flash 就会自动创建关键帧之间的动画过程。补间动画也称过渡动画，使画面从一个关键帧过渡到另一个关键帧。补间动画有两种类型：动作补间动画和形状补间动画。这两种类型有不同的特性，适用于不同类型的对象和运动过程。在形状动画中，对象位置和颜色的变换是在两个对象之间发生的，而在动作动画中，变化的是同一个对象的位置和颜色属性。

3）在 Flash 中用来控制动画播放的帧，具有不同的类型。在 Flash CS3 中，帧被分为普通帧、关键帧和空白关键帧 3 种类型，对帧的操作在时间轴面板进行，如图 3-35 所示。

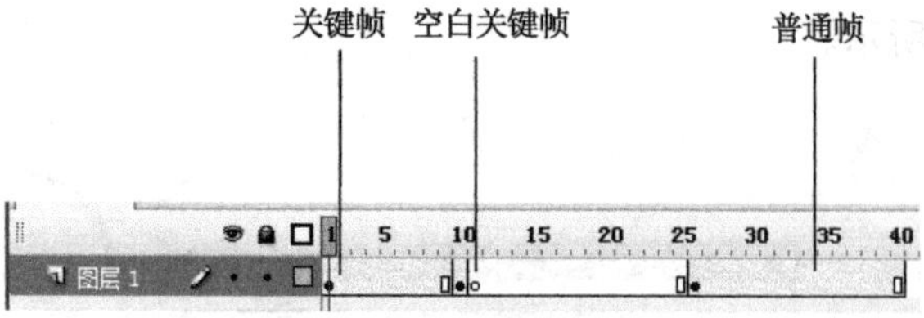

图 3-35　不同类型的帧

① 普通帧：是在关键帧之间由系统经过计算自动生成的，用户无法直接对普通帧上的对象进行编辑修改。

② 关键帧：是定义动画变化的帧，包括修改影片的帧和动作脚本的帧，这些帧在影片生成过程中起着决定性的作用。Flash 可以在关键帧之间补间或填充帧，以生成流畅的动画，从而控制影片的最终生成效果。使用关键帧能使影片创建变得更加简便。另外，在时间轴中拖动关键帧可以更改补间动画的长度。

③ 空白关键帧：是影片场景中没有任何内容的关键帧，用户可以自定义。

第4章 Flash CS3 动画制作

学习目标

主要通过完成任务来学习动画的制作流程及常用技巧，读者应该掌握了解 Flash 中动画制作的基本操作，掌握动作补间动画的创建方法，以及形状补间动画的创建方法。

学习重点难点

- ❐ 了解时间轴、帧、层等基本概念
- ❐ 掌握逐帧动画的制作流程及技巧
- ❐ 掌握动作补间动画的创建流程及方法
- ❐ 掌握形状补间动画的创建流程及方法

任务1 打字机打字效果制作

任务效果

光标闪烁，文字出现，好像有人在输入文字。该如何利用 Flash 制作屏幕经常出现的打字效果？如图 4-1 所示。

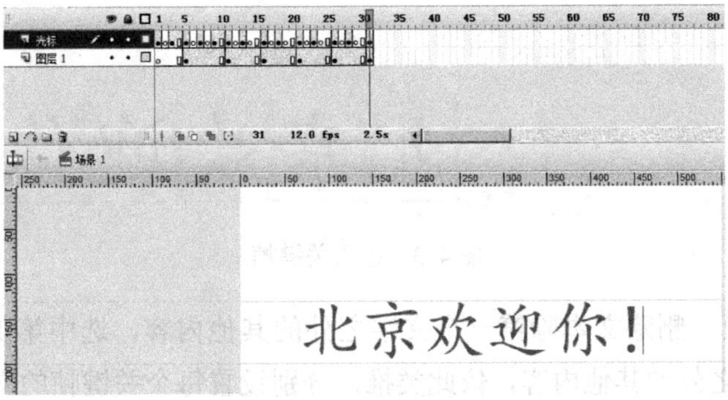

图 4-1　打字效果制作

任务实施

1）启动 Flash CS3，选中第 5 帧单元格并单击鼠标右键，选择“插入关键帧”，并在舞台上输入文字“北京欢迎你！”，如图 4-2 所示。设置字体为楷体、字号为 72、颜色为蓝色。

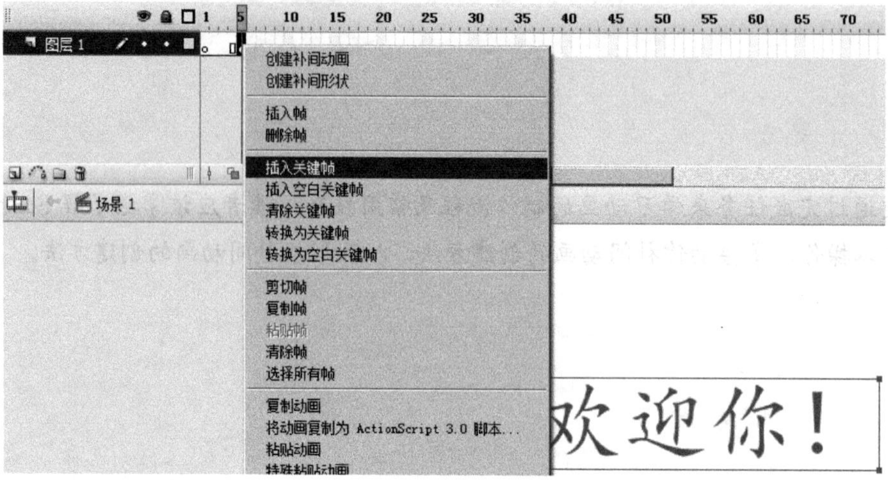

图 4-2　输入文字

2）使用 <Ctrl+B> 组合键将文本分离为单个个体形式，按照文本的个数 6 个，分别在时间轴图层 1 中插入相应文字个数的关键帧，即插入 6 个关键帧。分别在第 5、10、15、20、25、30 帧处插入关键帧，如图 4-3 所示。

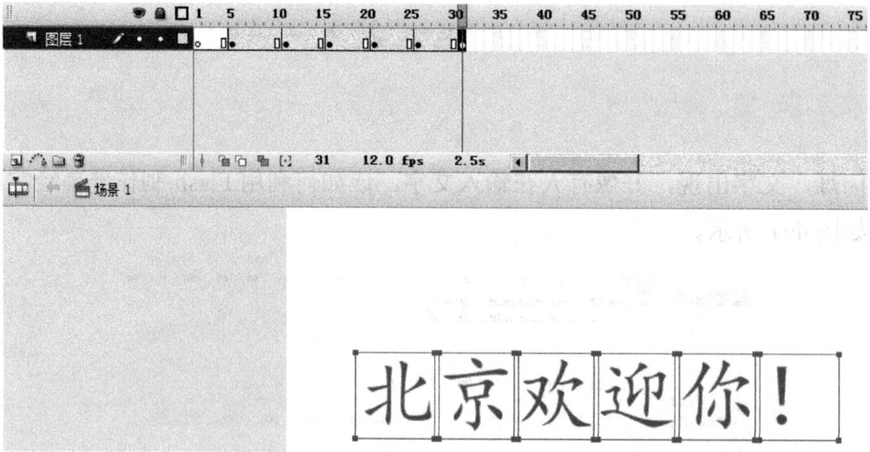

图 4-3　插入关键帧

3）选中第 5 帧，删除文本除第一个文字之外的其他内容，选中第 10 帧，删除文本中除第一、二个文字之外的其他内容，依此类推，分别设置每个关键帧的文本内容，如图 4-4 所示。

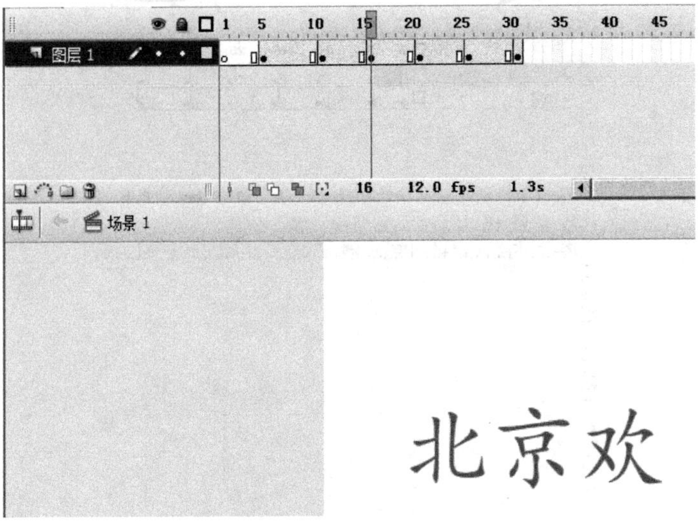

图 4-4　设置文本内容

4）按 <Ctrl+Enter> 组合键测试影片效果，保存文件。

知识延伸

1. 制作打字的光标效果

1）新建“光标”图层。分别在第 1、5、10、15、20、25、30 帧插入关键帧。

2）利用“标尺”绘制辅助线，如图 4-5 所示。

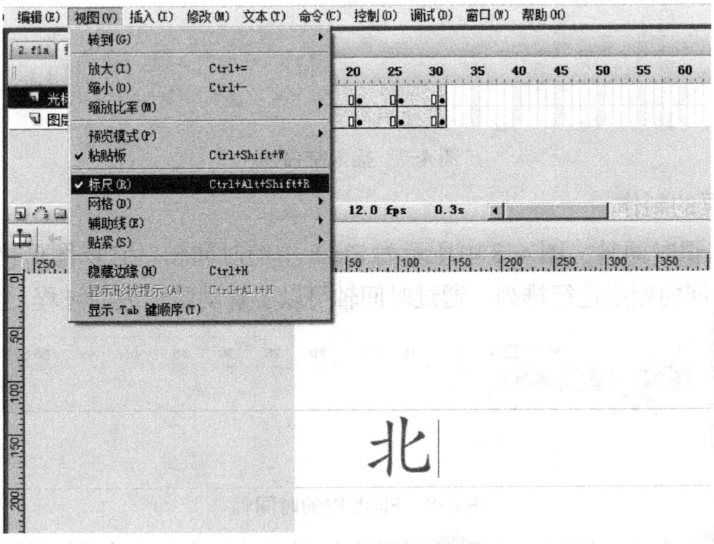

图 4-5　绘制辅助线

3）在第 1 帧关键帧处，绘制“光标”竖线，如图 4-6 所示。

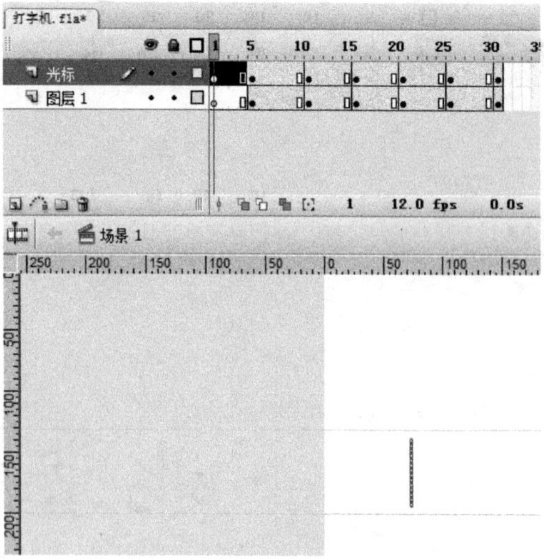

图 4-6　绘制光标竖线

4）在第 2 帧插入“空白关键帧”，将第 1 帧的单元格复制到第 3 帧，依次每隔 1 帧“插入空白关键帧”，依次每隔 1 帧复制关键帧，以便产生闪烁的光标效果，如图 4-7 所示。

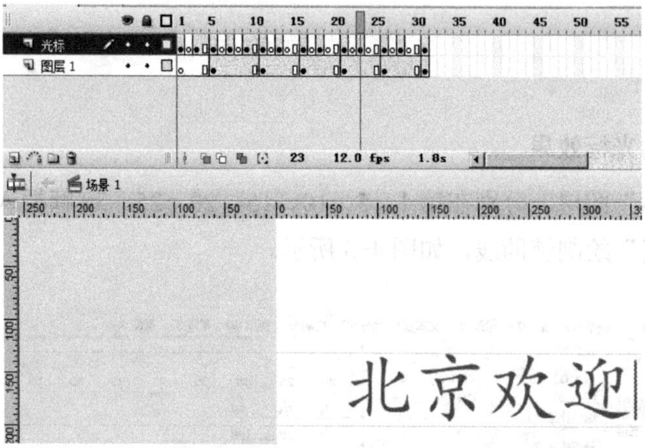

图 4-7　插入空白帧

2．逐帧动画的制作

（1）简单认识时间轴　图 4-8 中所示为 Flash 中的时间轴，它以图形化的形式把 Flash 中的内容按照时间的顺序进行排列，通过时间轴可以了解动画形成的过程。

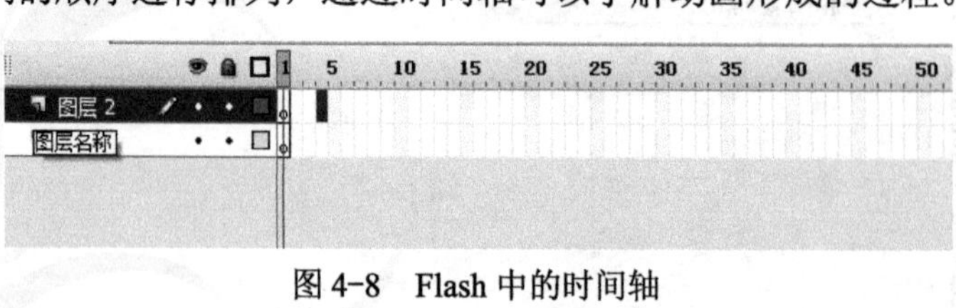

图 4-8　Flash 中的时间轴

时间轴可以分为两个区域。左侧是图层控制区域，用来进行各图层的操作；右边是帧控制区域，用来进行各帧的操作。图层相当于舞台中演员所处的位置，图层靠上，表明演员靠前；而帧相当于舞台中演员的每一个动作，在动画播放时，帧会按照顺序依次播放。

（2）帧的基本操作

1）选择帧。

① 选择一帧：在帧的任意单元格单击，即可选中此帧。

② 选择多帧：按住 <Shift> 键，选中一个或多个动画所在图层内左上角的帧，再选中右下角的帧，可选中连续的帧。或者，在时间轴上单击并拖动鼠标，在光标选定的矩形区域内，其中所有的帧都会被选中。

③ 选择所有帧：在选择帧处单击鼠标右键，在弹出的快捷菜单中选择“选择所有帧”命令，如图 4-9 所示。

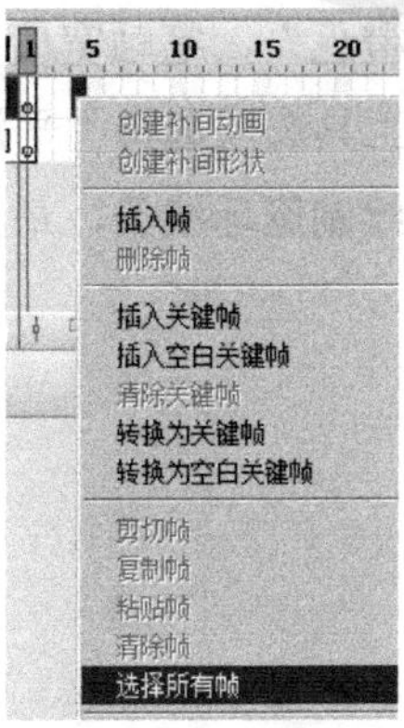

图 4-9 选择“选择所有帧”命令

2）插入帧。

① 插入普通帧：选中要插入普通帧的帧单元格，按 <F5> 键。此时，会将普通帧延伸到这一帧。或者通过右键快捷菜单中的“插入帧”命令完成。

② 插入关键帧：选中要插入关键帧的帧，按 <F6> 键。或者通过右键快捷菜单中的“插入关键帧”命令完成。

③ 插入空白关键帧：选择要插入空白关键帧的帧，按 <F7> 键。或者通过右键快捷菜单中的“插入空白关键帧”命令完成。

3）清除帧。选择要清除的帧（可以是多个），并单击鼠标右键，在弹出的快捷菜单中选择“清除帧”命令，将其清除，后面的帧会相应前移，填补被清除帧的位置。

4）移动帧。选择要移动的帧（可以是多个）并用鼠标拖动到新位置即可。

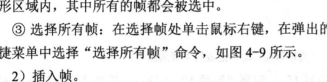

任务 2 “篮球落地”效果制作

任务效果

“篮球落地”动画播放后的 4 幅画面如图 4-10 所示，可以看到一个篮球从上顺时针旋转落下并逆时针旋转弹起，落下的速度是由慢到快，弹起的速度是由快到慢，效果十分逼真。

任务实施

1．绘制篮球

1）创建一个新 Flash 文件，保持舞台默认大小为宽 550px、高 400px。

2）选择“插入”→“新建元件…”菜单命令，弹出“创建新元件”对话框并进行属性设置。“名称”命名为“篮球”，“行为”选择“图形”，单击“确定”按钮后进入“篮球”图形元件编辑场景。

3）选中工具箱中的“椭圆工具”，在“属性”面板中设置笔触颜色为“黑色”，填充颜色为“橙色”，笔触宽度为 5，在场景中间绘制一个标准圆形。再选中工具箱中的“铅笔工具”，工具选项选择“平滑”，在“属性”面板中设置笔触颜色为“黑色”，笔触宽度为 5，在圆中绘制篮球线条，最终效果如图 4-10 所示。

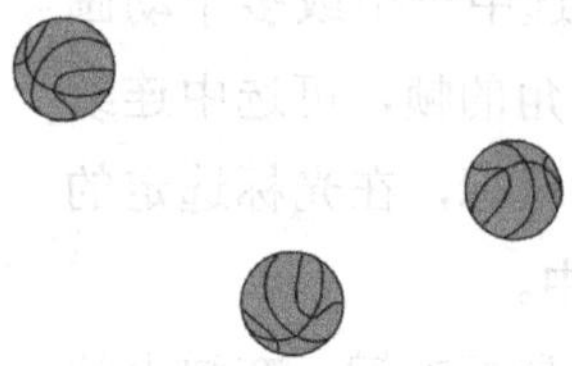

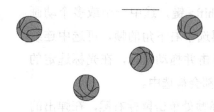

图 4-10 “篮球落地”动画播放的 4 幅画面

4）单击场景界面左上角的“场景 1”，回到“场景 1”主场景。选择“窗口”→“库”菜单命令，打开“库”面板。单击鼠标左键并按住“库”面板中刚建立的“篮球”图形元件拖至主场景。

2．设置篮球跳动动作

1）调整时间轴第 1 帧篮球位置为场景上方（为篮球起始位置），并在时间轴第 30 帧处单击鼠标右键，插入“关键帧”。

2）在时间轴第 15 帧处插入“关键帧”，并垂直移动第 15 帧处“篮球”至场景下方（为篮球落下位置）。

3）单击第 1 ～ 15 帧中间的任意一帧，打开“属性面板”设置其“补间”属性为“动作”。用同样的方法设置第 15 ～ 30 帧的“动作”补间。时间轴及属性面板设置效果如图 4-11 所示。

4）按 <Enter> 键进行观察，落地—弹起均为匀速，效果不佳。单击第 1 ～ 15 帧中间的任意一帧，打开“属性面板”设置其“简易”值为“–100”，再进行观察，速度逐渐加快，效果逼真。按照同样的方法，设置第 15 ～ 30 帧的动作效果。

5）最后在动画上添加旋转效果。单击 1 ～ 15 帧中间的任意一帧，打开“属性面板”设置其“旋转”值为“顺时针 1 次”，按照同样方法，设置第 15 ～ 30 帧的动作效果为“逆时针 1 次”，动画完成。最终各面板设置如图 4-12 所示。

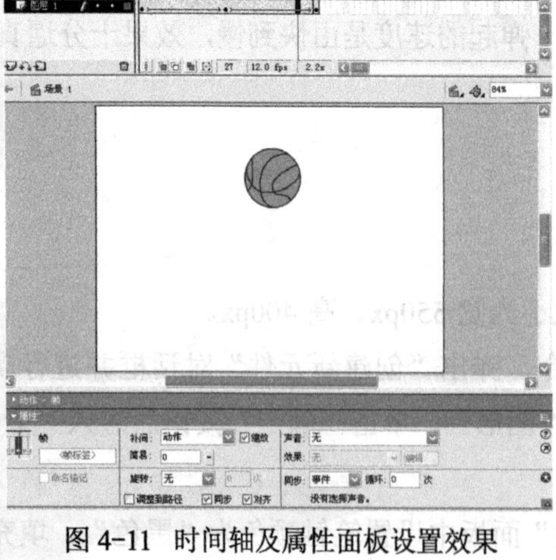

图 4-11 时间轴及属性面板设置效果

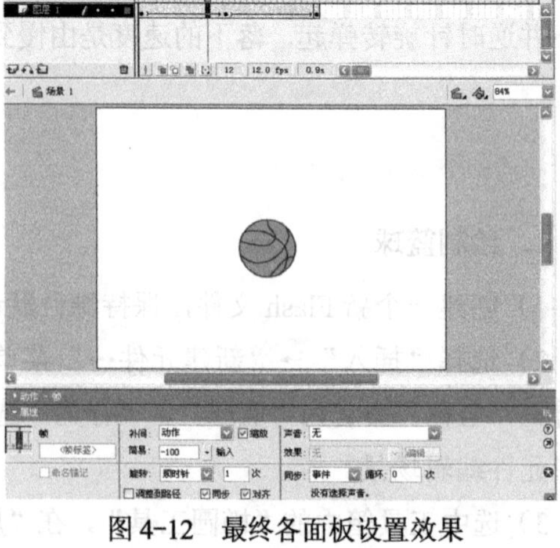

图 4-12 最终各面板设置效果

知识拓展　制作“动作”过渡动画

1．“动作”补间动画

在一个关键帧上放置一个对象，然后在另一个关键帧上改变这个对象的大小、位置、旋转、透明度、颜色等。Flash 根据二者之间的差值创建的动画被称为动作补间动画。动作补间动画是构成 Flash 动画的基础，几乎任何一个 Flash 动画作品中，都包含有动作补间动画。

2．创建“动作”补间动画的方法

在动画开始播放的地方创建或选择一个关键帧并设置一个对象，绘制小球位置及大小，在动画要结束的地方创建一个关键帧并重新设置该对象大小、位置、旋转、透明度、颜色等，改变小球大小及位置。再单击两个关键帧之间的任意一帧，从“属性”面板的“补间”下拉列表中选择“动作”选项，即可在这两个关键帧之间创建“动作”补间动画。也可以直接单击鼠标右键，在弹出的快捷菜单中选择“创建补间动画”命令。

值得注意的是，“动作”补间动画只能用于关键帧上“组合”的对象，“打散”的对象要制作“动作”补间，必须要先组合。如图 4-13 所示。

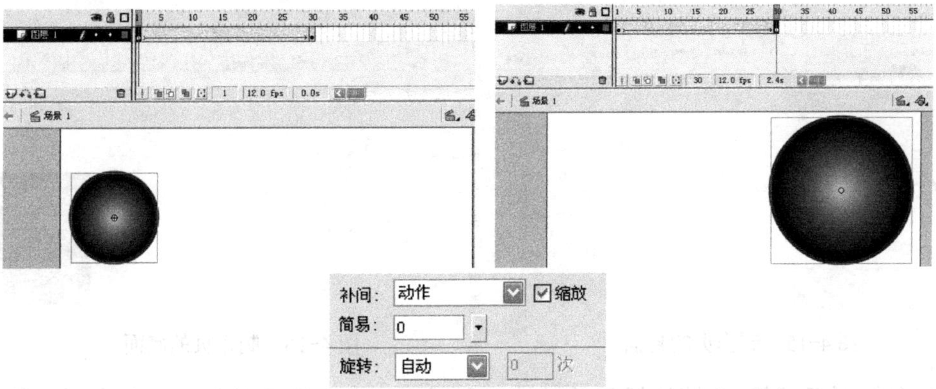

图 4-13　设置不同关键帧上的对象

3．设置“动作”过渡的属性

☑缩放：当前后两个关键帧上的对象大小不同时，该选项可使对象在动画中按比例进行缩放。

简易: 0：可以调整运动补间的变化速度。若“简易”值为负，则动画速度会逐渐变快；若“简易”值为正，则动画速度会逐渐变慢；若“简易”值为 0，则动画速度为匀速。

旋转: 无：可设置动画的旋转效果。“无”表示禁止旋转；“自动”表示由手工设置旋转，即根据用户在舞台中的设置进行旋转；“顺时针”表示让对象顺时针旋转；“逆时针”表示让对象逆时针旋转。旋转次数是指对象从一个关键帧到另一个关键帧时旋转的次数，360° 为一次。

☐调整到路径和☑对齐：在制作路径引导动画时使用，请参考第 7 章内容。

☑同步：使图形元件实例中的动画和主时间轴同步。

任务 3 “翻书”效果制作

任务效果

本任务展示的是书的封面页缓慢打开，显示内页，内页缓慢打开显示底页的过程，如图 4-14 所示。效果十分逼真。

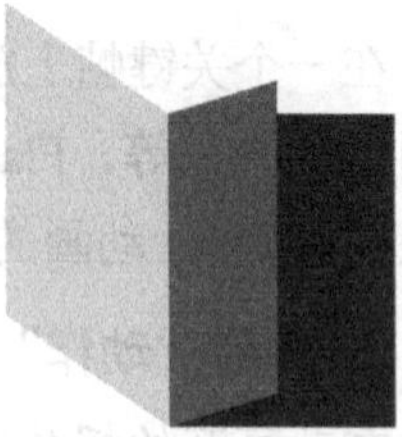

图 4-14 “翻书”效果制作

任务实施

1）在时间轴图层 1 的第 1 帧上绘制矩形；应用矩形工具，设置无边框，填充为绿色，作为页的封面，如图 4-15 所示。

2）新建一图层，命名为底页，在第 1 帧处插入关键帧，第 10 帧处插入帧，应用矩形工具，设置无边框，填充为蓝色，作为页的底页，如图 4-16 所示。

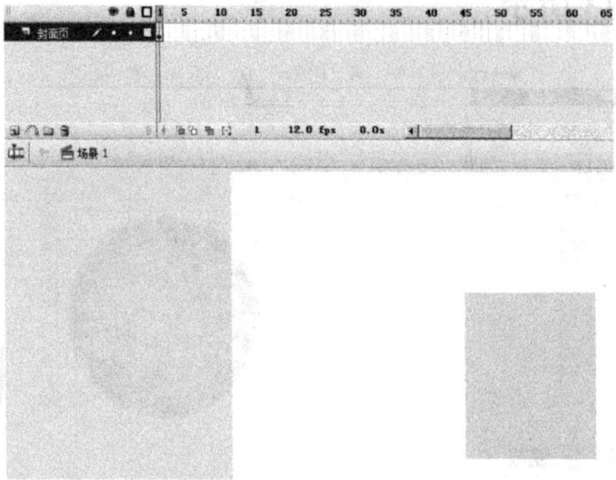

图 4-15　制作页的封面

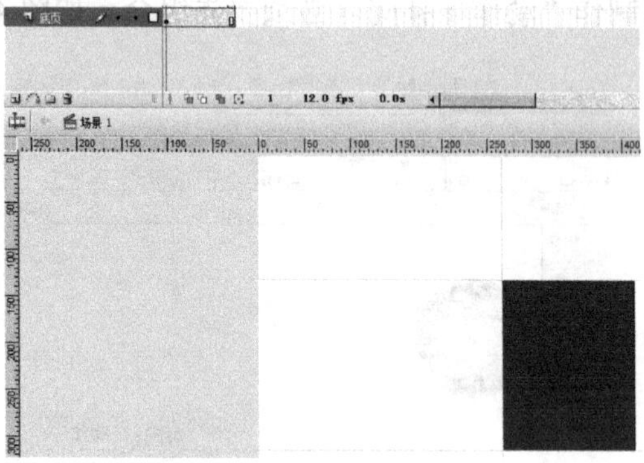

图 4-16　制作页的底面

3）在封面页层第 10 帧处插入关键帧，利用“任意变形工具” 调整变形，并在第 1 帧与第 10 帧之间创建形状补间，如图 4-17 所示。

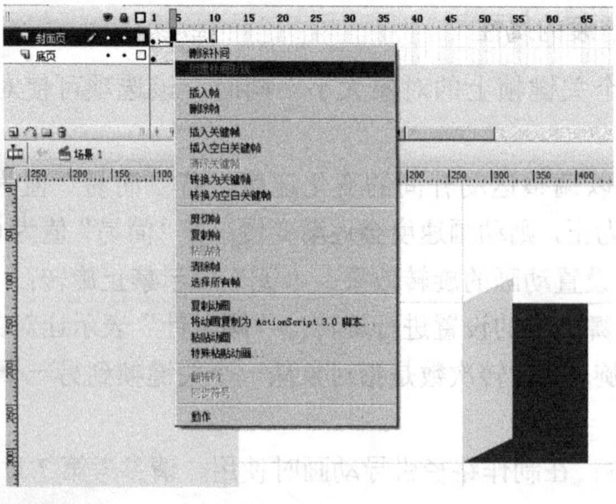

图 4-17　创建补间形状

4）选中封面页层的第 1 帧，单击“修改”→“形状”→“添加形状提示”命令，或按 <Ctrl+Shift+H> 组合键，即可在第 1 帧的矩形中添加一个形状提示标记“a”。再重复上述过程，可以继续添加“b、c、d”形状提示标记，用鼠标拖动这些形状提示标记，分别放在第 1 帧图形的一些位置，如图 4-18 所示。

5）选中封面页层的第 10 帧，将形状提示标记在如图 4-19 所示的位置。这样就会形成翻页的效果。

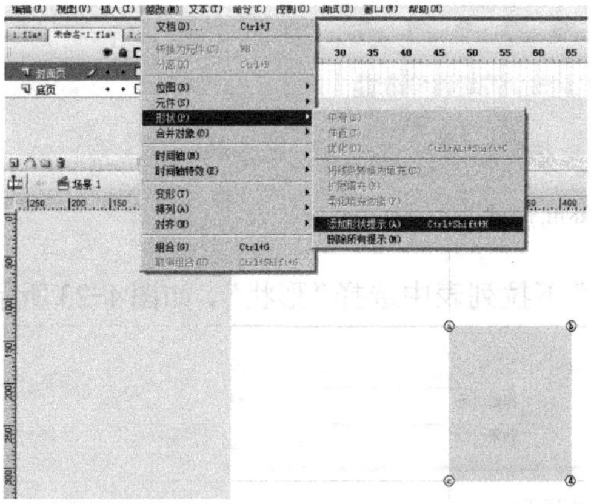

图 4-18　添加形状提示标记

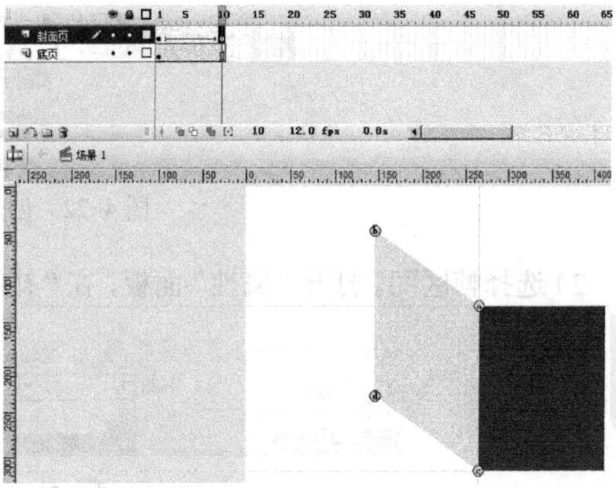

图 4-19　形成翻页效果

6）如上述步骤所示，制作内页。新建图层，命名为内页，在第 10 帧处插入关键帧，绘制矩形，设置填充色为红色。重复步骤 3）～ 5），完成效果如图 4-20、图 4-21 所示。

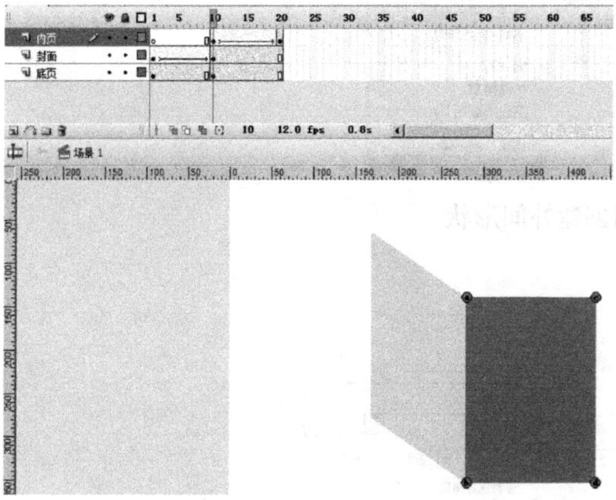

图 4-20　填充内页颜色

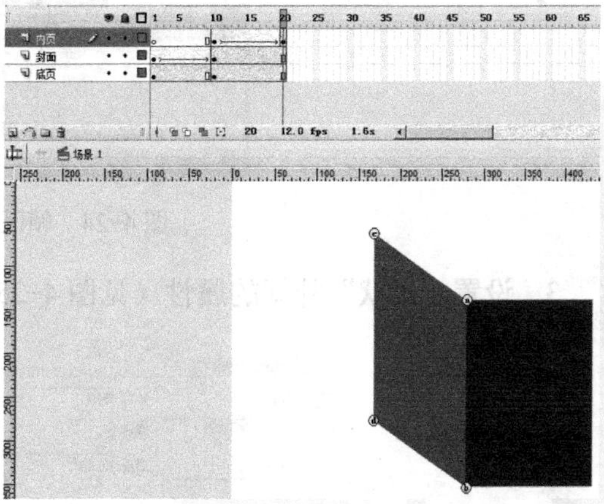

图 4-21　内页翻页效果

7）保存文件，按 <Ctrl+Enter> 组合键测试影片效果。

知识拓展　制作“形状”过渡动画

1. “形状”补间动画

形状补间动画与运动补间动画的原理基本相同，即定义出起始帧和结束帧的内容，由

Flash 自动完成过渡形状的变化绘制。

2．创建“形状”补间动画

创建“形状”补间动画有 3 种方法。

1）在起始帧区间单击鼠标右键，在弹出的快捷菜单中选择“创建补间形状”命令，如图 4-22 所示。

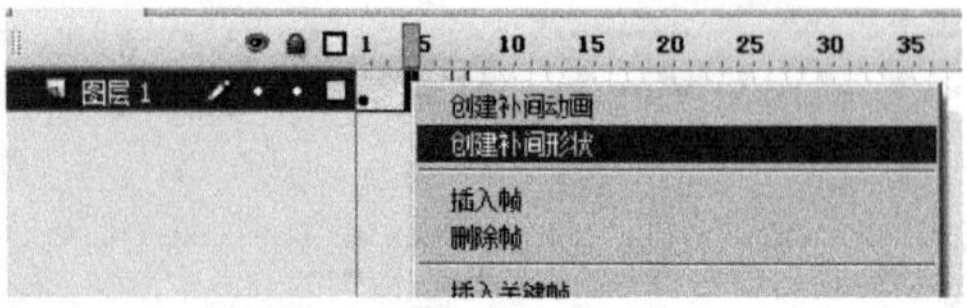

图 4-22　创建补间形状

2）选择帧区间。打开“属性”面板，在“补间”下拉列表中选择“形状”，如图 4-23 所示。

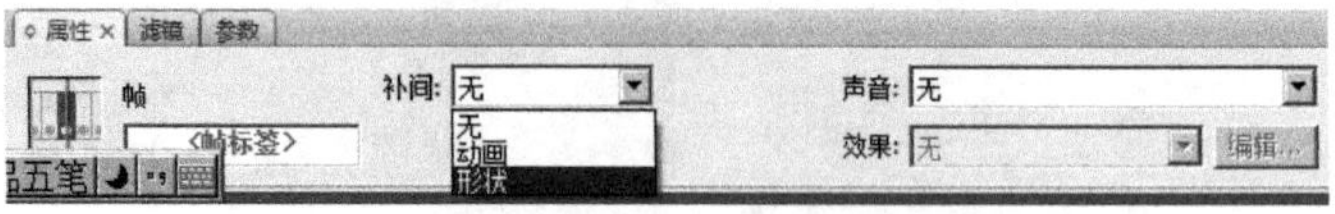

图 4-23　属性设置

3）选择帧区间。选择“插入”→“时间轴”→“创建补间形状”命令，如图 4-24 所示。

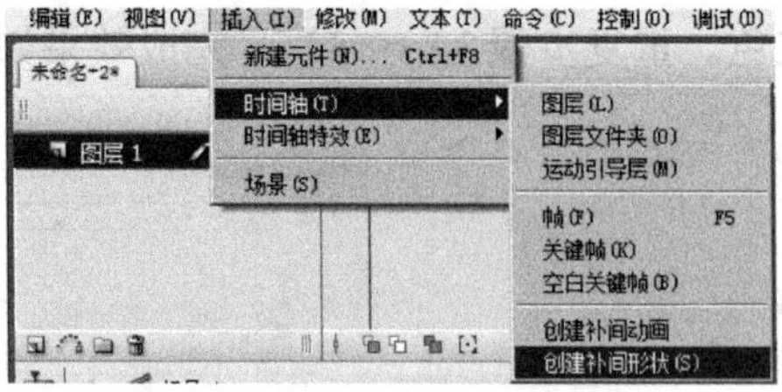

图 4-24　帧区间创建补间形状

3．设置“形状”补间的属性（见图 4-25）

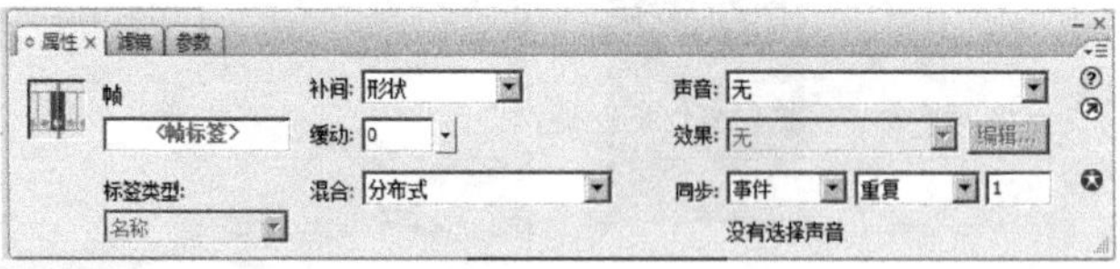

图 4-25　设置“形状”补间属性

“属性”面板中各选项的作用如下：

1）“缓动”文本框：用来设置动画的加速度。

2）“混合”下拉列表框中的选项如下。

“分布式”：可使形状动画过程中创建的中间过渡帧的图形较平滑。

“角形”：创建过渡帧中的图形并更多地保留了原来图形的尖角或直线的特征。如果关键帧中图形没有尖角，则与选择“分布式”的效果一样。

4．使用形状提示

为了使形状动画中间过程不一样，可使用形状提示来控制特殊的变形过程。形状提示就是在形状的初始图形与结束图形上分别指定一些形状的关键点，并使这些关键点在起始帧中和结束帧中一一对应。这样，Flash 就会根据这些关键点的对应关系来计算形状变化的过程。

选中“修改”→“形状”→“添加形状提示”命令，便会添加一个形状提示，一个带有字母 a 的红色圆圈，形状提示的当前颜色是红色，说明它当前还没有生效；只有当起始关键帧和结束关键帧中的形状提示都在同一条曲线或形状的边缘上时，此时它们的颜色分别变为黄色和绿色，形状提示才能生效。

第5章

素材与元件

学习目标

通过本章的学习，应了解掌握元件、实例和库的基本概念，并能够创建和编辑元件，在影片中使用和编辑元件的实例，掌握库和共享库资源的基本操作。最主要就是使读者能够灵活运用动画素材，在动画制作中达到事半功倍的效果。

学习重点难点

- Flash CS3 常用素材类型
- 元件、实例和库的基本作用
- 掌握元件的创建与编辑的基本方法
- 掌握实例的创建与编辑的基本方法

在动画制作过程中，动画离不开适合的图形、图像、声音、视频等，对于 Flash 动画制作来说，灵活地运用素材，可以达到事半功倍的效果。

了解 Flash CS3 素材的类型

单击“文件”→“导入”菜单命令中的导入命令，可以导入选定的文件。可以导入的外部素材有图像、声音、视频等素材。

1. 图像

想要引用外部的图像，首先要知道 Flash 支持什么格式的图像。Flash 支持的图像格式分为矢量图形和位图两大类。

Flash 支持的图像格式：

（1）矢量图　从外部导入的矢量图形可以直接用于制作动画造型，Flash 支持导入的矢量图格式如下。

1）PNG 格式：PNG 是 Fireworks 的默认格式，它可以将矢量图形和位图保存在一个文件中，并且 PNG 格式是无损压缩的，无论图形被 PNG 格式压缩多少遍都将完好无损，并且体积也不会增大。PNG 格式最大的特点是全面支持图像中的透明和半透明。

2）ESP 格式：ESP 是用 PostScript 语言（一种打印编程语言）描述的一种 ASCII 码文件格式，它既可以存储矢量图，也可以存储位图，最高可表达 32 位颜色深度。

3）AI 格式：AI 是 Illustrator 的默认格式，它也是用 PostScript 语言描述的，和 EPS 格式很相似，但由于它精简了很多打印定义代码，所以体积要比 EPS 格式小许多。

4）PDF 格式：PDF 是由 Adobe 公司开发的一种用于在各种操作系统、网络环境和应用程序间交换、阅读和打印文档的格式。PDF 格式的特点是在任何操作系统中的显示都是完全相同的。

5）FreeHand 格式：FreeHand 是与 Flash 最兼容的格式之一。

6）Windows 元文件格式（WMF）：直接导入到 Flash 文档（而不是导入到库）中的 WMF 格式的矢量图像将被作为当前层中的一个组导入。

7）SWF 格式：由于 Flash 在创作矢量动画中的某些不足，比如不能方便快捷地创建 3D 动画，所以需要在像 Swift 3D 这样的三维矢量动画创作软件中制作出所需的三维动画，然后将其导出成 SWF 文件，再导入到 Flash 中。同样，也可以将 Flash 发布的 SWF 影片导入。需要注意的是，在导入 SWF 格式的文件时，Flash 会把 SWF 文件的每一帧都转换为一个关键帧，包括补间动画过程中的帧。

（2）位图　从外部导入的位图一般用作动画背景，Flash 支持导入的位图格式如下。

1）GIF 格式：GIF 格式是流行的 Web 图形格式，它最多包含 256 种颜色。GIF 格式常用于具有透明区域的图形和动画。

2）JPEG 格式：JPEG 格式支持 24 位百万级颜色数，通常用于产生高质量的影像图像数据。JPEG 属于有损压缩，但在视觉效果上几乎看不到什么损伤。由于普遍性，它是 Flash 中常用的一种图片格式。

3）BMP 格式：BMP 格式的优点在于可以建立高质量的图像，并且兼容性极高。

4）其他格式：若安装了 QuickTime 之后，还可以导入 photoshop PSD（.psd）、TIFF（.tif）、Macintosh PICT（.pct）、QuickTime 图像、TGA（.tga）、MacPaint（.pntg）等多种格式的位图图形。

2．音频

没有声音的 Flash 作品不能算是完整的作品，只有将外部的声音文件导入到 Flash 中，才能在 Flash 作品中加入声音效果。

Flash 支持的音频格式如下。

1）WAV 格式：WAV 文件是音质最好的格式。在 Windows 平台下，所有音频软件都能够提供对它的支持。但是由于容量较大，所以一般用来保存有特殊音效素材的音乐。

2）MP3 格式：MP3 文件具有不错的压缩比，但由于 MP3 编码是有损的，因此多次编辑后，音质会急剧下降。

3）AIFF 格式：这种格式一般用于苹果电脑平台下的音频原始素材保存。

3．视频

Flash CS3 支持几乎所有常见的视频格式，但是有一定的软件要求。

若计算机系统中安装了 QuickTime4 或以上版本，则在导入视频时支持的视频文件格式有：AVI（Windows 视频）、DV 和 DVI（数字视频类型）、MPG 和 MPEG（MPEG 压缩视频）、MOV（QuickTime 数字电影）。

若计算机系统中安装了 Direct7 或更高版本，则在导入视频时支持的视频文件格式有：AVI、MPG 和 MPEG、WMF 和 ASF（窗口媒体视频文件）。

提示：在有些情况下，Flash 只能导入文件中的视频，而无法导入音频，此时，也会显示警告消息，表示无法导入该文件的音频部分，但是仍然可以导入没有声音的视频。

任务1　让电视机播放视频

任务效果

“让电视机播放视频”动画播放后的画面如图 5-1 所示，可以看到电视机播放视频的画面，效果十分流畅。

图 5-1　“让电视机播放视频”动画播放的具体效果

任务实施

1．绘制电视机

1）创建一个 Flash 文件，保持舞台默认大小宽 550px、高 400px。

2）选择“插入”→“新建元件…”菜单命令，弹出“创建新元件”对话框。在该对话框中进行属性设置，“名称”起名为“电视机”，“行为”选择“图形”，单击“确定”按钮后进入“电视机”图形元件编辑场景。

3）选中工具箱中“矩形工具”，在“属性”面板中设置笔触颜色为“黑色”，填充颜色为“无色”，笔触宽度为 1，在场景中绘制 3 个矩形，大小和排列方式如图 5-2 所示。

4）选中工具箱中的“线条工具”，在“属性”面板中设置笔触颜色为“黑色”，笔触宽度为 1，在上面两个“矩形”内绘制一条直线，形成电视机“外框”和下方“操作板”的效果。选择“箭头”工具将最下面“矩形”的下方线条拉成弧线形状形成电视机的“垂直底座”，具体绘制效果如图 5-3 所示。

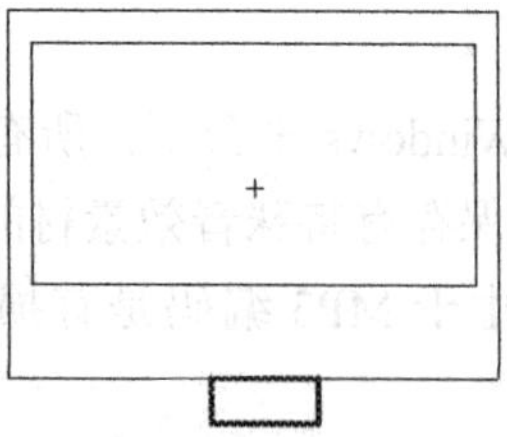
图 5-2　“电视机”基本结构绘制（1）

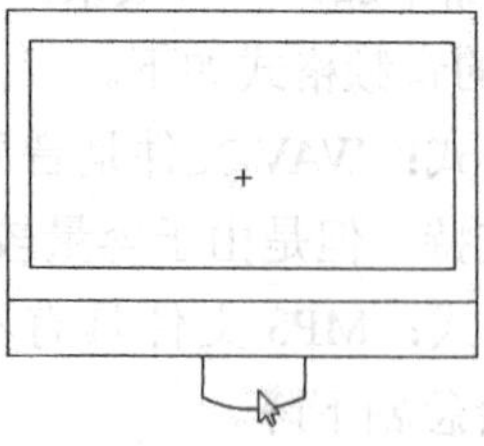
图 5-3　“电视机”基本结构绘制（2）

5）选中工具箱中的“椭圆工具”，在“属性”面板中设置笔触颜色为“黑色”，填充颜色为“无色”，笔触宽度为 1，绘制一椭圆，调整位置，具体绘制效果如图 5-4 所示，并删除箭头所指的一段弧线，形成电视机的“底面座”。

6）打开颜色面板，设置“黑—灰”线形渐变色，用“颜料桶”工具填充电视机的“外框”和“垂直底座”；在渐变色基础上，设置“线形”渐变色为“放射状”，用“颜料桶”工具填充电视机的“底面座”。具体效果如图 5-5 所示。

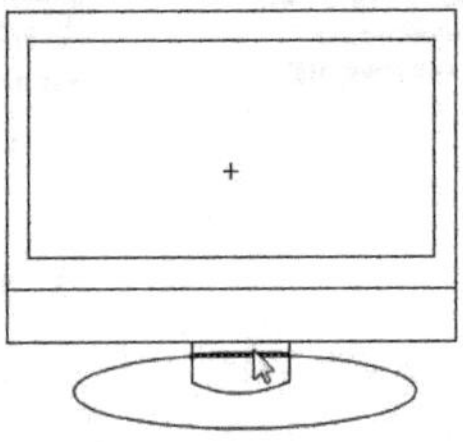

图 5-4 “电视机”基本结构绘制（3）

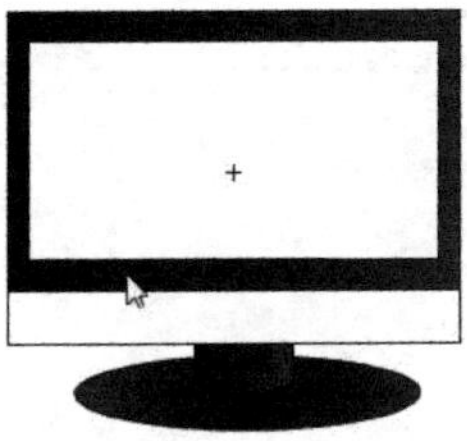

图 5-5 “电视机”颜色填充（1）

7）继续用颜料桶工具填充“操作板”区域为“黑色”；最后删除所有线条，具体效果如图 5-6 所示。

8）选择椭圆工具，设置边框颜色为“无色”，填充颜色为“放射状”黑白渐变，调整大小拖入至“操作板”中间位置；再选择线条工具，颜色设置为“灰色”，“笔触宽度”设置为 5，在“操作板”右侧绘制两线条；最后在电视机“外框”下方用“文本工具”输入“白色”标牌“Flash CS3”。具体绘制效果如图 5-7 所示。至此，电视机绘制完成。

图 5-6 “电视机”颜色填充（2）

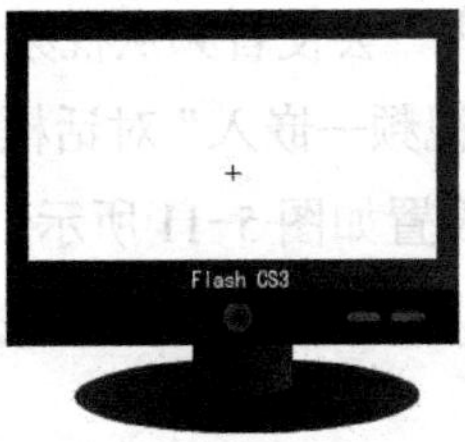

图 5-7 “电视机”颜色填充（3）

9）单击场景界面左上角“场景 1”，回到“场景 1”主场景。选择“窗口”→“库”菜单命令，打开“库”面板。用鼠标左键按住“库”面板中刚建立的“电视机”图形元件拖至主场景，修改“图层 1”为“电视机”。

2．导入视频文件

1）插入一个新图层“图层 2”，将“图层 2”起名为“视频节目”。

2）选中“视频节目”图层的第 1 帧，选择“文件”→“导入”→“导入视频…”菜单命令，弹出“导入视频—选择视频”对话框。在“浏览”位置选择视频文件所在路径。具体设置如图 5-8 所示。

3）单击“导入视频—选择视频”对话框中的“下一个”按钮，弹出“导入视频—部署”对话框，如图 5-9 所示。该对话框有 5 个选项，用来选择采用何种方式部署视频。选择不同选项时，右面都会有相应的提示信息。若选择前 3 个选项中的一个，则可以在以后弹出的“导入视频—编码”对话框和“导入视频—外观”对话框中选择设置视频播放器的外观。此处选择最后一个选项。

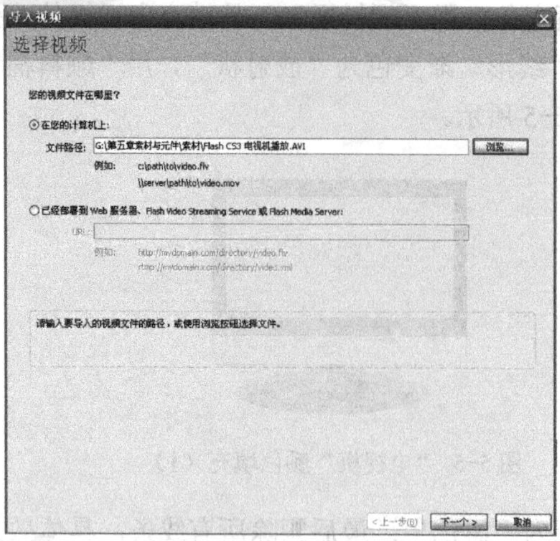

图 5-8 “导入视频—选择视频”对话框

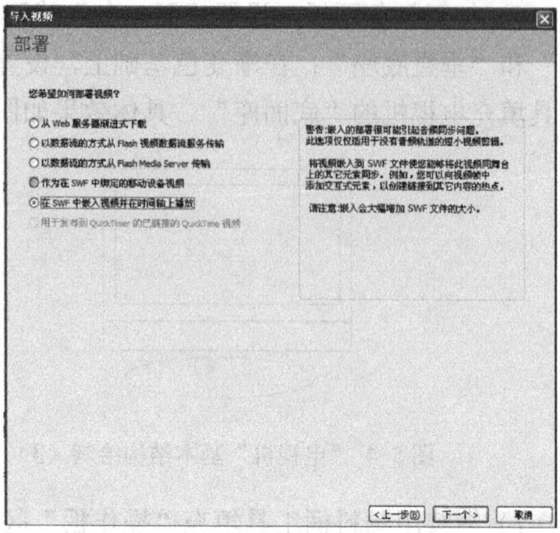

图 5-9 “导入视频—部署”对话框

4）单击“导入视频—部署”对话框中“下一个”按钮，弹出“导入视频—嵌入”对话框，此对话框设置如图 5-10 所示。

提示：“导入视频—嵌入”对话框用来设置符号（“库”面板中的元件）的类型。

其中，音频轨道包括两个选项：“集成”和“分离”。“集成”会让视频中音频同视频嵌在一起；“分离”会使音频从视频中分离出来。

5）单击“导入视频—嵌入”对话框中“下一个”按钮，弹出“导入视频—编码”对话框，该对话框保持默认设置如图 5-11 所示。

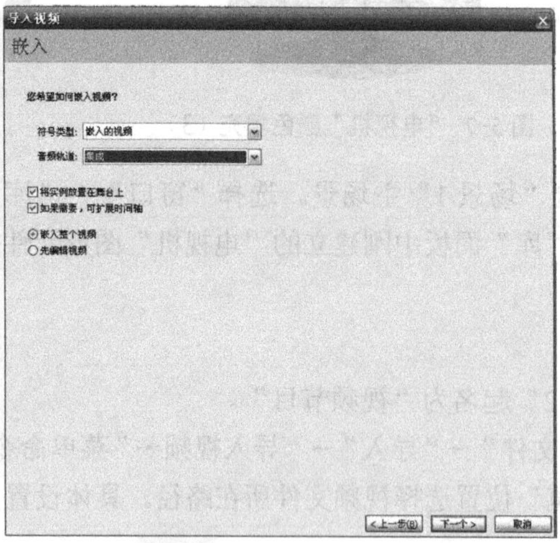

图 5-10 “导入视频—嵌入”对话框

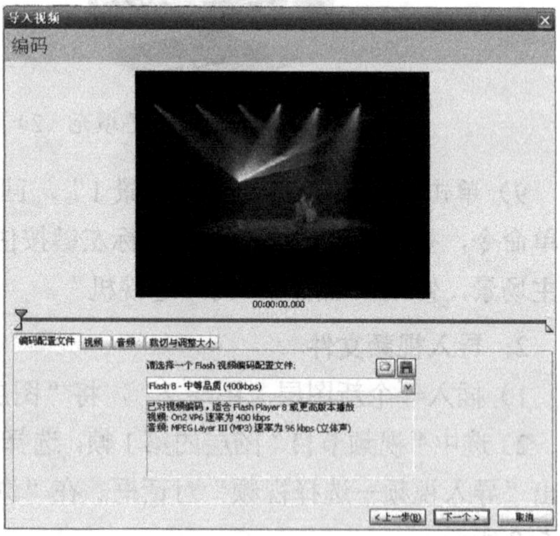

图 5-11 “导入视频—编码”对话框

6）单击“导入视频—编码”对话框中的“下一个”按钮，弹出“导入视频—完成视频导入”对话框，该对话框内给出导入视频的设置信息，单击“完成”按钮，视频开始导入。在导入过程中，会显示一个“Flash 视频编码进度”提示框，给出编码设置情况和编码进度，如图 5-12 所示。

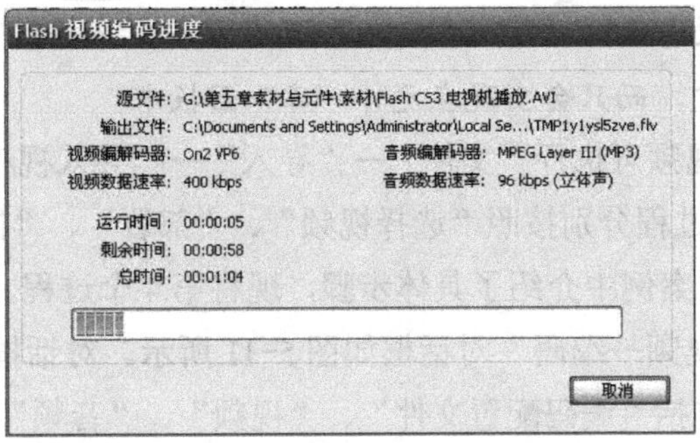

图 5-12　“Flash 视频编码进度”提示框

3．完成动画设置

在主场景中调换“电视机”、“视频节目”两个图层的位置，并使用“任意变形”工具调整“视频节目”图层中的视频大小，使其符合电视机的屏幕大小。最后查看“视频节目”图层时间线帧数，并将两个图层帧数统一，即在“电视机”图层时间线的同样位置插入“帧”。完成动画面板如图 5-13 所示。

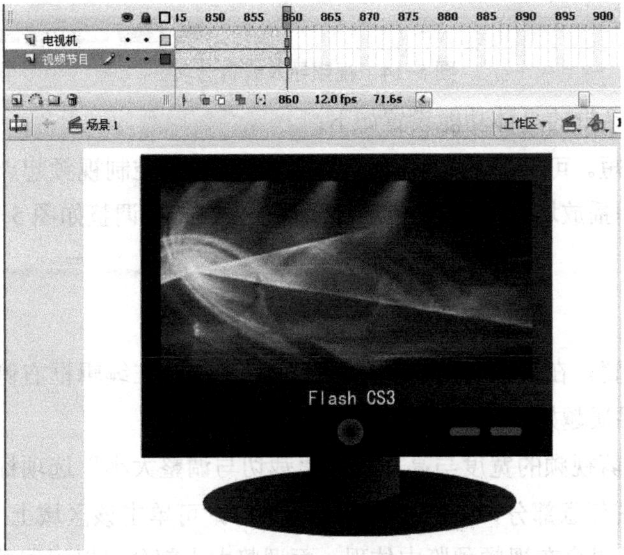

图 5-13　完成动画“时间轴”面板设置

知识拓展　装载编辑素材

（1）图像　可通过“文件”→“导入”→“导入舞台…”或者“文件”→“导入”→“导入到库…”菜单命令，对图片分别载入到舞台或者直接载入到元件“库”面板中。

提示：“导入舞台…”可以把图片载入到舞台的同时也被载入到元件“库”中；“导入到库…”是把图片直接载入到“元件库”面板中，不载入至舞台。

（2）音频　音频的载入同图像的载入一样，也是通过“文件”→“导入”→“导入舞台…”或者“文件”→“导入”→“导入到库…”菜单命令进行操作的。

提示：对于音频来说，选择“导入舞台…”还是“导入到库…”，都没有区别，声音元件都不会出现在时间轴中，而只会出现在元件“库”面板中。

（3）视频　要载入视频可执行“文件”→“导入”→“导入视频…”菜单命令，会弹出“导入视频”向导。向导过程分别按照“选择视频”、“部署”、“嵌入”、“编码”、“完成”5 个步骤进行。前面案例中介绍了具体步骤，现将第 4 个过程，即在“编码”中编辑视频做详细介绍，“导入视频—编码”对话框如图 5-11 所示。对话框由上下两个部分组成：上面是剪切视频，下面包括“编码配置文件”、“视频”、“音频”、“裁切与调整大小”4 个选项标签，如图 5-14 所示。

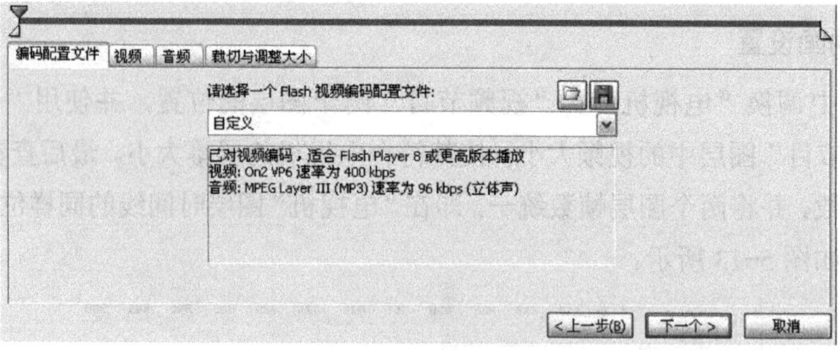

图 5-14　视频导入编辑选项

图 5-14 所示对话框的具体功能设置如下：

1）剪切视频长短。可拖动 4 个选项标签上方左滑块控制视频起点和右滑块控制视频结束点，并可以用播放块预览播放裁切视频效果。具体调整如图 5-15 所示。

图 5-15　视频开始结束编辑

2）视频品质设置。在“编码配置文件”选项标签下，在编辑框右侧的下拉菜单中选择的编码越高，视频品质越好，当然也会增加影片的体积。

3）调整裁切修剪视频的宽度与高度。在“裁切与调整大小”选项标签下，裁切部分可以裁切去掉上下左右任意部分，例如要去掉视频顶部，可单击该区域上方的按钮，然后拖动滑块裁切，裁切效果会在视频预览中体现；而调整大小部分可以设置整个视频的宽度与高度。如图 5-16 所示。

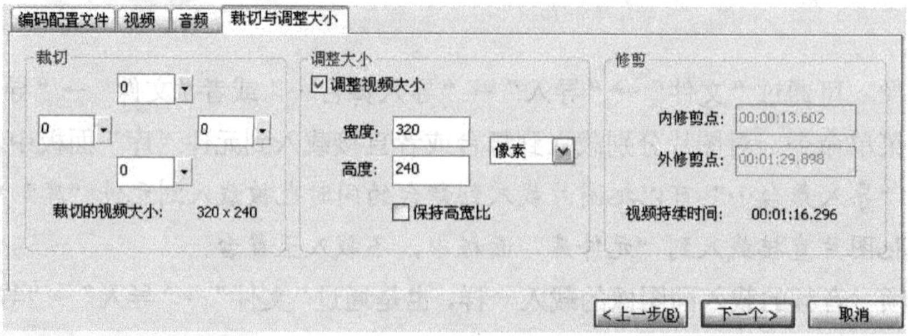

图 5-16　视频裁切修剪编辑

任务 2　夜空中星星闪烁

任务效果

“夜空中星星闪烁”动画播放后的画面如图 5-17 所示，可以看到夜晚天空星星交替闪烁的画面，效果逼真浪漫！

图 5-17 “夜空中星星闪烁”动画播放的具体效果

任务实施

1. 创建“星星”图形元件

1）创建一个新 Flash 文件，保持舞台默认大小宽 550px、高 400px。在场景任意位置单击鼠标右键，在弹出的快捷菜单中选择“文档属性…”选项，弹出“文档属性”对话框。设置“背景颜色”为黑色，模拟夜晚效果。

2）选择“插入”→“新建元件…”菜单命令，弹出“创建新元件”对话框。“名称”起名为“星星”，“类型”选择“图形”，具体设置如图 5-18 所示。单击“确定”按钮后进入“星星”图形元件编辑场景。

3）在“星星”图形元件编辑场景中绘制星星。首先选择“椭圆工具”，其边框色设置为“无色”，填充色设置打开的颜色板最下方渐变色的第二个“黑白放射”渐变，并在场景中心处绘制一圆形；选择“矩形工具”，其边框色设置为“无色”，填充色在“颜色面板”中设置“黑 - 白 - 黑”的线形渐变，具体放置位置为横穿绘制“圆”；最后复制一个绘制的矩形，并用“任意变形”工具将其设置为竖直，并调整其位置；具体位置与大小设置如图 5-19 所示。

图 5-18 “创建新元件”对话框

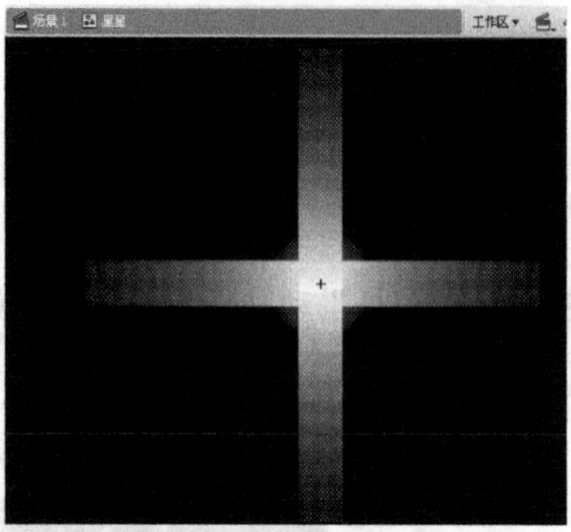

图 5-19 “星星”绘制效果

4）估计读者会对绘制“星星”有不满情绪，是不是不逼真啊？我们可以对其进行修改。选择“任意变形”工具对其大小形状进行调整，调整大小为高度要大于宽度，而且调整大小在场景比例为 100% 情况下如图 5-20 所示，越小越逼真。至此，“星星”图形元件创建完成。

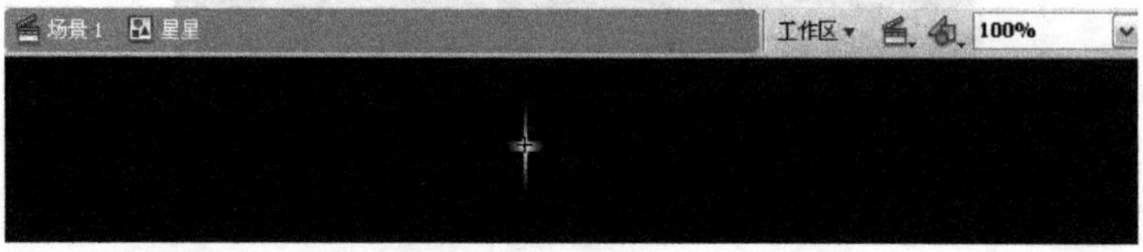

图 5-20 “星星”绘制最终效果

2. **创建“星星闪烁”影片剪辑元件**

1）选择“插入”→“新建元件…”菜单命令，弹出“创建新元件”对话框。“名称”起名为“星星闪烁 1”，“类型”选择为“影片剪辑”，单击“确定”按钮后进入“星星闪烁 1”影片剪辑元件编辑场景。

2）将“窗口”→“库”选中，打开“元件库”面板，具体样式如图 5-21 所示。可以看到制作完成的“星星”图形元件和刚建立的“星星闪烁 1”影片剪辑元件。在库中，选中“星星”图形元件，并将“库”中显示出的“星星”拖入到“星星闪烁 1”影片剪辑场景中心处。

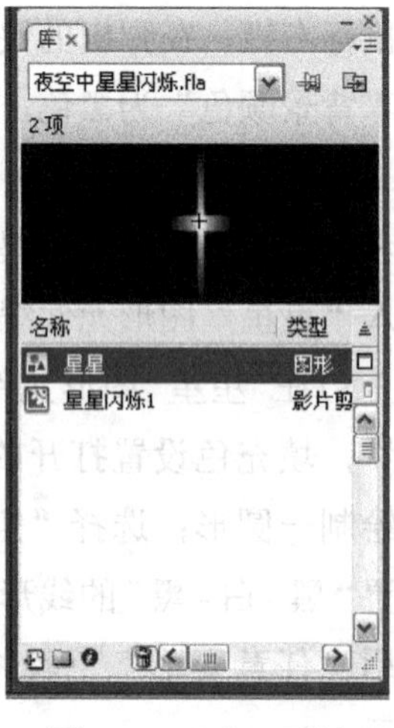

图 5-21 “库”面板

3）将“星星闪烁 1”影片剪辑场景中的“图层 1”起名为“星星”，并在第 5 帧插入“关键帧”。单击第 5 帧，并再单击场景中的“星星”图形（即为要设置第 5 帧的“星星”图形）。选中后打开“属性面板”，设置“颜色”选项为“Alpha”（透明度），并将后面的值设置为“0”（全透明）。最后在时间轴上的 0 ～ 5 帧中的任意一帧上单击鼠标右键，在弹出的快捷菜单中选择“创建补间动画”命令，具体设置效果如图 5-22 所示。按 <Enter> 键预览制作的动画，实现了“星星”逐渐消失的效果。

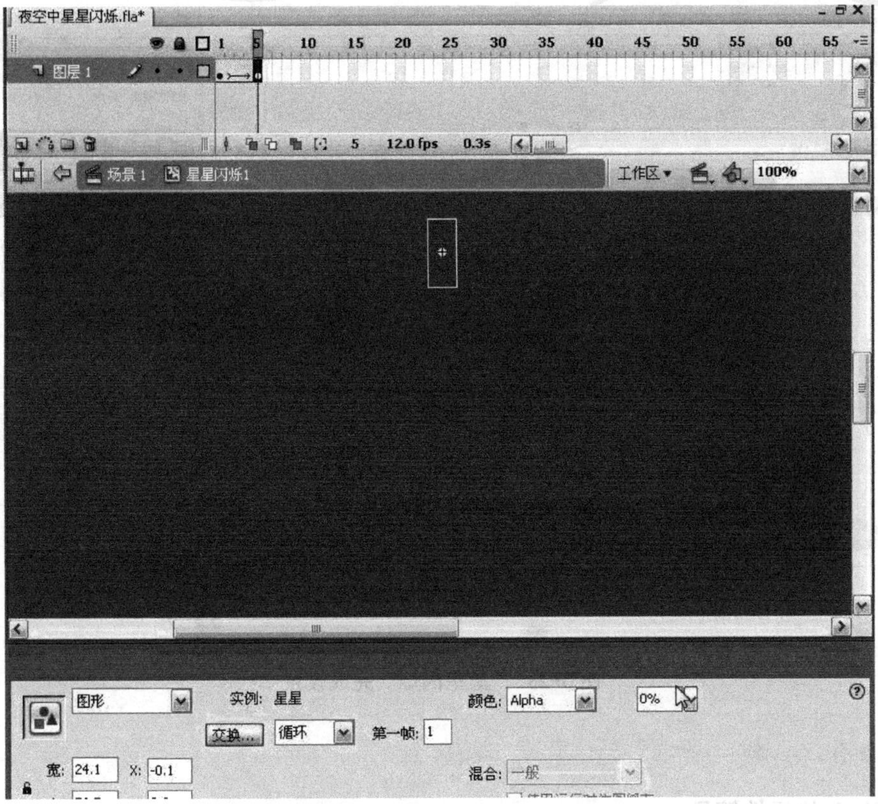

图 5-22 “星星闪烁 1”最终效果

4）完全按照上一步骤再制作一影片剪辑“星星闪烁 2”。完成上述制作后选中“星星闪烁 2”场景中的前 5 帧，单击鼠标右键，在弹出的快捷菜单中选择“翻转帧”，“星星闪烁 2”制作完成。按 <Enter> 键预览制作的动画，可以发现动画效果与“星星闪烁 1”实现的效果相反，“星星”逐渐显示。

3．完成动画设置

1）单击场景左上方的“场景 1”返回主场景 1，将“图层 1”修改为“星星闪烁”；打开“库”面板，在场景中需要星星闪烁的位置，拖出若干个“星星闪烁 1”影片剪辑元件，预览完成动画。

提示：动画完成后会发现所有星星一齐闪烁，效果并不好。别忘了，我们还创建了“星星闪烁 2”影片剪辑元件。

2）同样将“星星闪烁 2”拖出若干个，即可解决“星星”同步闪烁问题；为使动画更完美逼真，还可创建一图层 2，并绘制“月亮”，动画会更加完美。具体完成设置效果如图 5-23 所示。

提示：“星星闪烁 2”影片剪辑元件初始是透明的，拖入到主场景是看不到的，但是预览后就会实现其逐渐显示的过程。

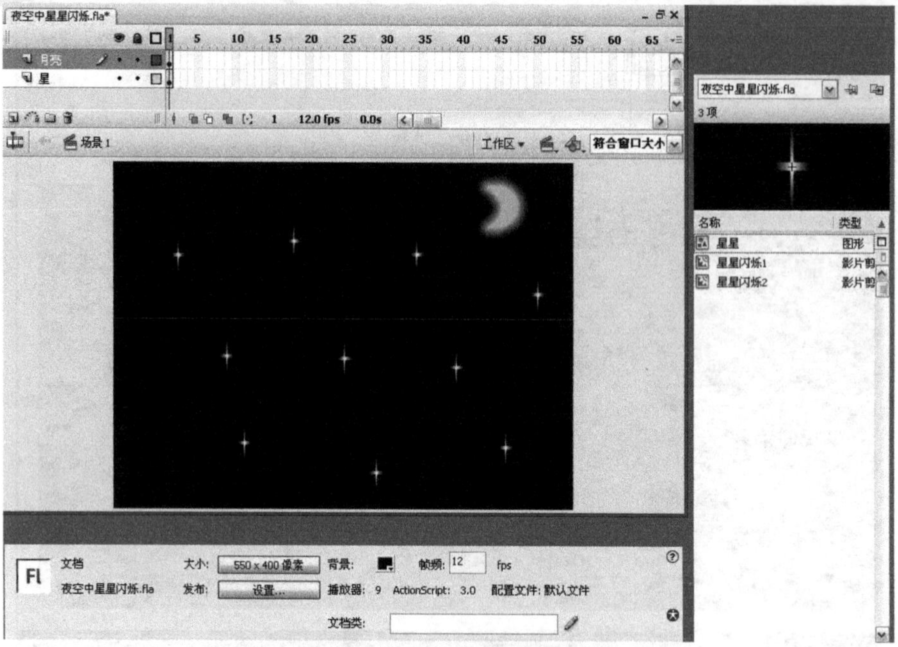

图 5-23 “星星闪烁”完成设置

知识拓展 元件的创建与使用

1. Flash 的元件符号

（1）元件的类型 Flash 的元件类型分为 3 种，只要在影片中元件库建立一次，就可以在该影片或其他影片中重复使用。在影片中使用元件能大幅降低文件大小，也可以加快影片播放，因为元件只需加载一次就够了。

1）图形元件：图形元件一般是静态的图形图像。

2）影片剪辑元件：影片剪辑元件就像影片中的片段，是一个动画片段，它有自己的时间轴，播放时不被主场景动画的时间轴所影响。

3）按钮元件：用于建立交互按钮。

（2）元件的创建 单击“插入”→“新建元件…”菜单命令，弹出“创建新元件”对话框，如图 5-24 所示，在对话框中填写需要的名称和创建的类型即可创建一新元件，场景会进入元件创建场景，依据需要编辑即可。

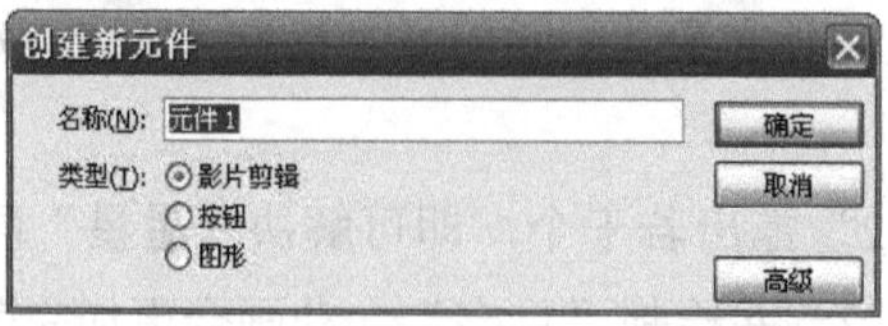

图 5-24 “创建新元件”对话框

2. 库面板的使用

在 Flash 中，所有在 Flash 文档中创建的元件以及导入的文件都存储在 Flash 库面板中。当用户创建新元件时，系统会自动将所创建的元件添加到该库中。

（1）库面板　库面板是 Flash 影片中所有可以重复使用的元素存储仓库，在使用时直接将元件库从该面板拖到场景即可。打开与关闭“库”可通过菜单“窗口”→“库”的选择来实现，打开的库面板如图 5-25 所示。

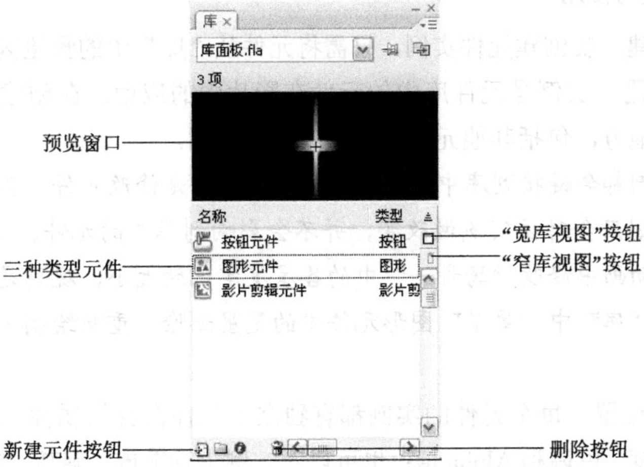

图 5-25　库面板

（2）使用公用库　Flash CS3 系统为我们提供了一些常用的“元件”供用户使用，它们存放在 Flash CS3 的“公用库”里面。若要在动画制作中使用“公用库”中的项目，可以执行“窗口”→“公用库”菜单命令，里面有“学习交互”、“按钮”、“类”3 个类别，选择即可以打开相应的公用库。如图 5-26 所示的分别是“学习交互”、“按钮”、“类”3 个公用库面板。

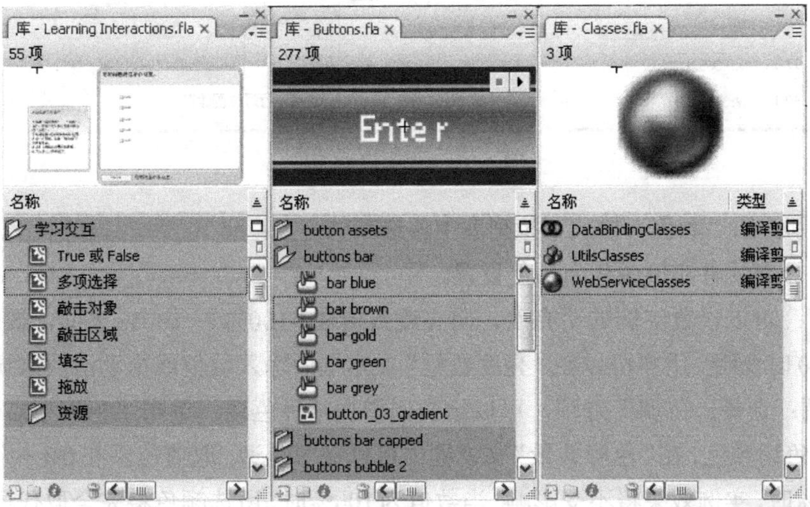

图 5-26　“学习交互”、“按钮”、“类”3 个公用库面板

使用公用库中的项目，与使用库面板中的项目方法相同，只需将项目从公用库中拖到当前文档即可使用，同时项目也会自动添加到当前“库”中。

（3）引用其他文件库资源　用户可以引用其他 Flash CS3 文件中的库，当然其他文件也可以相互引用，进而对文件中的库元件加以使用，更加简化了动画的设计，具体方式为：

执行“文件”→“导入”→“打开外部库…”菜单命令即可以打开其他 Flash CS3 文件中的库供当前文档来使用。

3．实例的创建与使用

（1）实例的创建　要创建元件实例，只需将元件从“库”中的预览区拖到场景中即可。

（2）实例的使用　实例是元件库中的元件在影片中的应用。在创建了元件之后，就可以在影片中的任何地方，包括其他元件中，创建它的实例。

提示：每个实例都会链接到库中的某个元件，所以若是修改元件，实例也会跟着改变；但若是修改实例，则只会对该实例做改变，并不会影响到库中的元件。（可以在“[案例 2] 夜空中星星闪烁”动画中修改“场景一”中的各星星实例的大小，观察是否对其相应的元件有影响？相反，将“库”中“星星”图形元件中的星星删除，重新绘制一个新图形，看整个动画是否改变？

（3）实例属性设置　每个元件的实例都有独立于元件自身的属性。用户可以在属性面板中改变实例的亮度、色调和 Alpha 值；也可以对实例进行缩放、旋转、倾斜或翻转等操作。当然，所有的这些属性设置都不会影响元件。

设置实例属性的具体操作如下：

首先在舞台中选中需要设置属性的实例。

其次打开属性面板设置即可，选中实例打开的属性面板如图 5-27 所示。

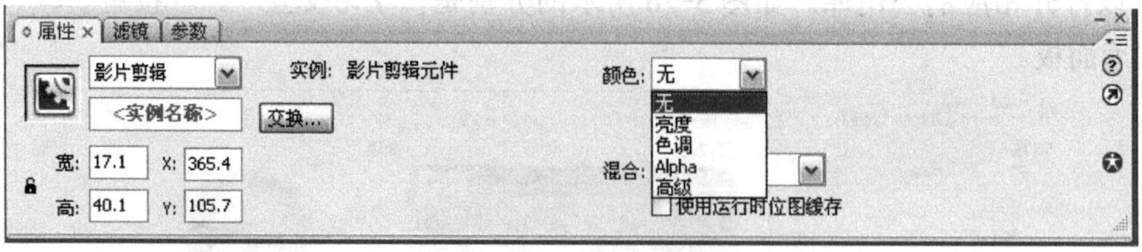

图 5-27　实例属性面板

下面分别介绍“颜色”样式下拉列表中各选项的含义：

① 无：不对元件实例做任何颜色设置。

② 亮度：可以设置实例的明亮度，明亮度数值在 -100% ～ 100% 之间，数值大于 0 时变亮，小于 0 时变暗。用户可以在“亮度数量”文本框中输入数值或拖动滑块来调整明亮度。

③ 色调：选择“色调”选项，可以给实例增加某种色调，单击“色调”右侧的色块，选择适合的色调颜色。在“色彩数量”文本框中可以调节色调，取值范围在 0% ～ 100% 之间，当数值为 0% 时，实例效果将不受影响；当数值为 100% 时，所选颜色将完全取代原来的色彩。

④ Alpha：选择此选项可以设定实例的透明度。数值越小越透明，当数值为 0% 时，实例完全透明，当数值为 100% 时，则完全不透明。

⑤ 高级：该选项为复合调节选项，选择该项后，单击右侧的“高级颜色设置”按钮，将弹出“高级效果：对话框，可以在该对话框中分别调整三原色（RGB）、透明度以及明亮度。

任务 3　“雨点落地”效果制作

任务效果

“雨点落地”动画播放后的画面如图 5-28 所示，可以看到阴天乌云下雨画面，雨点落地水波效果形象逼真！

图 5-28　“雨点落地”动画播放的具体效果

任务实施

1．绘制“阴天乌云”背景

1）在工具箱中选择“矩形工具”；在“颜色”面板中，边框色设置“无色”，填充色设置“蓝黑—白—黑灰”3 种颜色的线形渐变；在图层 1 中绘制矩形，大小与场景一样大，并将图层 1 改名为“背景”；在工具箱中选择“渐变变形工具”将水平的渐变色调整为垂直，矩形大小同场景大小；将“背景”图层锁定，具体设置效果如图 5-29 所示。

2）插入一个新图层，起名为“乌云”，并在工具箱中选择“椭圆工具”，边框色设置为“无色”，填充色设置为“黑灰”色，在“背景”的天空处用椭圆拼接几块“乌云”，具体绘制效果如图 5-30 所示，并锁定“乌云”图层。

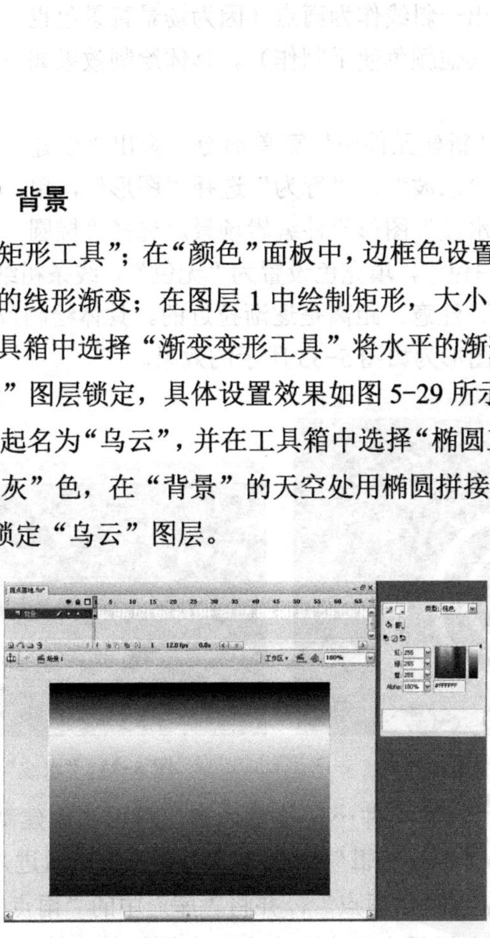

图 5-29　“背景”图层设置效果

图 5-30 “乌云”绘制效果

2. 创建所需要各元件

1）选择“插入”→“新建元件…”菜单命令，弹出“创建新元件”对话框。起名为“雨点”，“行为”选择“图形”，单击“确定”按钮后进入“雨点”图形元件编辑场景。选择“线条工具”，边框色设置为“白色”，在场景中心点绘制出一斜线作为雨点（因为场景背景色也为白色，所以可将其改为其他颜色便于制作）。具体绘制效果如图 5-31 所示。

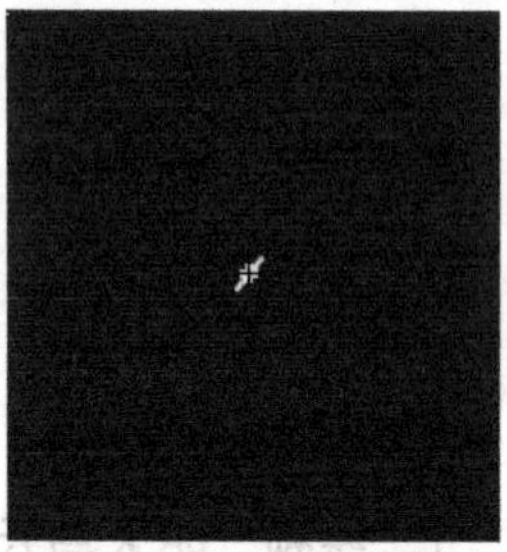

图 5-31 “雨点”绘制效果

2）选择“插入”→“新建元件…”菜单命令，弹出“创建新元件”对话框。起名为“水波”，“行为”选择“图形”，单击“确定”按钮后进入“水波”图形元件编辑场景。选择“椭圆工具”，边框色设置为“白色”，填充色设置为“无色”，线条粗细分别为 12、8、6、4、2，从外向内分别绘制 5 个圆。注意：距离是逐渐拉近的。具体绘制效果如图 5-32 所示。最后用“任意变形工具”调整图形为如图 5-33 所示的效果。

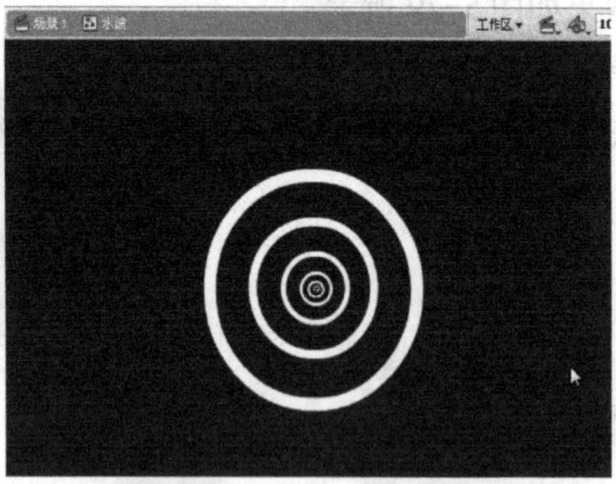

图 5-32 “水波”绘制效果

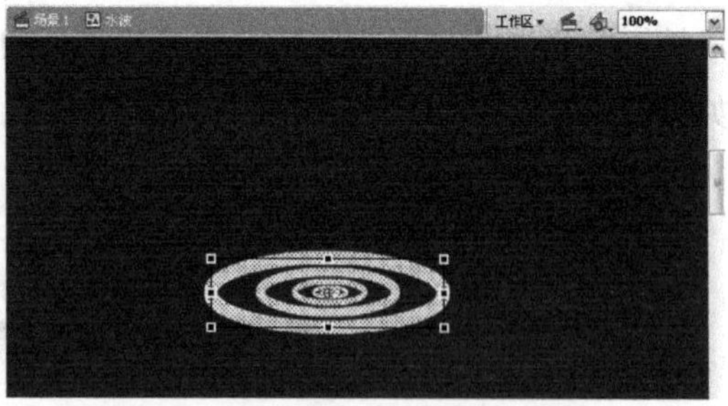

图 5-33 “水波”调整后的效果

3）选择“插入”→“新建元件…”菜单命令，弹出“创建新元件”对话框。起名为“下雨”，“行为”选择“影片剪辑”，单击“确定”按钮后进入“下雨”影片剪辑元件编辑场景。将“图层 1”起名为“雨点”，并将“库”中的“雨点”图形元件拖入“雨点”图层第 1 帧，具体位置放在场景中心点右上方，在图层第 3 帧处插入“关键帧”，并将第

3 帧处的“雨点”移至场景中心点的左下方处，修改第 1 帧雨点实例属性中的“Alpha”值为 20%，并创建第 1～3 帧的补间动画为“动作”。

4）插入一新图层起名为“水波”，并在此图层第 3 帧处插入关键帧，选中第 3 帧，将“库”中的“水波”图形元件拖入场景，用任意变形工具调整大小并在属性面板中设置为宽：46、高：13，并在此图层第 20 帧处插入“关键帧”，将第 20 帧处的水波大小在属性面板中设置为宽：300、高：87，设置第 3～20 帧的过渡动画为“动作”。在“水波”图层的第 11 帧处插入“关键帧”，分别设置第 1 帧和第 20 帧处水波实例属性中“Alpha”值为 0%，设置第 11 帧处水波实例属性中“Alpha”值为 17%。具体设置效果如图 5-34 所示。

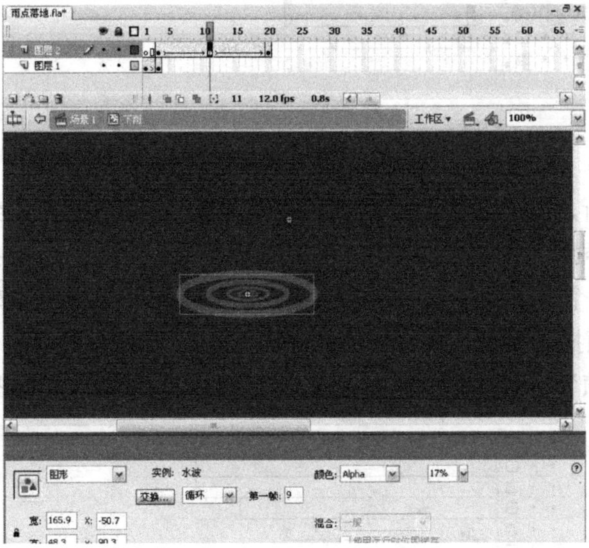

图 5-34　“下雨”影片剪辑制作效果

5）按 <Enter> 键观看，一个雨点落地水波效果制作完成。下面就要制作多雨点效果了。

3．动画的整合

1）单击场景左上方的“场景一”返回主场景。在“背景”图层和“乌云”图层间插入一新图层起名为“下雨 1”。选中此图层，从“库”中拖出若干个“下雨”元件。制作基本完成，预览欣赏发现动画效果有点不真实，雨点都是同步落下，下一步就要解决其同步问题。

2）解决方式可以在上面基础上增加 3 个图层，隔 5 帧落下若干“下雨”实例，即可解决同步问题。

3）首先在“下雨 1”图层上添加一图层，起名为“下雨 2”，并在此图层第 5 帧插入“关键帧”，选中该帧，并从“库”中拖出若干个“下雨”元件。并将“乌云”与“背景”两图层的第 5 帧插入“帧”。具体时间轴设置效果如图 5-35 所示。

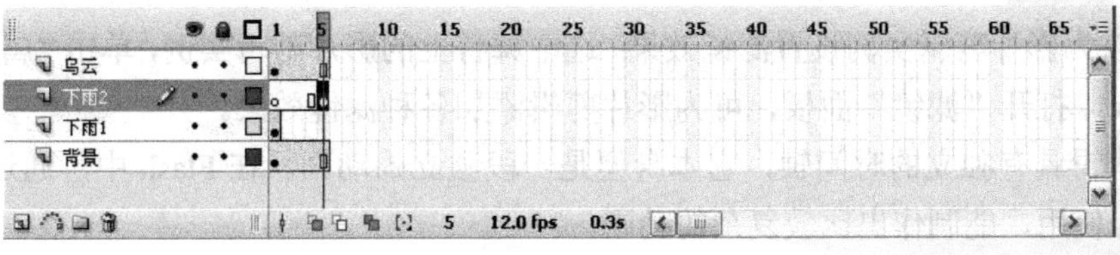

图 5-35　时间轴设置

4）此时预览观察，发现“下雨”元件实例都没有播放完成。为什么会出现这样的效果呢？回到元件“库”中，查看“下雨”影片剪辑元件共需要 20 帧才能实现完全播放。返回“场景一”，在“下雨 1”图层的第 20 帧处插入帧，在“下雨 2”图层的第 25 帧处插入帧（这样就为两个图层的“下雨”实例预留出 20 帧来实现“下雨”影片剪辑的完全播放），并分别在“乌云”与“背景”两个图层的第 25 帧处插入“帧”，具体时间轴设置效果如图 5-36 所示。再次预览播放，实现了“下雨”实例完全播放的效果。

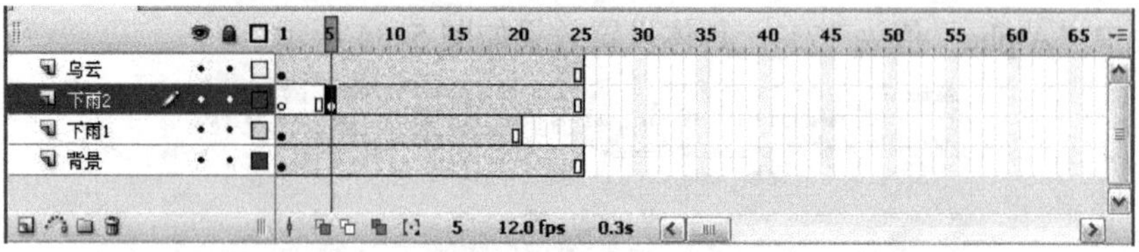

图 5-36　时间轴设置效果

5）按照上面分析，在“下雨 2”图层上继续添加两个图层，并改名为“下雨 3”和“下雨 4”。分别在“下雨 3”图层的第 10 帧和“下雨 4”图层的第 15 帧插入“关键帧”，并从“库”中拖入若干个“下雨”元件到此帧中。再分别在“下雨 3”图层的第 15 帧和“下雨 4”图层的第 22 帧插入“帧”来实现“20 帧”的扩展，最后将“乌云”与“背景”两图层的第 35 帧插入“帧”。此时动画制作完成，具体时间轴设置效果如图 5-37 所示。

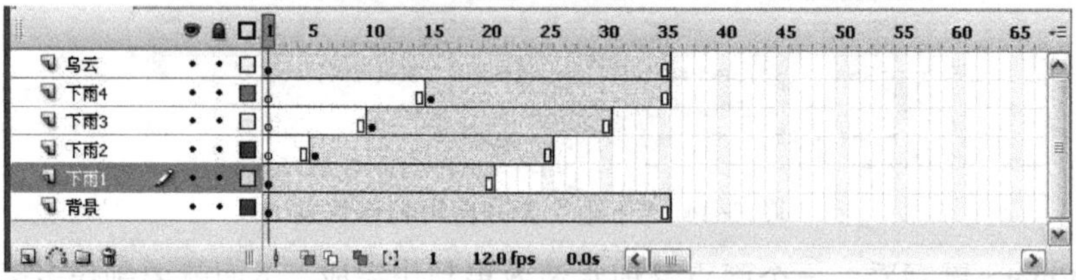

图 5-37　完成动画的时间轴设置

知识拓展　影片剪辑的灵活运用

1. 影片剪辑的特点

1）能包含其他元件的实例：在影片剪辑内部可以再添加其他的影片剪辑、按钮元件、图形元件实例，从而实现复杂的动画效果。

2）预览动画时：无法在时间轴上预览影片剪辑实例内的动画效果，在舞台上看到的只是影片剪辑内的第一帧画面。如果要欣赏影片剪辑内的完整动画，必须按 <Ctrl+Enter> 组合键才行。

3）可以为影片剪辑实例设置滤镜效果：选中舞台上的影片剪辑实例，单击“属性”→“滤镜”选项卡，打开“滤镜”面板，可为影片剪辑添加各种滤镜效果。

影片剪辑具有独立的时间轴，它本身便是一段独立的动画。在 Flash 中，通过多个影片剪辑的组合使用，能制作出比较复杂的动画。

提示：一般情况下，在遇到以下两种情况下最好使用影片剪辑。

① 当需要制作独立于主影片时间轴动画片段时，最好使用影片剪辑制作。

② 当需要制作带有动作脚本或声音的交互式动画片段时，使用影片剪辑制作。

2. 扩展帧

影片剪辑元件的实例在动画过程中有闪烁现象，这是因为插入的影片剪辑的长度与主影片的长度不协调造成的，遇到这种情况需要进行扩展帧的长度。

一般在主场景中第 1 帧使用影片剪辑且主场景整个影片长度只包含 1 帧（例如，[任务 2] 夜空中星星闪烁）情况下可以不扩展影片剪辑实例，影片剪辑会循环播放。

在其他影片剪辑应用中，若要实现完整播放都需要按长度扩展帧（例如，[任务 3] 雨点落地效果的制作），相当于把影片剪辑内的帧直接安排到当前帧。

提示：若留出的扩展帧长度短于影片剪辑元件本身的长度时，会播放预留长度帧数的影片剪辑动画。若留出的扩展帧长度长于影片剪辑元件本身长度时，会按照多余的长度从头再次循环播放影片剪辑动画。

3. 动画同步问题的解决

对于一些动画，影片剪辑在使用上方便的同时却出现了一些同步的问题，导致影片效果不够逼真，比如，[任务 2] 夜空中星星闪烁和 [任务 3] 雨点落地效果的制作。还有就是制作下雪这样的动画，这就需要解决这样的同步问题。

解决同步问题的方式有以下两个方面：

1）制作多种不同的元件，比如“星星闪烁”可以制作两种不同的元件放在同一场景同一帧中，这样读者可以分析出“下雪”动画的制作。

2）考虑用时间轴不同帧来分开播放，比如“下雨”，把同一元件放在不同的帧去播放，使播放实现有先有后，找个时间差，即可解决同步问题。

总之，动画制作是灵活的，能把复杂的东西制作简单化也是我们寻找的目标。

任务 4　模仿制作“公用库”中的按钮

任务效果

模仿制作“公用库”中的按钮制作，完成效果如图 5-38 所示，左侧按钮为“公用库”中按钮，右侧的为模仿制作的，可以看出效果形象逼真。

任务实施

图 5-38　模仿制作“公用库”中的按钮制作

1. 打开“公用库”找出模仿按钮

选择“窗口”→“公用库”→“按钮”菜单命令，弹出按钮公用“库”对话框。与元件“库”一样，可以看到里面提供若干个元件文件夹，其中包含了为我们提供的所有“公用按钮”，找到需要模仿制作的按钮，双击 classic buttons 文件夹，里面又包含若干类型，再打开 Playback 文件夹，找到 gel Right 按钮元件，如图 5-39 所示，并将 gel Right 按钮元件拖入场景，关闭“公用库”。

2．观察“公用库”按钮特点

1）打开“库”面板，看到“公用库”中 gel Right 按钮元件自动添加到“库”中，在“库”中双击 gel Right 按钮元件，进入 gel Right 按钮元件编辑场景，放大场景比例为 400%，如图 5-40 所示。

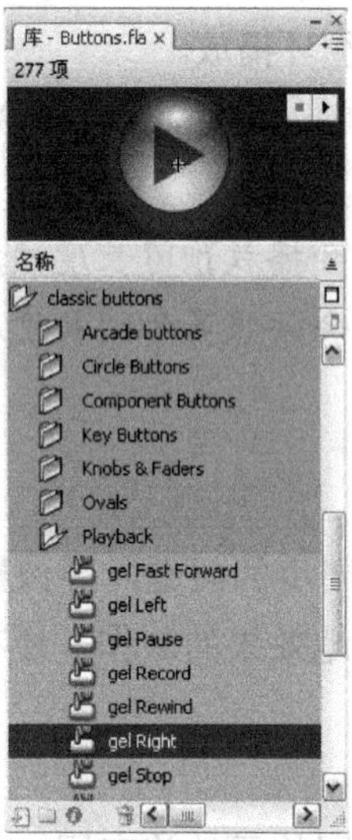

图 5-39 “公用库”中的 gel Right 按钮元件

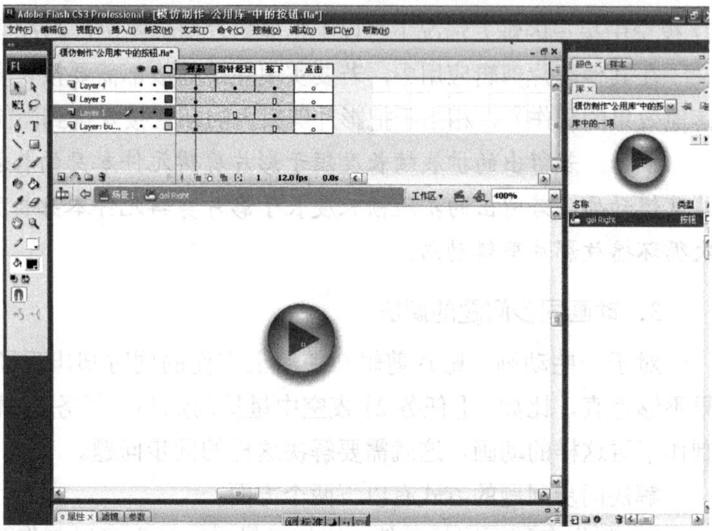

图 5-40 gel Right 按钮元件场景

2）可以看到，gel Right 按钮元件一共有 4 个图层，分别“隐藏”每个图层，观察每个图层内容和每个图层每一帧的内容，如下所示。

Layerbutton 图层：内容为按钮的阴影。在“弹起”状态有一关键帧，内容为阴影；“指针经过”和“按下”两个状态为帧，内容同“弹起”状态关键帧的阴影，“点击”状态为空白关键帧，没有内容。观察如图 5-41 所示。

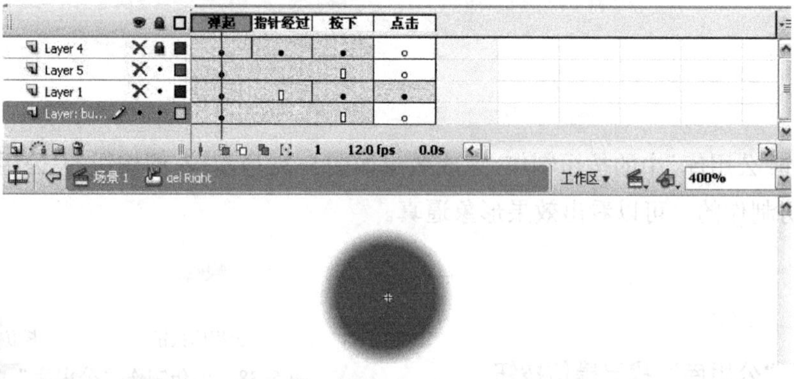

图 5-41 观察 Layer button 图层

Layer 1 图层：内容为直观的白绿渐变色的按钮。在“弹起”状态有一关键帧，内容为直观的白绿渐变色的按钮；“指针经过”状态为帧，内容同“弹起”状态关键帧的内容；“按下”状态为关键帧，内容是把前面按钮图像变为黑色，“点击”状态为关键帧，内容同前面

“按下”状态关键帧的内容。观察如图 5-42 所示。

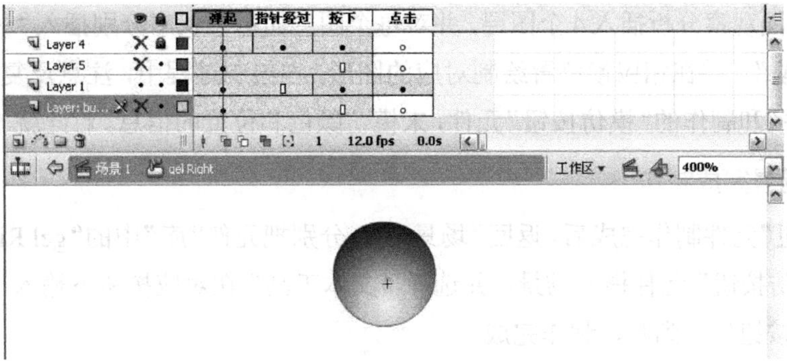

图 5-42　观察 Layer 1 图层

Layer 5 图层：内容为按钮上面白色到透明放射状的小渐变块。除了“点击”状态为空白关键帧没有内容外，其余 3 个状态内容同前面“弹起”状态关键帧的内容一样（由于背景为白色，观察时，可将背景调整为其他颜色）。观察如图 5-43 所示。

Layer 4 图层：内容为按钮中间的三角箭头。在“弹起”状态有一关键帧，内容为灰色的右三角；“指针经过”状态为关键帧，内容同“弹起”状态关键帧的内容，不过颜色变成白色；“按下”状态为关键帧，内容和颜色都同前面“指针经过”状态关键帧的白色右三角，“点击”状态为空白关键帧，没有内容。观察如图 5-44 所示。

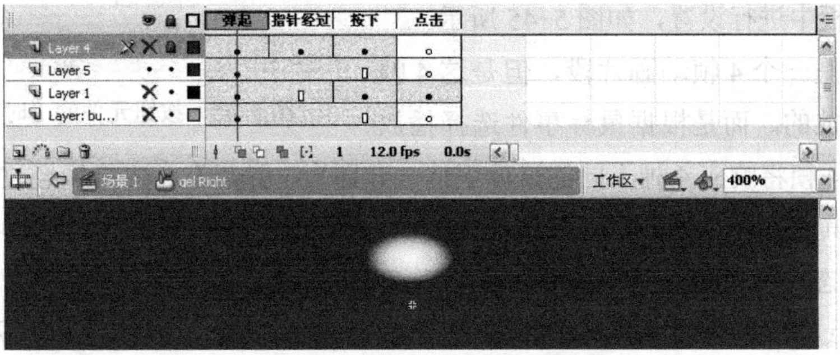

图 5-43　观察 Layer 5 图层

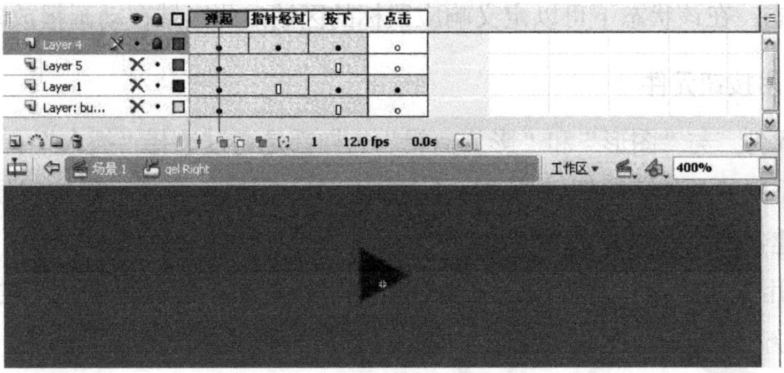

图 5-44　观察 Layer 4 图层

3. 建立按钮元件模仿制作

1）选择“插入”→“新建元件…”菜单命令，弹出“创建新元件”对话框。起名为“模仿按钮”，“行为”选择“按钮”，单击“确定”按钮后进入“模仿按钮”按钮元件编辑场景。

2）按照上面观察分析插入4个图层，并对每个图层的每个状态分别插入“关键帧”、“帧”和“空白关键帧”，并在相应帧位置绘制对应的图形。在绘制过程中，注意反复切换进入“gel Right按钮元件”和制作的“模仿按钮”元件，来模仿颜色和位置的信息。对此就不再过多介绍。

4. 载入场景完成制作

“模仿按钮”元件制作完成后，返回“场景一”，分别把元件“库”中的“gel Right按钮元件”和制作的“模仿按钮”元件拖入场景，并选择“文本工具”在对应按钮下输入“公用库按钮”和“模仿制作按钮”。到此，制作完成。

知识拓展 按钮元件的创建与使用

1. 按钮元件

按钮是一种特殊的元件，根据鼠标的不同状态如单击、鼠标经过等，可以显示出不同的画面，并且当单击按钮时，将执行事先设置好的动作。

在 Flash CS3 中，按钮元件有4种状态，每种状态都有特定的名称，用户可以在按钮元件的“时间轴”面板中进行设置，如图5-45所示。

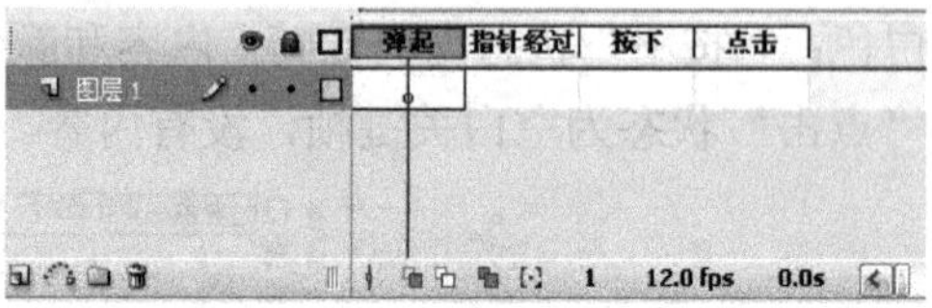

图5-45 按钮元件的“时间轴”面板

按钮元件是一个4帧动画片段，但是这4帧不是随时间播放的，而是根据鼠标事件选择播放其中一帧。这4帧将响应4种不同的鼠标事件，分别为“弹起”、“指针经过”、“按下”和“点击”，其主要含义为：

① 弹起状态：当鼠标指针不接触按钮时，该按钮的外观。

② 指针经过状态：当鼠标指针移到按钮上方但没有按下时，该按钮的外观。

③ 按下状态：当在按钮上按下鼠标左键时，该按钮的外观。

④ 点击状态：在该状态下可以定义响应鼠标的区域，此区域在动画播放时不可见。

2. 创建使用按钮元件

创建按钮元件，与“图形”和“影片剪辑”一样都是通过选择“插入”→“新建元件…”菜单命令。但不同的是创建按钮元件实际上是制作在不同鼠标事件下的按钮显示状态。

按钮在创建使用上有以下两个特点：

① 按钮是用来响应鼠标事件的，主要就是分别设置在不同鼠标事件下的按钮状态和外观。可以应用导入的图形、图像、音频、文字、影片剪辑或图形元件实例等，但不能在一个按钮中再使用按钮元件。

② 创建出的按钮元件不会实现交互，若要让按钮发生作用，则需要为按钮实例添加动作脚本。

第 6 章

应用 Flash CS3 特效

学习目标

本章通过实例对 Flash CS3 中多种滤镜的使用方法和效果进行了详细介绍，同时讲述了混合模式的使用。力求使读者能够很好地理解各种滤镜和混合模式并能运用自如，达到绚丽的效果，并且学会快速使用时间轴特效。

学习重点难点

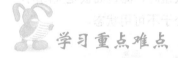

- 了解各种滤镜使用方法
- 了解混合模式的使用方法及效果
- 了解各种滤镜参数的设置
- 掌握常见滤镜，如投影、模糊、发光等效果的使用
- 了解时间轴特效的使用方法

Flash CS3 的特效应用

Adobe Flash CS3 中的滤镜和混合模式，使 Flash 在设计功能方面的能力大大增强。Flash 中的“滤镜”功能，可以让我们制作出许多以前只在 Photoshop 或 Fireworks 等软件中才能完成的效果，比如阴影、模糊、发光、斜角、渐变发光、渐变斜角和调整颜色等。

在 Flash CS3 中，使用滤镜仅限于文字、按钮和影片剪辑 3 种类型。也就是说，不能够在普通形状上使用滤镜，就算绘制为对象也不可以，在图形符号上使用滤镜也是不被允许的。虽然限制性很大，但是有了这些特性，意味着以后制作文字和按钮效果就会很方便了。在 Flash 中，无需为了一个简单的效果进行多个对象的叠加，更没有必要去启动其他的图像处理软件进行复杂的处理了。图 6-1 所示是增加了文字的阴影效果，比起使用老版本的 Flash 制作阴影方便了许多。

图 6-1　文字的投影滤镜产生的投影效果

1. 初识滤镜面板

滤镜面板，可以说是Flash的一大亮点，使用Flash的滤镜可以产生许多意想不到的效果。但滤镜只能应用于文本、影片剪辑和按钮，这是需要用户注意的地方。滤镜面板在默认安装状态下是打开的，它处于属性面板上，在属性面板和参数面板之间。单击滤镜面板右侧的“关闭”按钮可以关闭滤镜面板。单击“窗口”→“属性”→“滤镜”可以打开滤镜面板。

由于滤镜面板的特殊性，在用户输入非文本、影片剪辑和按钮时，滤镜面板是关闭的，状态如图 6-2 所示，也就是说滤镜面板中的加号按钮灰色时是处于不可用状态。

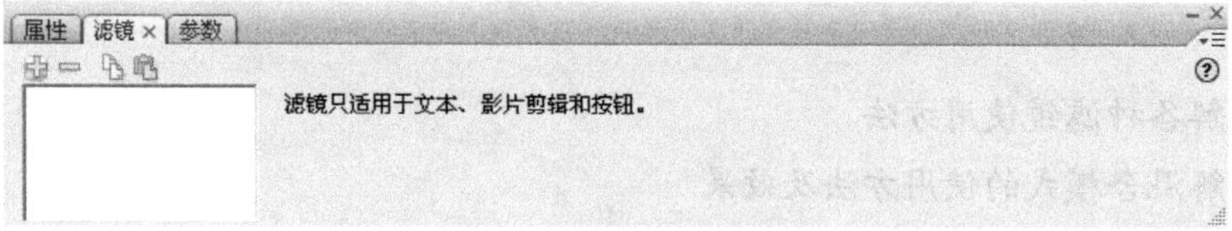

图 6-2　关闭的滤镜面板

打开方法：

用户输入文本、影片剪辑和按钮时，可以增加或删除滤镜，并且可以指定滤镜的某些参数选项。单击滤镜面板中的可以显示滤镜列表，包括投影、模糊、发光、斜角、渐变发光、渐变斜角和调整颜色等，如图 6-3 所示。

在制作效果时，可以同时为对象增加多个滤镜，如果想保存组合在一起的滤镜效果，可以执行“预设”→“另存为”命令，将设置效果保存起来，以便直接应用到其他的对象中，也方便以后动画中多个对象应用同样的滤镜效果，提高工作效率。

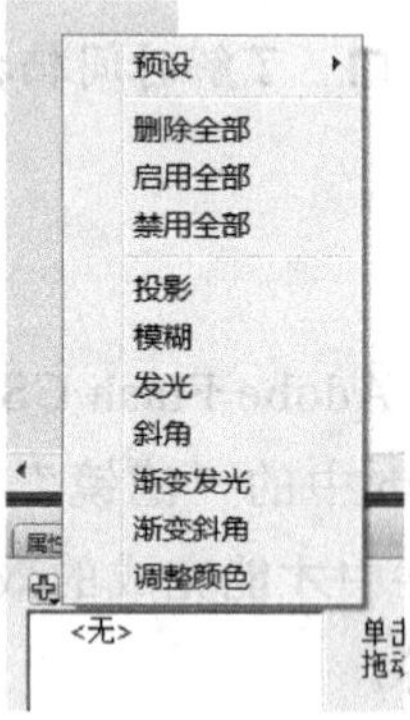

图 6-3　滤镜列表

操作方法：

1）输入文字。

2）利用选择工具，选中文字，单击属性面板上的滤镜面板。

3）单击，在弹出的菜单中选择投影，观看效果。

4）单击，在弹出的菜单中选择模糊，观看效果，如图 6-4 所示。

5）单击，选择“预设”→“另存为”命令，在弹出的“将预设另存为”栏中输入名称，如投影＋模糊，单击“确定”按钮，保存两种滤镜效果。

6）输入其他文字。

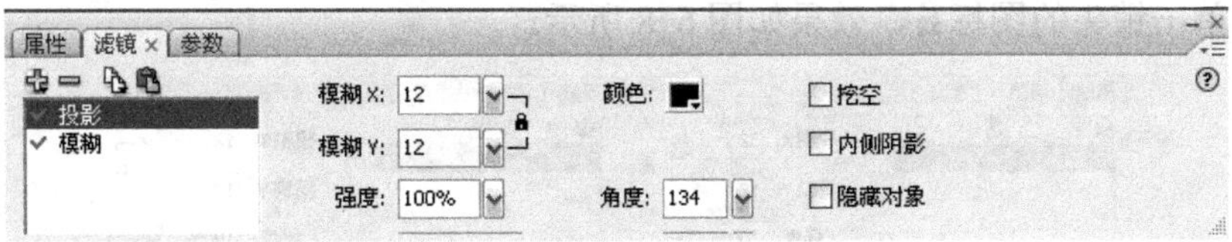

图 6-4　采用了两种滤镜效果

7）利用选择工具，选中文字，单击属性面板上的滤镜面板。

8）单击，在弹出的菜单中选择投影＋模糊，观看效果如图 6-5 所示。

通过上述方法，就可以在输入的文字中采用两种滤镜了，保存设置的滤镜效果，并应用到新输入的文字中。

如果要删除某些滤镜，选择需要删除的滤镜效果名称，如投影、模糊、发光等，单击，效果如图 6-6 所示。启用或禁用全部滤镜效果，可以直接执行弹出菜单中的“删除全部”、“禁用全部”命令即可。

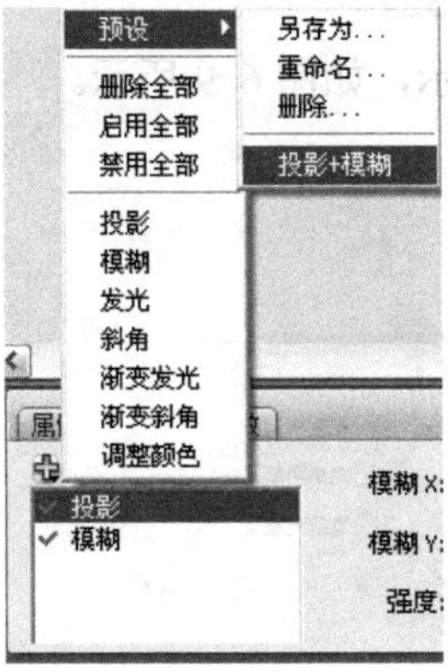

图 6-5　选择保存的“投影＋模糊”为新文字添加滤镜

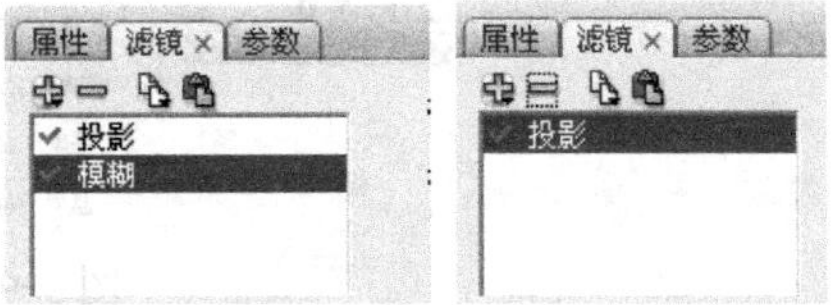

图 6-6　删除模糊效果前、后对比图

2．滤镜使用方法

已经了解了滤镜基本的操作方法，下面就来分别介绍每个滤镜的使用方法。

（1）投影滤镜

投影滤镜包括的参数有：模糊、强度、品质、颜色、角度、距离、挖空、内侧阴影和隐藏对象，如图 6-7 所示。

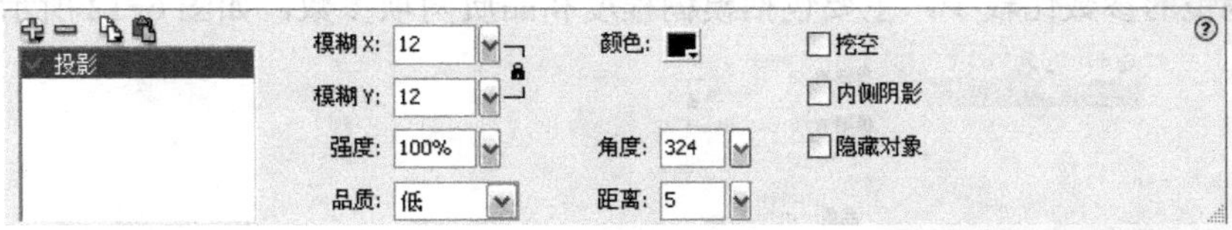

图 6-7　投影滤镜参数

1）模糊：指定投影的模糊程度，可分别对 X 轴和 Y 轴两个方向设定。取值范围为 0 ～ 100。如果单击 X 和 Y 后的锁定按钮，可以解除 X、Y 方向的比例锁定，分别对 X 轴和 Y 轴的取值范围进行设定。如果关联的话，X 轴和 Y 轴的值将会同时变化。取消和关联 X、Y 轴的方法是单击锁头的图标，效果如图 6-8 所示。

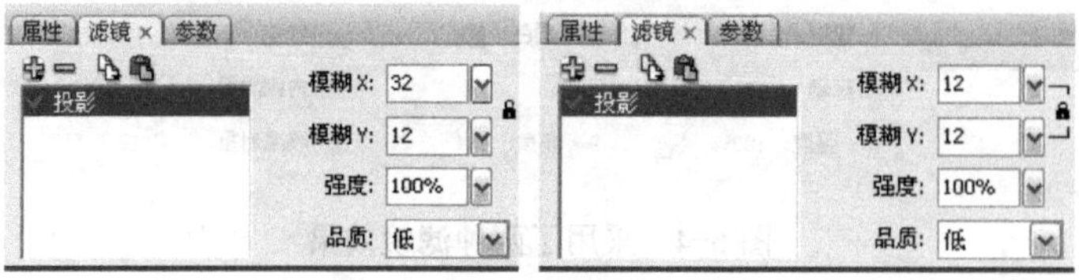

图 6-8　模糊效果关联示意图

2）强度：设定投影的强烈程度。取值范围为 0% ～ 1000%，数值越大，投影的显示越清晰强烈。

3）品质：设定投影的品质高低。可以选择“高”“中”“低”3 项参数，品质越高，投影越清晰。

4）颜色：设定投影的颜色。单击“颜色”按钮，可以打开调色板选择颜色。

5）角度：设定投影的角度。取值范围为 0 ～ 360°。

6）距离：设定投影的距离大小。取值范围为 -32 ～ 32。

7）挖空：将投影作为背景的基础上，挖空对象的显示，如图 6-9 所示。

图 6-9　投影挖空效果

8）内侧阴影：设置阴影的生成方向指向对象内侧，如图 6-10 所示。

9）隐藏对象：只显示投影而不显示原来的对象，如图 6-11 所示。

图 6-10　内侧阴影效果

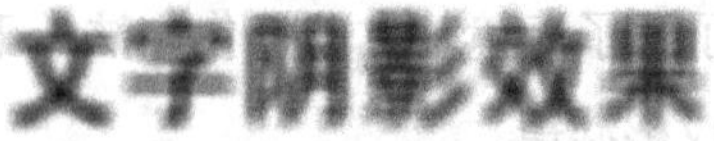

图 6-11　隐藏对象效果

（2）模糊滤镜

模糊滤镜的参数比较少，主要包括模糊程度和品质两项参数，如图 6-12 所示。

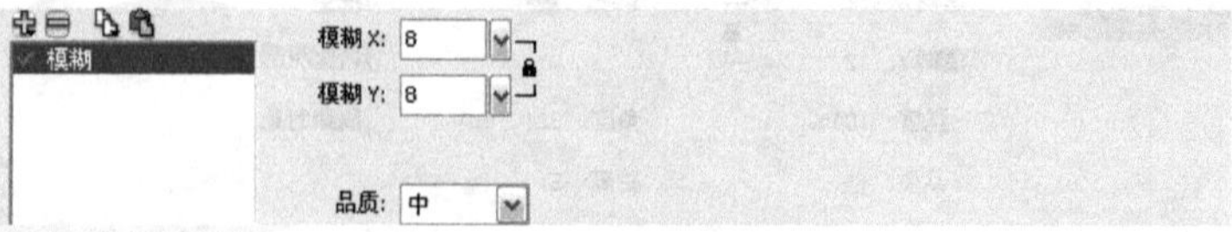

图 6-12　模糊滤镜参数设置

1）模糊：可以指定模糊程度，可分别对 X 轴和 Y 轴两个方向设定。取值范围为 0 ～ 100。如果单击 X 和 Y 后的锁定按钮，可以解除 X、Y 方向的比例锁定，再次单击可以锁定比例。

2）品质：设定模糊的品质高低。可以选择“高”“中”“低”3 项参数，品质越高，模糊效果越明显。

（3）发光滤镜

发光滤镜就是显示发光效果，可控参数有模糊、强度、品质、颜色、挖空和内侧发光等，如图 6-13 所示。

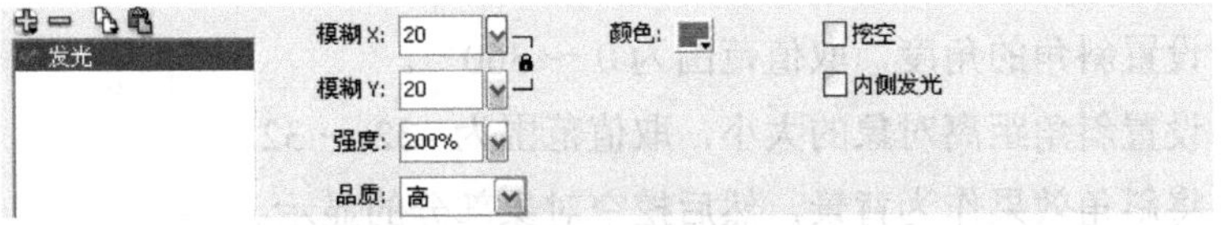

图 6-13　发光滤镜参数设置

1）模糊：用来指定发光的模糊程度，可分别对 X 轴和 Y 轴两个方向设定。取值范围为 0 ～ 100。如果单击 X 和 Y 后的锁定按钮，可以解除 X、Y 方向的比例锁定，再次单击可以锁定比例。

2）强度：设定发光的强烈程度。取值范围为 0% ～ 1000%，数值越大，发光的显示越清晰强烈。

3）品质：设定发光的品质高低。可以选择“高”“中”“低”3 项参数，品质越高，发光越清晰。

4）挖空：将发光效果作为背景，然后挖空对象的显示，如图 6-14 所示。

5）内侧发光：设置发光的生成方向指向对象内侧，如图 6-15 所示。

图 6-14　发光滤镜挖空效果

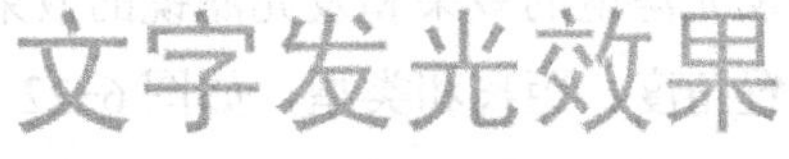

图 6-15　发光滤镜内侧发光效果

（4）斜角滤镜

使用斜角滤镜可以制作出立体的浮雕效果，它的参数主要有模糊、强度、品质、阴影、加亮、角度、距离、挖空和类型等，如图 6-16 所示。

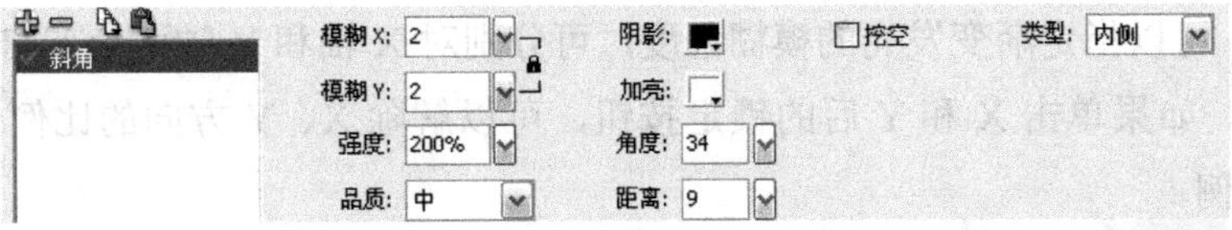

图 6-16　斜角滤镜参数设置

1）模糊：可以指定斜角的模糊程度，可分别对 X 轴和 Y 轴两个方向设定。取值范围为 0 ～ 100。如果单击 X 和 Y 后的锁定按钮，可以解除 X、Y 方向的比例锁定。提醒取值范围设置太大，效果不是很明显。效果如图 6-17 所示。

2）强度：设定斜角的强烈程度。取值范围为 0% ～ 1000%，数值越大，斜角的效果越明显。

3）品质：设定斜角倾斜的品质高低。可以选择“高”“中”“低”3 项参数，品质越高，斜角效果越明显。

4）阴影：设置斜角的阴影颜色。可以在调色板中选择颜色。

5）加亮：设置斜角的高光加亮颜色，也可以在调色板中选择颜色，图 6-18 是阴影设置为黑色，加亮设置为黄色的显示效果。

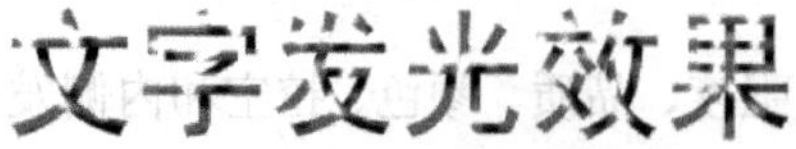

图 6-17　斜角滤镜模糊效果

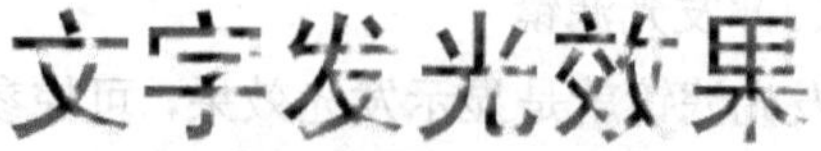

图 6-18　斜角滤镜加亮效果

6）角度：设置斜角的角度，取值范围为 0 ～ 360°。

7）距离：设置斜角距离对象的大小，取值范围为 –32 ～ 32。

8）挖空：将斜角效果作为背景，然后挖空对象部分的显示。

9）类型：设置斜角的应用位置，可以是内侧、外侧和整个，如果选择整个，则在内侧和外侧同时应用斜角效果，如图 6-19 ～图 6-21 所示。

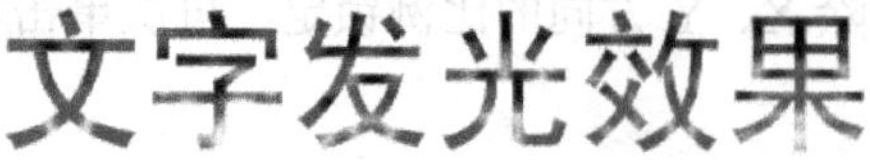

图 6-19　斜角滤镜内侧效果

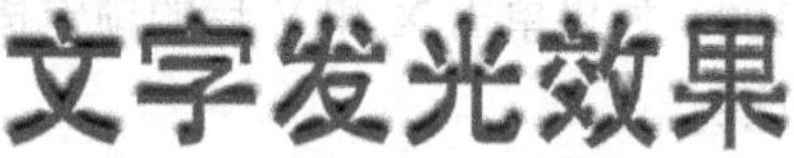

图 6-20　斜角滤镜外侧效果

图 6-21　斜角滤镜整个效果

（5）渐变发光滤镜

渐变发光滤镜的效果和发光滤镜的效果很像，区别是可以调节发光的颜色为渐变颜色，还可以设置角度、距离和类型，如图 6-22 所示。

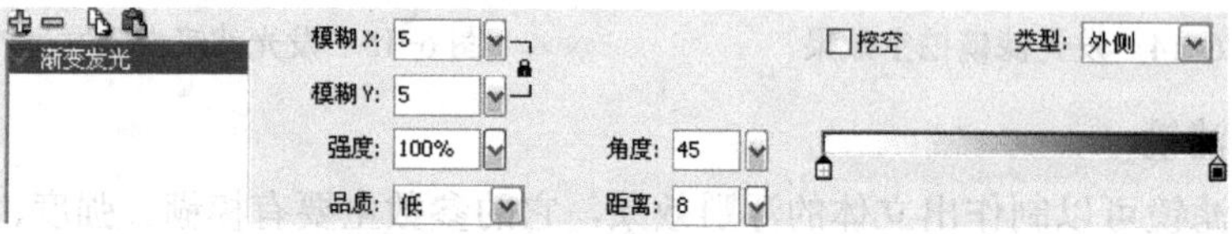

图 6-22　渐变发光滤镜参数设置

1）模糊：可以指定渐变发光的模糊程度，可分别对 X 轴和 Y 轴两个方向设定。取值范围为 0 ～ 100。如果单击 X 和 Y 后的锁定按钮，可以解除 X、Y 方向的比例锁定，再次单击可以锁定比例。

2）强度：设定渐变发光的强烈程度。取值范围为 0% ～ 1000%，数值越大，渐变发光的显示越清晰明显。

3）品质：设定渐变发光的品质高低。可以选择“高”“中”“低”3 个参数，品质越高，效果越清晰。

4）挖空：将渐变发光效果作为背景，然后挖空对象的显示。

5）角度：设置渐变发光的角度，取值范围为 0 ～ 360°。

6）距离：设置渐变发光的距离大小，取值范围为 –32 ～ 32。

7）类型：设置渐变发光的应用位置，可以是内侧、外侧或整个。

8）渐变色：面板中的渐变色条是控制渐变颜色的工具，默认情况下为白色到黑色的渐变色。将鼠标指针移动到渐变色条上，如果出现了带加号的鼠标指针，就可以在此处增加新的颜色控制点，如图 6-23 所示。如果要删除颜色控制点，只需将它选中，向下拖动鼠标，就会删除被拖动的控制点。单击控制点上的颜色块，会弹出系统调色板让我们选择要改变的颜色。

图 6-23　渐变色调整示意图

（6）渐变斜角滤镜

使用渐变斜角滤镜同样也可以制作出比较逼真的立体浮雕效果，它的控制参数和斜角滤镜的控制参数相似，所不同的是它更能精确控制斜角的渐变颜色，如图 6-24 所示。

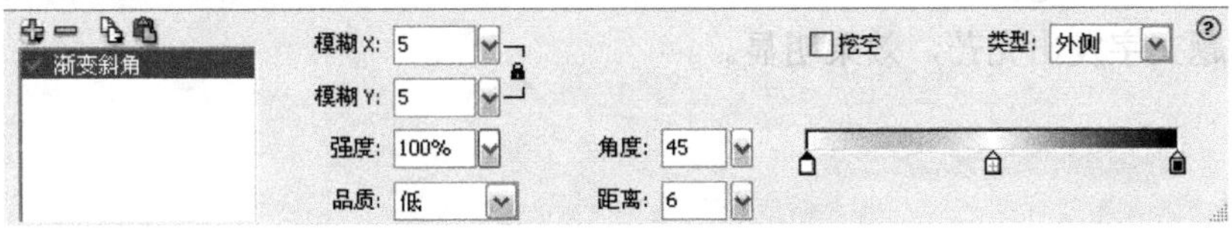

图 6-24　渐变斜角滤镜参数设置

模糊、强度、品质、角度、距离、挖空和类型的参数含义和斜角滤镜的含义一样，这里就不再详细介绍。

（7）调整颜色滤镜

调整颜色滤镜，允许我们对文本、按钮或影片剪辑进行颜色调整，比如亮度、对比度、饱和度和色相等，如图 6-25 所示。

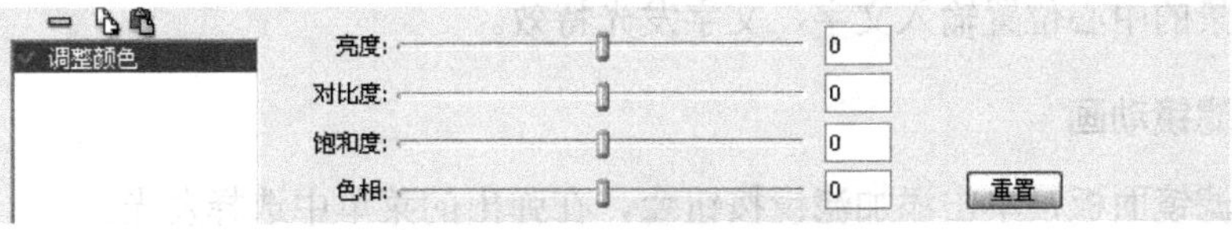

图 6-25　调整颜色滤镜参数设置

1）亮度：调整对象的亮度。向左拖动滑块可以降低对象的亮度，向右拖动可以增强对象的亮度，取值范围为 –100 ～ 100。

2）对比度：调整对象的对比度。取值范围为 –100 ～ 100，向左拖动滑块可以降低对象的对比度，向右拖动可以增强对象的对比度。

3）饱和度：设定色彩的饱和程度。取值范围为 –100 ～ 100，向左拖动滑块可以降低对象中包含的颜色浓度，向右拖动可以增加对象中包含的颜色浓度。

4）色相：调整对象中颜色的色相值，取值范围为 –180 ～ 180。

自从有了滤镜功能，Flash 就有了很大的变化，该功能可以为舞台上的对象增添有趣的视觉效果，给动画的制作增加了丰富多彩的内容。但滤镜功能也有其不足之处：将动画发布为 Flash CS3 文档或 Flash Player8 文档，并在动画效果中加入滤镜会消耗系统资源，不应过多地使用。

任务1 随心所欲玩转图像

本章将以案例的形式为大家介绍利用滤镜和混合模式的特效动画，这些特效动画在以前老版本的 Flash 中制作出来需要依靠其他的图像处理软件（如 Photoshop），相对比较复杂。使用滤镜，可以为舞台上的对象增添有趣的视觉效果，给动画的制作增加了丰富多彩的内容，操作也简单了许多。

任务效果 文字发光动画

在许多网站的 Logo 上大家会看到某些动画，其中为了提高视觉性，会采用文字发光的特效，主标题文字发出光芒，效果明显。

任务实施

1. 输入文字

1）创建一个新的 Flash 文件，保持舞台默认大小不变 550px×400px。为了体现动画效果，将背景色设置为黑色。

2）选择“文本工具”T，在属性面板中设置“字体”为黑体，“字体大小”为 70，“文本（填充）颜色”为红色。

3）在场景的中心位置输入文字，文字发光特效。

2. 设置滤镜动画

1）单击滤镜面板，单击添加滤镜按钮，在弹出的菜单中选择发光。

2）设置模糊为 10，强度为 180%，品质为中，颜色为黄色，效果如图 6-26 所示。

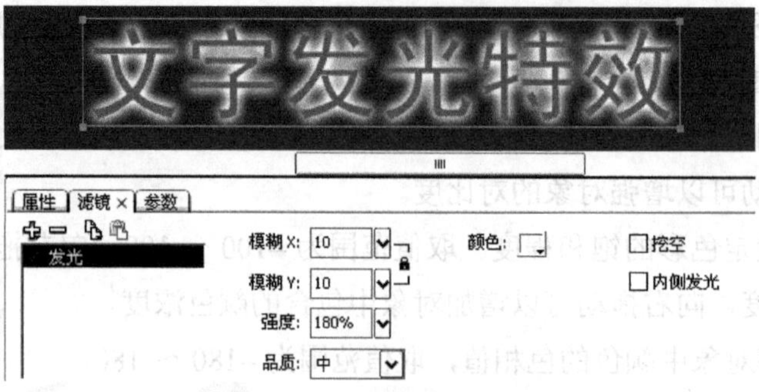

图 6-26 发光滤镜效果及参数

3）在“时间轴”第 40 帧处单击鼠标右键，在弹出的快捷菜单中选择“关键帧”命令，插入关键帧，选择第 40 帧，然后设置发光滤镜的参数。

4）设置模糊为 30，强度为 300%，品质为中，颜色为黄色，如图 6-27 所示。

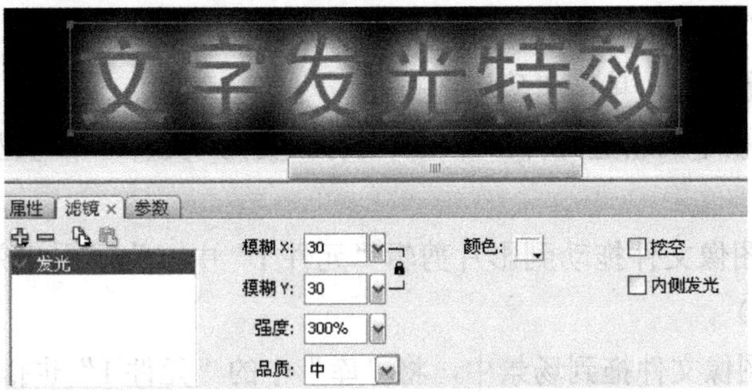

图 6-27　更改后的发光滤镜效果及参数

5）在时间轴的任意帧上，单击鼠标右键，在弹出的快捷菜单中选择“创建补间动画”选项，这样就生成了文字发光变化的动画。

至此，动画制作完毕。可以播放演示看看，效果还是很不错的。

知识拓展

1．制作滤镜动画

1）在 Flash CS3 中，使用滤镜仅限于文字、按钮和影片剪辑 3 种类型。也就是说，不能够在普通形状上使用滤镜。

2）输入文字之后就可以设置滤镜效果，设置完成后，动画正常播放。

3）滤镜是可以叠加的，同一个文字可以采用多种滤镜，会出现不同的效果。

一直以来，Flash 所创造的图像过于“单薄”，层次感不够强，混合模式功能就解决了这个问题，熟悉 Photoshop 的朋友就会发现，在某些功能和颜色模式上出现了 Adobe Photoshop 的身影。

2．混合模式

在 Flash 中，使用混合模式，可以创建复合图像。复合是改变两个或两个以上重叠对象的透明度或者颜色相互关系的过程。就像是把多种原料混合在一起产生更丰富的效果，混合模式就是帮你控制“原料”多少和调和方法的。

在 Flash CS3 中，混合模式同样限制在影片剪辑和按钮上使用。也就是说，普通形状、位图、文字等都要转换为影片剪辑和按钮。

在 Flash CS3 中提供了图层、变暗、色彩增殖、变亮、荧幕、叠加、强光、增加、减去、差异、反转、Alpha、擦除等混合模式。如图 6-28 所示。

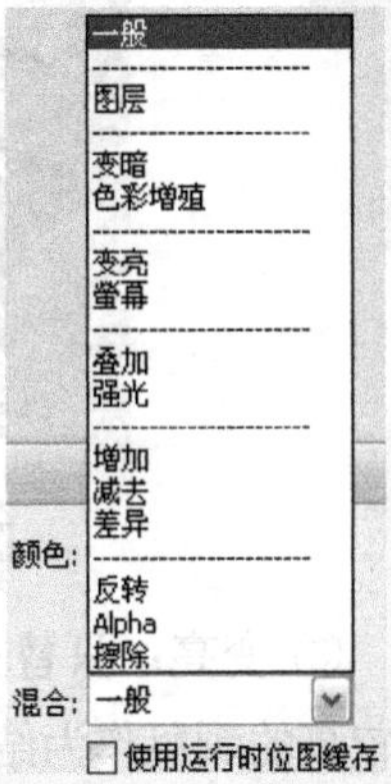

图 6-28　混合模式

我们将对几种混合模式进行介绍。为了便于观察混合模式的效果，首先导入两张图片，然后将其中的一个图片转换为影片剪辑元件。

选中影片剪辑元件，在属性面板中会发现“混合”选项变为可用状态。

操作方法：

1）单击“文件”→“导入”→“导入到库”命令。

2）选择两个图像文件，单击“确定”按钮。

3）单击“库”面板中的新建元件按钮，名称不变为“元件 1”，类型选择“影片剪辑”，单击“确定”按钮。

4）将其中一个图像文件拖动到影片剪辑“元件 1”中（为了看出效果这个图像大小要小于另外的图像文件）。

5）将另外一个图像文件拖到场景中，将“库”中的“元件 1”也拖到场景中。

6）单击“元件 1”在场景中的实例，这时大家会发现混合选项激活了。导入的图像原图如图 6-29 所示。

图 6-29　导入的 2 个图像原图

① 正常：正常应用颜色，不与基准颜色有相互关系，无变化。

② 图层：可以层叠各个影片剪辑，而不影响其颜色。

③ 变暗：只替换比混合颜色亮的区域，比混合颜色暗的区域不变，即把基色或混合色中较暗的颜色作为结果色。比混合色亮的像素被替换，比混合色暗的像素保持不变，如图 6-30 所示。

④ 色彩增殖：将基色与混合色复合后产生的颜色总是较暗。任何颜色与黑色复合都产生黑色。任何颜色与白色复合保持不变。如图 6-31 所示。

图 6-30　混合模式变暗

图 6-31　混合模式色彩增殖

⑤ 变亮：只替换比混合颜色暗的像素，比混合颜色亮的区域不变，即选择基色或混合色中较亮的颜色作为结果色。比混合色暗的像素被替换，比混合色亮的像素保持不变，如图 6-32 所示。

⑥ 荧幕：将混合颜色的反色复合以基准颜色，从而产生漂白效果，如图 6-33 所示。

图 6-32　混合模式变亮

图 6-33　混合模式荧幕

⑦ 叠加：进行色彩增殖或滤色，具体取决于基色，如图 6-34 所示。

⑧ 强光：其效果或者是色彩增殖，或者滤色，具体取决于混合色。此效果与耀眼的聚光灯照在图像上相似。如果混合色（光源）比 50% 灰色亮，则图像变亮，就像过滤后的效果，这对于向图像中添加高光非常有用。如果混合色（光源）比 50% 灰色暗，则图像变暗，就像复合后的效果，这对于向图像添加暗调非常有用。用纯黑色或纯白色绘画会产生纯黑色或纯白色，如图 6-35 所示。

图 6-34　混合模式叠加

图 6-35　混合模式强光

⑨ 增加：在基准颜色的基础上增加混合颜色，如图 6-36 所示。

⑩ 减去：从基准颜色中去除混合颜色，如图 6-37 所示。

图 6-36　混合模式增加

图 6-37　混合模式减去

⑪ 差异：从基准颜色中去除混合颜色或者从混合颜色中去除基准颜色。从亮度较高的颜色中去除亮度较低的颜色，具体取决于哪一个颜色的亮度值更大。与白色混合将反转基色值，与黑色混合则不产生变化，如图 6-38 所示。

⑫ 反色：显示基准色的反颜色，如图 6-39 所示。

⑬ Alpha：透明显示基准色。无变化，但实例存在。

⑭ 擦除：擦除影片剪辑中的颜色，显示下层的颜色。无变化，但实例存在。

图 6-38　混合模式差异

图 6-39　混合模式反色

由于混合模式取决于将其应用到的对象的颜色和基础颜色，因此必须试验不同的颜色，以查看结果。建议试验不同的混合模式，以获得想要的效果。

任务 2　热腾腾的咖啡

任务效果

一杯暖暖的咖啡，有热腾腾的蒸汽在咖啡杯上慢慢上升，似乎都能闻到它的香气，令人舒服，效果逼真。

任务实施

1. 导入图片

1）新建一个 Flash 文件，保持舞台默认大小不变宽 550px，高 400px，为了效果明显，将背景色设置为黑色。

2）选择“文件”→“导入”→“导入到库”命令，选择“咖啡杯”图像文件，单击“确定”按钮。

3）将“库”中的“咖啡杯”图像文件拖动到场景中，在属性对话框中，将图像大小设置为宽 550px，高 400px，X、Y 轴的参数为 0、0，原图如图 6-40 所示。

图 6-40　咖啡杯原图

2. 设置动画

1）单击“图层 1”时间轴第 60 帧处，按 <F5> 键插入帧。

2）单击“时间轴”控制面板左侧的图层区“新建图层”按钮，新建“图层 2”。

3）选择刷子工具，填充颜色设置为白色，刷子形状设置为。

4）单击“时间轴”控制面板左侧图层区，选择“图层 2”。在咖啡杯的杯口，绘制任意不规则的图形，如图 6-41 所示。

5）利用选择工具，按住 <Shift> 键，逐一选中绘制的不规则形状。按 <F8> 键，弹出“转换为元件”对话框，在该对话框中进行参数设置，名称保持不变为“元件 1”，类型选择“影片剪辑”，单击“确定”按钮，建立影片剪辑元件，如图 6-42 所示。

图 6-41　绘制不规则图形

图 6-42　转换为元件后在实例的周围出现蓝色框

6）双击实例区域，进入“元件 1”的编辑窗口，按 <Ctrl+T> 组合键打开变形窗口，将比例调整为 30% 并按 <Enter> 键，注意“约束”前的复选框一定要勾选，如图 6-43 所示。

7）单击“场景 1”，回到场景中，将缩小的实例拖到杯口的附近。单击“图层 2”的第 1 帧，选择滤镜栏并单击图标，在弹出的菜单栏中，选择模糊，模糊值设置为 25，品质为中等，如图 6-44 所示。

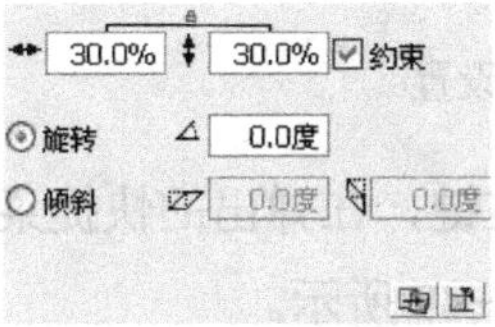

图 6-43　变形窗口

图 6-44　设置为模糊效果后的图像

8）单击“图层 2”第 10 帧处，按 <F6> 键插入关键帧，将实例向上拖动一定的距离，在变形窗口中将参数设置为 180%，设置如图 6-45 所示，效果如图 6-46 所示。

9）单击“图层 2”第 20 帧处，按 <F6> 键插入关键帧，将实例继续向上拖动一定的距离，在变形窗口中将参数设置为 280%，效果如图 6-47 所示。

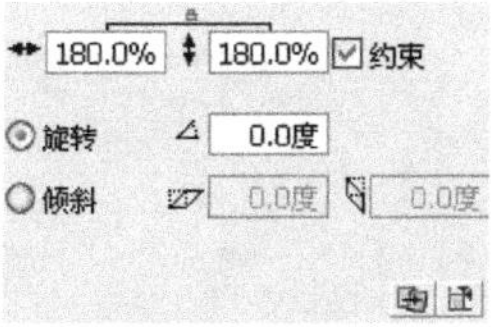

图 6-45　变形设置参数

图 6-46　变形 180% 效果图

图 6-47　变形 280% 效果图

10）继续单击“图层 2”第 30 帧处，按 <F6> 键插入关键帧，将实例继续向上拖动一定的距离，在变形窗口中将参数的值进一步加大或者减少。

11）到第 60 帧处时，基本将蒸汽实例拖动到图像的边缘。

12）在每一个关键帧处单击，单击模糊滤镜，将值加大一些，这样比上一个关键帧更加模糊一些。第 60 帧设置后的效果与参数设置如图 6-48 所示。

图 6-48　第 60 帧效果与参数设置

13）分别单击第 1、10、20…50、60 帧，单击鼠标右键，在弹出的快捷菜单中选择“创建补间动画”命令，创建关键帧之间的补间动画，如图 6-49 所示。

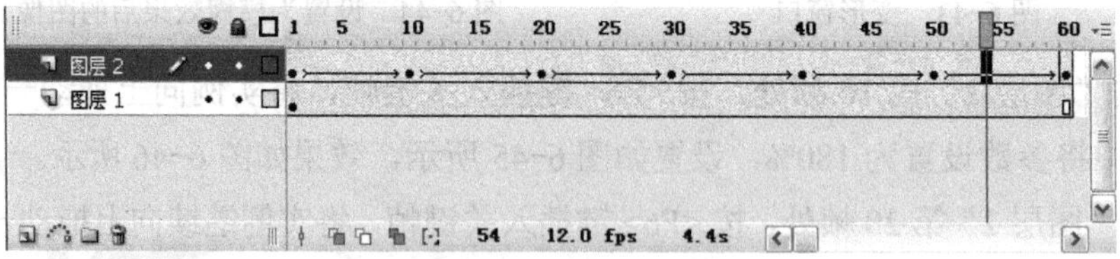

图 6-49　创建补间动画

14）动画制作完毕，按 <Ctrl+Enter> 组合键进行播放查看效果。

知识拓展

制作热腾腾的咖啡

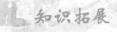

1）由于滤镜只能被添加到影片剪辑元件，所以必须将动画发布为 Flash8 或 Flash CS。

在动画效果中加入滤镜会很消耗系统资源，不应过多地使用。

2）在每一个关键帧处，除了更改实例的大小、位置以外，还可以对每一个关键帧中的实例进行滤镜效果的更改，使效果更加明显。

可以看出，Flash CS3 图像处理方面的能力比以前版本大大增强了，你可以结合滤镜和混合模式制作出更多更绚丽的动画。

任务 3　快速制作绚丽特效

任务效果

每当节日快到来时，我们会在网上看到各种各样的关于该节日宣传的图片和动画。本任务就以圣诞节为例制作一个圣诞老人派送礼物的动画效果，如图 6-50 所示。圣诞老人高高兴兴，好多礼物四散飞扬、五彩缤纷，为平淡的网页增添了一些闪光的动感。

图 6-50　圣诞老人派送礼物动画效果

任务实施

1．制作礼物元件

1）新建一个 Flash 文件，保持舞台默认大小不变宽 550px，高 400px，为了效果明显，将背景色设置为黑色。

2）执行“文件”→“导入”→“导入到库”命令，选择“圣诞老人”“圣诞袜”“礼物”等相关图像文件，单击“确定”按钮。

3）新建一个名称为“礼物背景”的影片剪辑元件，进入该元件的编辑场景，选择“库”中导入的图片，将图片分散放置，按 <Alt> 键将图片复制多个，同时利用任意变形工具改变它们的角度和大小。

4）选择“多角星形工具”，单击“属性”面板中的“选项”命令，打开“工具设置”对话框。将“样式”设置为“星形”，“边数”设置为 5，“星形顶点大小”设置为 0.5，效果如图 6-51 所示。

5）将“填充色”设置为黄色，“笔触颜色”设置为无。在元件场景中的相应位置拖动画出多个五角星，尽量多角度拖动，大小多变化，效果如图 6-52 所示。

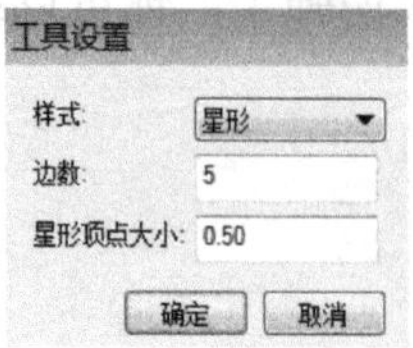

图 6-51 “工具设置”对话框

图 6-52　绘制五角星

2. 设置动画

1）返回场景 1 中，将“库”中的“礼物背景”影片剪辑元件拖到舞台中。

2）单击“插入”→“时间轴特效”→“效果”→“分离”命令，进入“分离”面板，设置“效果持续时间”为 20 帧，“分离方向”为向上，“弧线大小”中的 X 为 100px，Y 为 350px，在“最终的 alpha”选项中将不透明度设置为 30%，如图 6-53 所示。

3）单击右上角的“更新预览”，能够看到参数修改后的效果。单击“确定”按钮，这时在“库”中会出现“分离元件 1”和“特效文件夹”，图层的名称也会自动变成“分离 1”。

4）在“场景 1”中插入图层，改名为“圣诞老人”，删除“分离 1”图层，将“库”中圣诞老人图片拖放到舞台上，调整大小并放置在合适的位置。将时间轴上第 1 帧以外的其他帧选中删除，这些帧是在刚刚制作“分离”效果时自动插入的。

5）插入图层，改名为“礼物”。将“分离 1”元件拖放到舞台下方。为了使效果更加美观，再放一个“分离 1”元件在舞台上方，并缩小、旋转，如果需要可以继续放入。如图 6-54 所示。

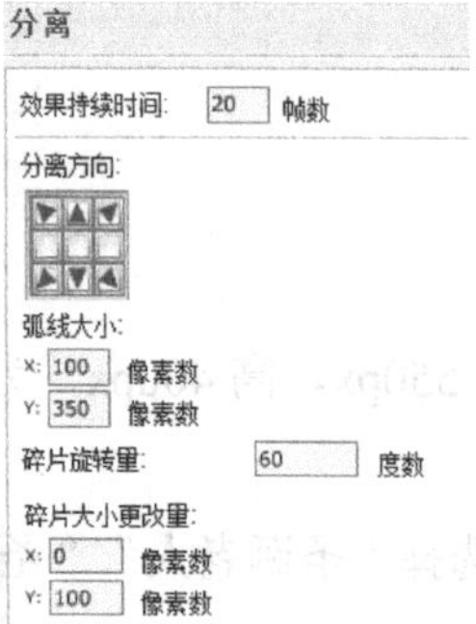

图 6-53 “分离”面板参数设置

图 6-54 “分离 1”元件

6）调整 2 个图层的顺序，将“礼物”图层放置在“圣诞老人”图层的下方。最后播放动画查看效果。

知识拓展

时间轴特效可以应用到的对象有文本、图形（包括形状、组和图形元件）、位图图像、按钮元件等。当将时间轴特效应用于影片剪辑时，Flash 将把特效嵌套在影片剪辑中。

时间轴特效功能经常用于以模板的形式制作一些复杂而重复的动画，例如，模糊、位移等，恰当合理地运用 Flash 内建的时间轴特效功能，免除了许多的繁杂制作过程，虽然它可提供的特效不丰富、能够调节的参数也不多，但只要我们运用得当，也能在短时间里做出复杂的效果，可以为自己平淡的动画添加一些闪光的动感。

特别提示：电子相册是目前互联网异常火爆的一个名词，它不但可以用于展示人物肖像艺术，还可以用来制作艺术风光摄影秀。虽然能制作电子相册的软件比比皆是，但其中的佼佼者当属 Flash。大家可以试着制作电子相册。

第7章 图层与场景

学习目标

通过本章的学习，读者应该了解图层与场景的基础知识，理解图层的意义，掌握图层的使用方法，并能灵活运用图层创建和编辑各种类型的动画。学习场景建立和使用的方法，建立多场景动画。

学习重点难点

- 理解图层的意义
- 图层的种类及操作运用
- 灵活利用各种图层创建动画
- 场景的意义及使用方法
- 利用场景建立多场景动画

了解 Flash CS3 中的图层

1．Flash 图层概念

在 Flash 系列软件中，为了更好地管理动画中的对象和制作动画，Flash 引入了图层。图层就像是透明的玻璃片，一层层地向上层叠，通过图层，用户可以更加方便地组织对象。Flash 中的图层主要有以下几个特点：

1）在某一图层上绘制和编辑对象时，其他图层上的内容将不会受到影响。

2）如果建立的图层中没有内容，它不会影响下面图层中的内容，因为它是透明的。

3）由于用户在“时间轴”控制面板中设置动画都是跟图层有关的，图层的种类以及位置都决定了动画的最终效果，所以置入动画中的对象位置很关键。

本章将全面详细介绍图层的创建、编辑和应用，并通过具体案例介绍如何使用各种图层。

图层的种类：

（1）普通图层（一般图层）　普通状态下的图层，在“时间轴”控制面板左侧图层的标示前有图标。

（2）引导层　在引导层可以设置运动引导的路径，设置的运动引导路径是用来引导被引导层中的对象，按照设置的路径进行运动，标示前有图标。

（3）被引导　在引导层的下方，本身与引导层是对应的。当一个图层被设定为引导层时，它下面的图层自动就会被设置成被引导层，标示与普通图层一致，但图层的名称会自动缩后排列。

（4）遮罩层　是放置遮罩物的图层，用于控制被遮罩层内容的显示，当一个图层被设置成遮罩层的时候，它下面的一层就会被自动设置为被遮罩层。标示前有图标。

（5）被遮罩层　它与遮罩层是对应的，在建立遮罩层的同时，被遮罩层就出现了，它放置被遮罩的对象。标示前有图标。

（6）文件夹（图层目录）　用于组织和管理图层。通过对文件夹的隐藏和锁定，可以对文件夹下的图层进行隐藏和锁定操作。当文件夹被打开时标示前有 文件夹 1图标，当文件夹关闭时标示前有 文件夹 1 图标。

在任意图层上，单击鼠标右键选择属性，都会弹出该图层属性的对话框，如图 7-1 所示。

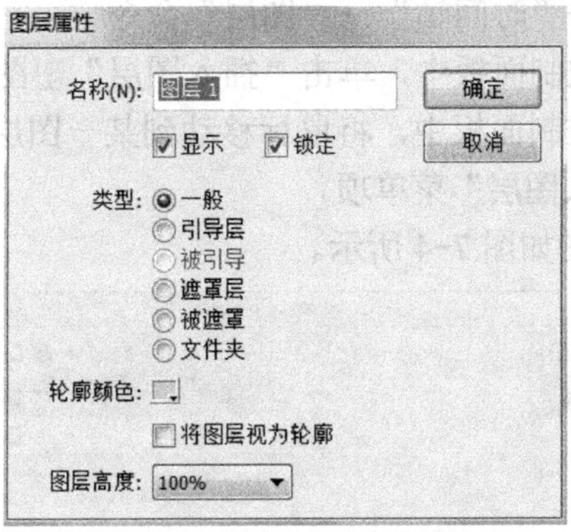

图 7-1　“图层属性”对话框

在 Flash 系列软件中，在默认状态下，图层位于“时间轴”控制面板的左侧，图层的创建、编辑、管理图层和观察图层的状态都在“时间轴”左侧的项目栏内，如图 7-2 所示。

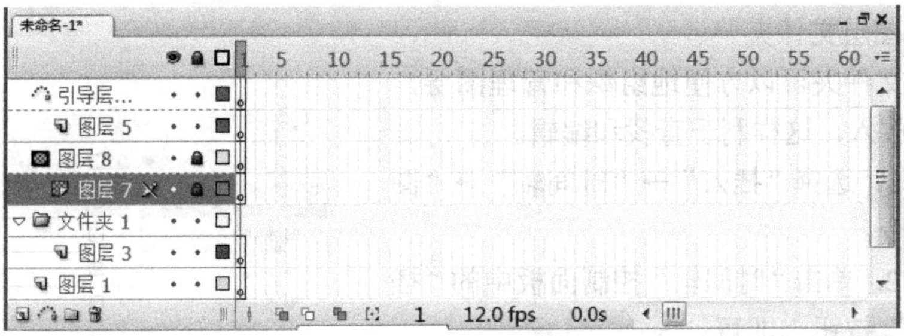

图 7-2　时间轴与图层的位置关系图

图层管理窗口可以方便地显示 / 隐藏所有图层、锁定 / 解除锁定所有图层、显示所有图层的轮廓。管理窗口各个功能以及图层的种类如图 7-3 所示。

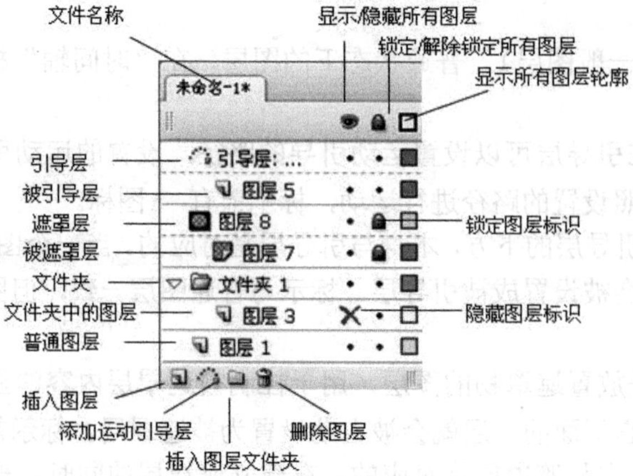

图 7-3　图层管理窗口

图层的创建

当新建一个文件后，在默认情况下，它包含一个图层，根据动画需要可以在文件中添加新的图层，新创建的图层总是位于当前图层的上方，并自动变成当前活动图层。

（1）创建标准图层方法

方法 1：选择“插入”→“时间轴”→“图层”命令。

方法 2：在“时间轴”控制面板中，单击“插入图层”图标。

方法 3：在“时间轴”控制面板中，将鼠标移动到某一图层名称上，单击鼠标右键，在弹出的快捷菜单中选择“插入图层”菜单项。

创建图层的前、后效果图如图 7-4 所示。

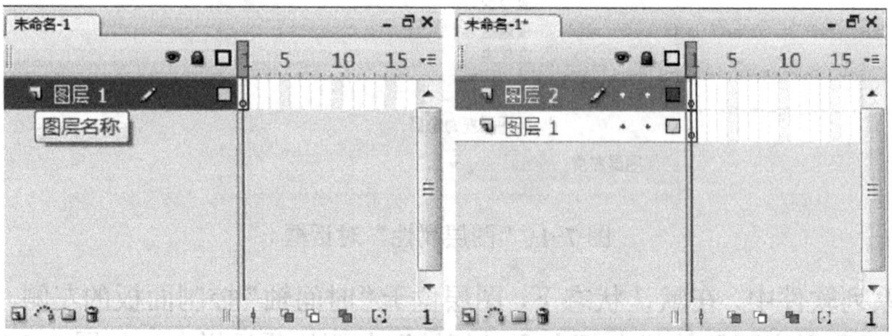

图 7-4　创建图层的前、后效果图

（2）创建图层文件夹

使用图层文件夹可以方便地组织和管理图层，将创建的图层放入，这样利于查找和编辑。

创建方法 1：选择“插入”→“时间轴”→“图层文件夹”命令。

创建方法 2：单击“时间轴”控制面板中的“插入图层文件夹”按钮即可。

创建方法 3：在需要建立文件夹的图层上单击鼠标右键，在弹出的快捷菜单中选择“插入文件夹”。如图 7-5 所示为创建图层文件夹。

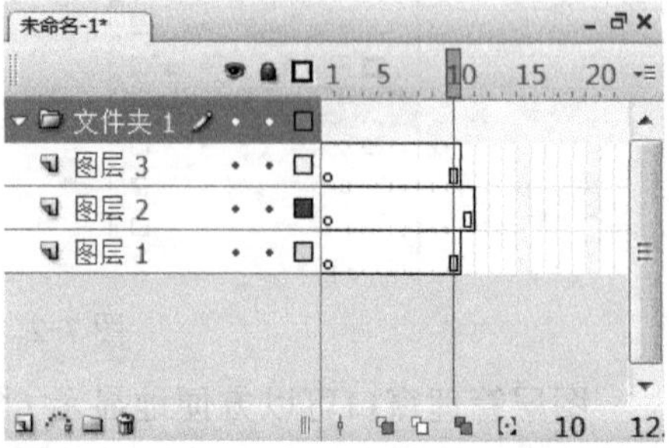

图 7-5　创建图层文件夹

用户可以拖动层到图层文件夹中，如图 7-6 所示。如果要展开图层文件夹中的内容，单击文件夹左侧的▶即可，如图 7-7 所示。

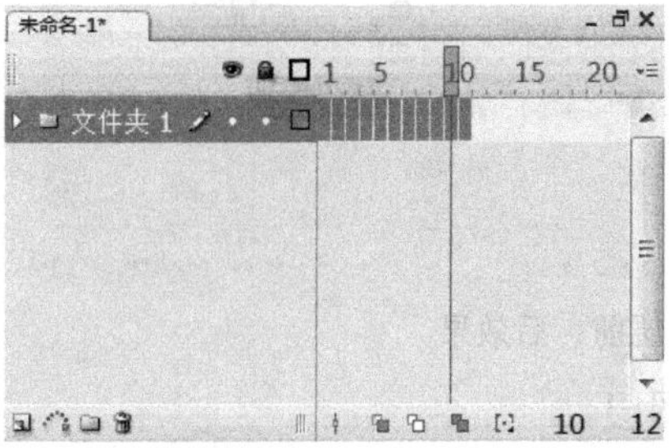

图 7-6　拖动层到层文件夹中

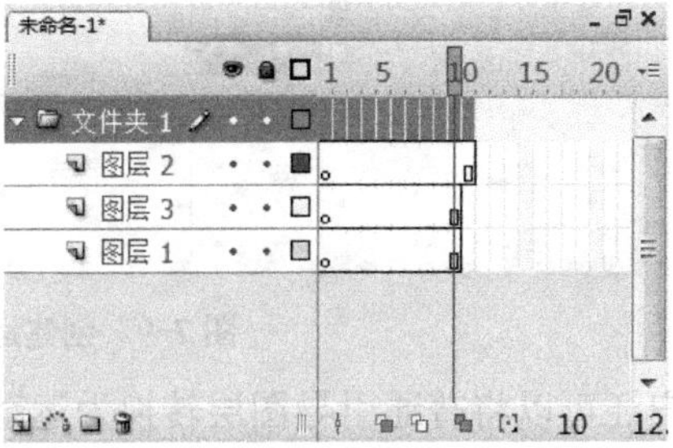

图 7-7　展开的层文件夹

拖动的方法：单击任一图层，按住鼠标左键拖动到文件夹中，图 7-7 是将 3 个图层拖到 1 个文件夹中。

2. 创建引导图层

引导图层有两种类型，即普通引导图层、运动引导图层。

1）普通引导图层：在该层中可以创建线条、网格或者其他对象作为参照，这是为了便于对齐对象进行绘画和制作动画。它是在普通图层基础上建立起来的，主要起辅助静态定位的作用。

创建普通引导图层的方法：

① 将鼠标置于“时间轴”控制面板普通图层的层名区。

② 单击鼠标右键，在弹出的快捷菜单中选择“引导层”，将该普通图层变为普通引导图层，图标为🔨，如图 7-8 所示。

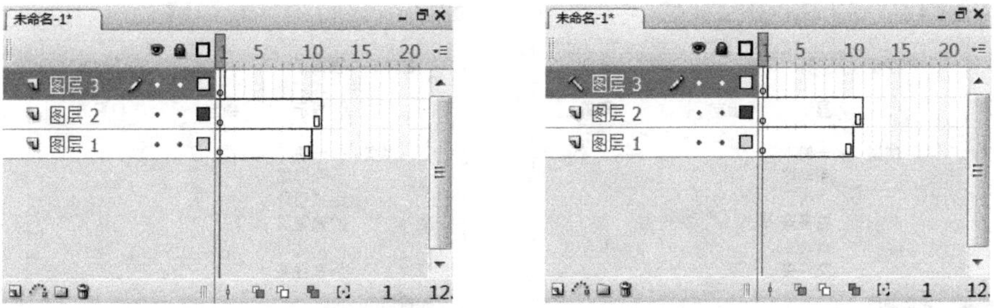

图 7-8　普通图层转换为普通引导图层

2）运动引导图层：与普通图层相比较，运动引导图层是一个新的图层。在制作动画时，很多对象的运动轨迹是非规则的运动，这就需要在运动引导图层上绘制动画中对象的运动路径，使普通图层上的运动对象按照绘制的运动路径进行运动。

创建运动引导图层的方法：

方法 1：选择“插入”→“时间轴”→“运动引导层”命令。

方法 2：单击时间轴面板上的“添加运动引导层”按钮，创建运动引导图层。

方法 3：将鼠标置于“时间轴”控制面板普通图层的层名区，单击鼠标右键，在弹出的快捷菜单中选择“添加引导层”，效果如图 7-9 所示。

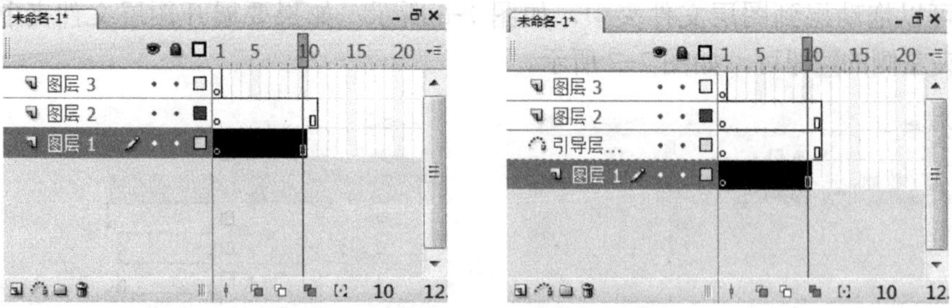

图 7-9　创建运动引导层前、后效果

用户还可以将普通引导图层转换为运动引导图层。

方法 1：在“时间轴”中，将其他图层拖到普通引导层的下面，这时普通引导图层将转换为运动引导图层。

方法 2：选中普通引导层下方的图层，将鼠标放置在层名区，单击鼠标右键，在弹出的快捷菜单中选择“属性”，这时会弹出“图层属性”对话框，在类型区域中将“一般”改成“被引导”，单击“确定”按钮，效果如图 7-10 所示。更改方法如图 7-11 所示。

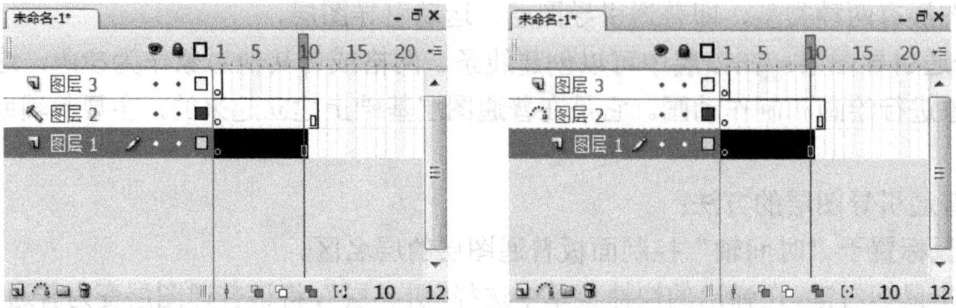

图 7-10　将普通引导图层改成运动引导图层效果

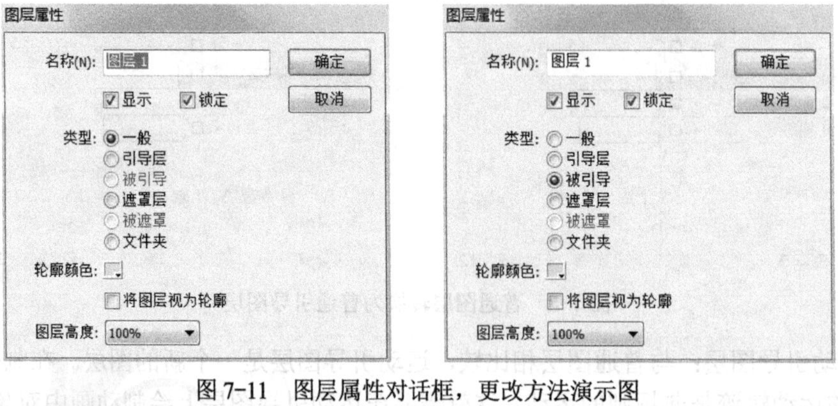

图 7-11　图层属性对话框，更改方法演示图

特别提示：如果运动引导图层下方的所有被引导的图层的属性全部转换为标准（一般）图层，那么运动引导图层将被自动转换为普通引导图层。

注意：运动引导图层中的线条在演示时，是不显示的。说明引导层中的对象并不跟随文件导出。

3．创建遮罩图层

遮罩图层是一个特殊的图层，通过该类型的图层可以创建探照灯、百叶窗等效果的动画。该类型的层是由两个层共同完成的，上面的层叫遮罩层，下面的层叫被遮罩层。这里的遮罩与 Photoshop 中创建剪贴蒙板有相似之处，Flash 中的遮罩层可以绘制图形和文本，绘制的图形和文本并不遮挡下面的内容，而是通过图形和文本将下面图层（被遮罩层）中的内容显示出来，无图形和文本的地方将不被显示。

创建遮罩层的方法如下：

1）将鼠标指针放置在要作为遮罩图层的普通图层的层名区。

2）单击鼠标右键，在弹出的快捷菜单中选择“遮罩层”，则该图层的图标变为，被遮罩图层的图标变为，如图 7-12 所示。

取消遮罩层效果的方法如下：

1）将鼠标指针放置在遮罩层的层名区。

2）单击鼠标右键，在弹出的快捷菜单中去掉遮罩层前面的勾选，这样遮罩图层将变成普通图层。

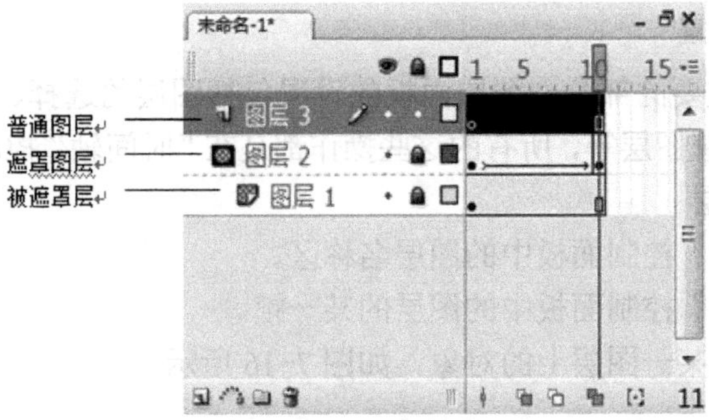

图 7-12　遮罩层

在创建遮罩层的同时会发现，遮罩层和被遮罩层都被锁定，图标为。在制图的时候需要编辑，则需要将锁定解除，或者取消遮罩层（取消遮罩层的时候也是锁定状态，也需要解除锁定），如果需要遮罩效果，则继续将图层锁定，或者设置为遮罩图层。

为了帮助大家更好地理解遮罩层，将用以下一组图简单说明，如图 7-13～图 7-15 所示。

图 7-13　将导入图片放置在图层 1 中

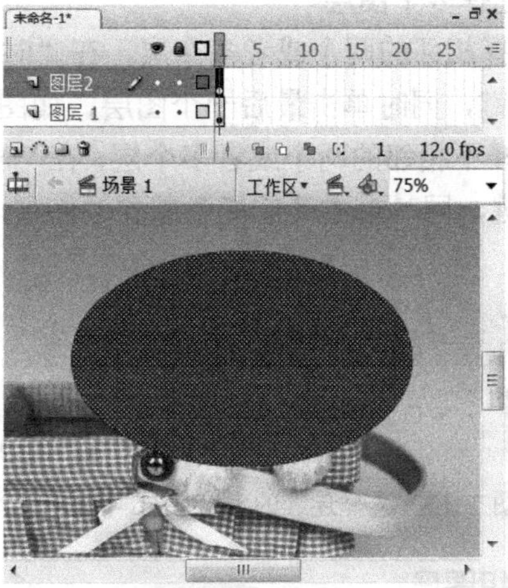

图 7-14　利用椭圆工具在图层 2 中建立一个选区

图 7-15　将图层 2 设置为遮罩层之后显示的效果

4. 图层面板的设置

图层是 Flash 中重要的部分，图层面板的设置包括图层的选择、重命名、复制、删除、显示 / 隐藏、锁定 / 解锁图层等，所有的这些操作都是在“时间轴”控制面板中进行选择图层。

（1）选择单个图层

1）单击“时间轴”控制面板中的图层名称区。

2）单击“时间轴”控制面板中的图层的某一帧。

3）在场景中选择某一图层上的对象，如图 7-16 所示。

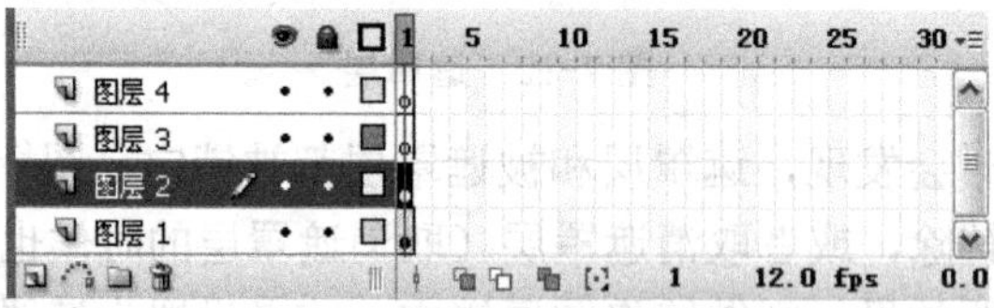

图 7-16　选择单个图层

（2）选择多个图层

1）选择相邻的两个或者多个层，在“时间轴”控制面板的层名区中，选中第一个图层，按 <Shift> 键，同时单击最后一个图层，如图 7-17 所示。

2）选择不相邻的两个或者多个层，在“时间轴”控制面板的层名区中，选中第一个图层，按 <Ctrl> 键，同时单击其他任意需要的图层，如图 7-18 所示。

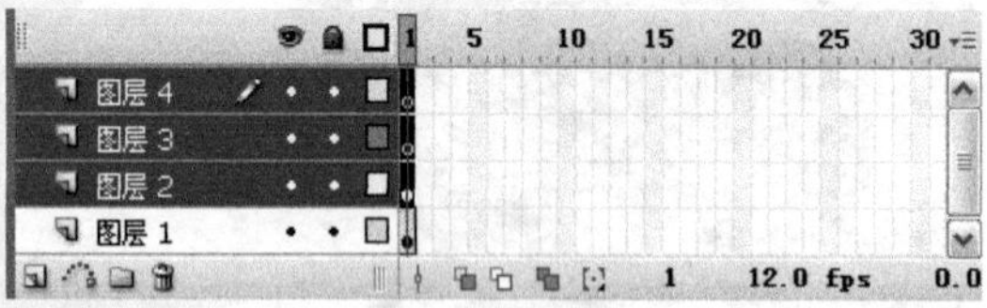

图 7-17　选择连续的多个图层

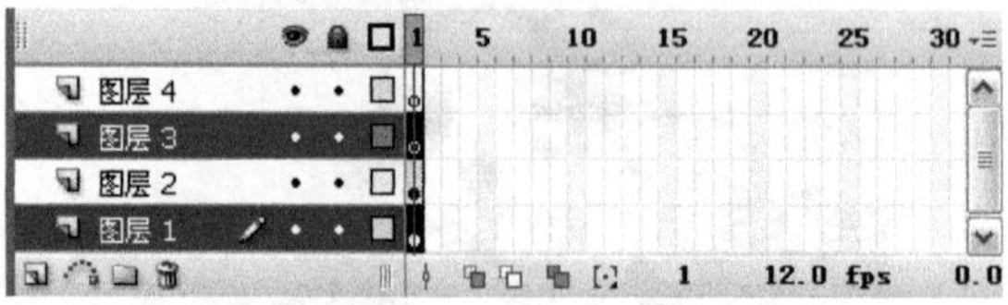

图 7-18　选择非连续的多个图层

5. 组织图层

组织图层是根据动画的需要，按照一定的习惯或者是动画设计公司的需要，重新安排图层的顺序，或是锁定、隐藏某些特定的图层，使工作更加清晰、便利。可以将某些有关联的图层放到图层文件夹中，形成像网络一样的树状结构，在使用时可以折叠或者展开文件夹。

操作方法：建立图层文件夹，单击层名区的图层，按住鼠标左键拖到图层文件夹中。在同一文件夹下，单击鼠标左键选择图层，根据需要上下调整图层的位置，如图 7-19 所示。

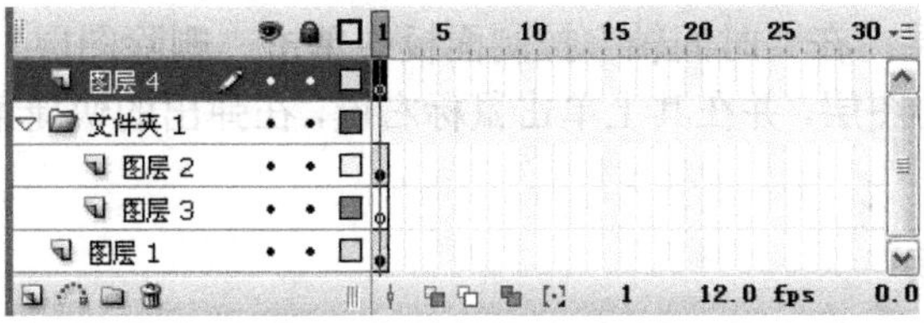

图 7-19　建立图层文件夹

6. 重命名图层

制作动画的时候为了方便记忆，可以将系统自定义的图层名称更改为图层的确切的名字，如在制作落叶动画时可以将图层名称更改为背景、树叶等。

方法 1：双击“时间轴”层名区图层名，并输入新的名称，如图 7-20 所示。

方法 2：在“时间轴”层名区图层上单击鼠标右键，在弹出的快捷菜单中选择“属性”命令，在“名称”框内输入新的名字，如图 7-21 所示。

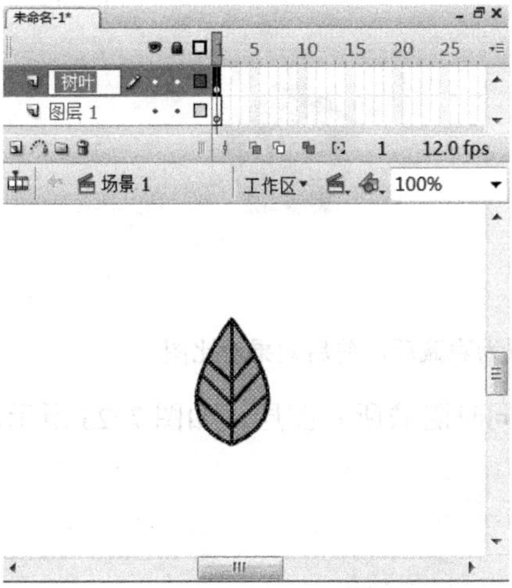

图 7-20　将图层 2 名称更改为树叶

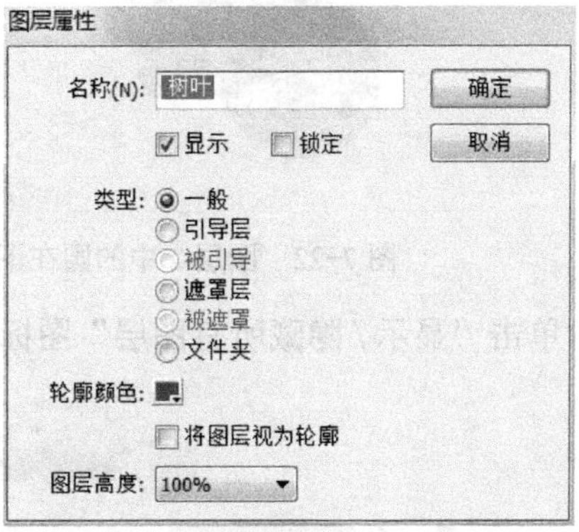

图 7-21　图层属性中名称的设置

7. 复制图层

复制图层是经常使用的操作之一，复制图层之后，被复制的图层上的对象和相关设置都将被复制。

复制图层的操作步骤如下：

1）单击“时间轴”控制面板中的图层名称，选中这个图层。

2）选择“编辑”→“时间轴”→“复制帧”选项，复制该图层中的内容。

3）插入新的图层。

4）单击新创建的图层，选择“编辑”→“时间轴”→“粘贴帧”选项，将所选的内容粘贴到新的图层中。

8．删除图层

1）将选中的图层直接拖到“删除图层”的图标上，图标为。

2）选中相应的图层，在“时间轴”控制面板中单击“删除图层”图标。

3）选中需要删除的图层，并在其上单击鼠标右键，在弹出的快捷菜单中选择“删除图层”选项。

9．显示或隐藏图层

在制作动画的时候，有些层会影响动画的操作，那么就需要对这些层进行隐藏，操作步骤如下：

1）选中需要的层。

2）单击该图层与“显示 / 隐藏所有图层”按钮相交叉的•图标，使其变成图标即可，隐藏前后的效果如图 7-22 所示。

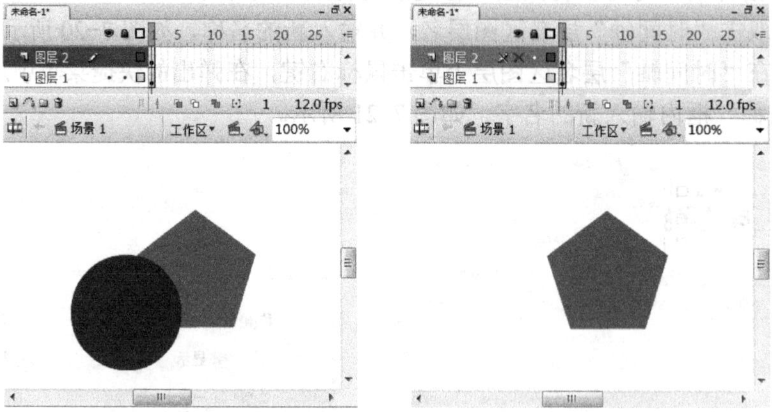

图 7-22　图层 2 中的圆在图层 2 设置为隐藏后，前后效果对比图

3）单击“显示 / 隐藏所有图层”图标，可同时隐藏所有图层，如图 7-23 所示。

图 7-23　隐藏所有图层的效果

10．锁定或解锁图层

编辑好某些层后，为了保持内容不被更改，可以将其锁定，操作步骤如下：

1）在“时间轴”控制面板上，选定需要锁定的图层。

2）单击该图层与“锁定 / 解除锁定所有图层”按钮相交叉的•图标，使其变成图标即可，锁定后的前后效果对比如图 7-24 所示。

3）单击“锁定 / 解除锁定所有图层”按钮，可同时锁定所有图层。再次单击可以解除锁定所有图层。

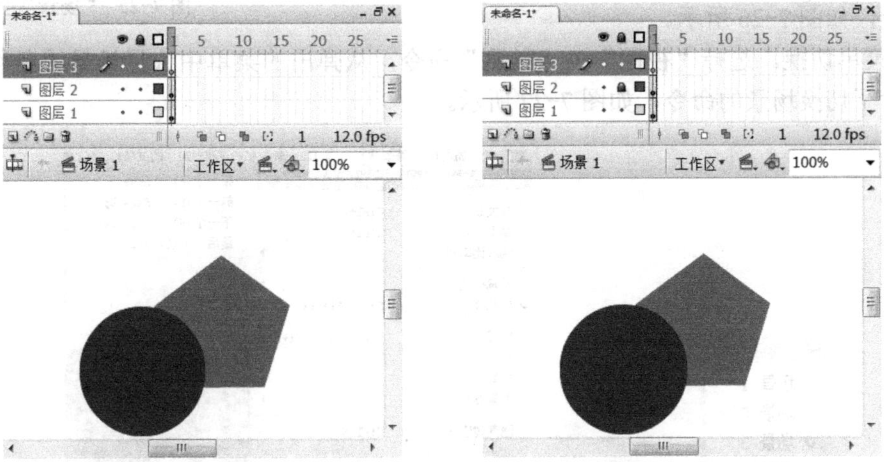

图 7-24　图层锁定前与锁定后的对比图

4）在选中的图层上单击鼠标右键，在弹出的快捷菜单中选择“锁定其他图层”可以将除本层以外的所有图层锁定。

11．多层叠加动画关键点—— 场景

在 Flash 动画中，所有的动画制作都是在“场景”中实现的，当新建一个新的 Flash 文件时，Flash 会自动创建一个名称为“场景 1”的场景。如果是一个简单的动画效果（这里需要说明的是：在任意一个场景中每个层都可以形成独立的动画效果，我们会在后面的任务实例中体现），只需要使用一个场景就够了，当制作一个比较复杂的动画时，一个场景是不够的，按照需要使用多个场景，以表现不同的内容。

场景可以看做是一段独立的动画，当动画中有多个场景时，整个动画会按照场景的顺序播放。在后期的学习中也可以通过脚本程序来控制动画的播放顺序。下面就将场景的创建、切换、重命名、复制、删除等基本操作进行详细介绍。

（1）创建场景　新建的 Flash，系统自动创建的场景名称为“场景 1”，根据动画需要创建新的场景时，系统自动将新创建的场景命名为“场景 2”，这时“时间轴”控制面板将会显示新场景的名称，舞台和时间轴上的信息会同时更新，就像新建了一个 Flash 文件。

创建方法如下：

方法 1：选择“插入”→“场景”命令。

方法 2：按 <Shift+F2> 组合键，或选择“窗口”→“其他面板”→“场景”命令，打开“场景”控制面板，单击该面板的“添加场景”+按钮，创建新的场景，名称系统默认的顺序是依次递增的，如图 7-25 所示。

图 7-25 “场景”控制面板

（2）切换场景　制作一个比较复杂的动画时，一个场景是不够的，需要使用多个场景，以表现不同的内容。当编辑这些场景时，就需要在各个场景之间切换，方法如下：

1）按钮切换。单击“时间轴”控制面板上的“编辑场景”按钮，图标为。在弹出的下拉菜单中选择一个场景名称，进入该场景，如图 7-26 所示。

2）菜单切换。选择“视图”→“转到”命令，从弹出的菜单中选择场景的名称，同时它还包含了切换场景的命令，如图 7-27 所示。

图 7-26　按钮切换场景

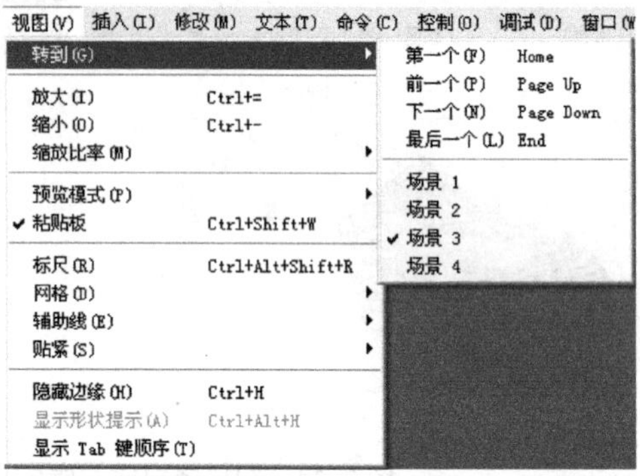

图 7-27　视图菜单中切换场景

3）面板切换。选择“窗口”→“其他面板”→“场景”命令，在显示场景名称的区域中单击场景的名称，切换场景。

（3）重命名场景　建立大型场景动画时，普通的场景名称不能代表场景的内容，就需要将场景重新命名，方便用户选择和编辑。

选择“窗口”→“其他面板”→“场景”命令，打开场景面板，双击需要更换名称的场景名称，如将“场景 1”更改为“落叶动画”，在编辑状态下输入新的名称，如图 7-28 所示。

（4）改变场景的顺序　Flash 在动画播放时会按照场景的顺序进行播放，有时根据动画内容的要求，需要将原先制定好的脚本顺序进行调整，达到动画调整的目的。

选择“窗口”→“其他面板”→“场景”命令，打开场景面板，选中需要调整的场景，按住鼠标左键拖到新位置，释放鼠标，改变场景的顺序，如图 7-29 所示。

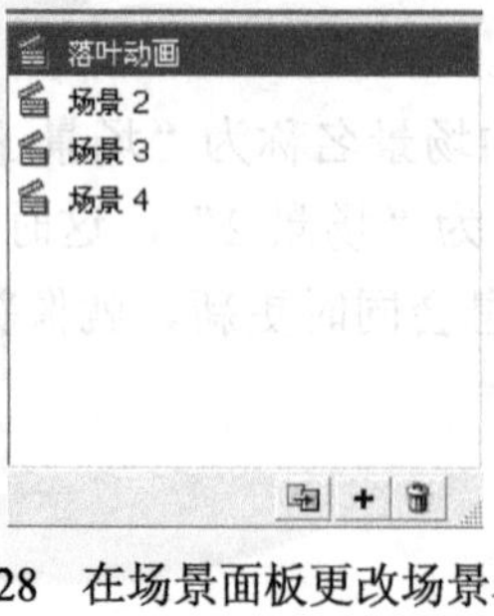

图 7-28　在场景面板更改场景名称

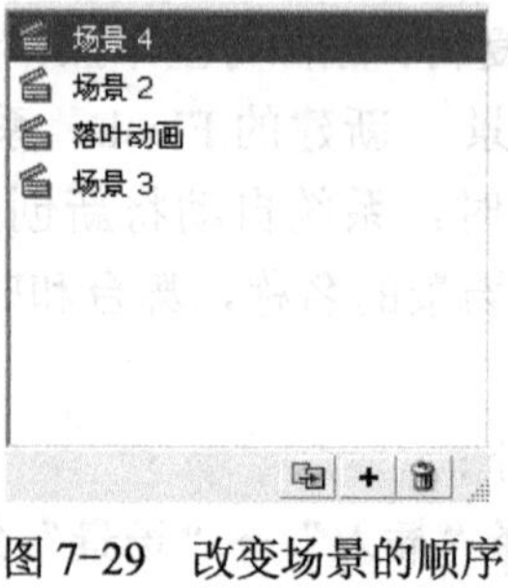

图 7-29　改变场景的顺序

（5）复制场景　根据动画脚本的要求，在创建时，有时需要设置完全相同的场景，利用复制功能，不仅节省了时间，同时也保证了动画的一致性。

选择“窗口”→“其他面板”→“场景”命令，打开场景面板，选中需要复制的场景，单击“直接复制场景”按钮，即可复制所选的场景，如图 7-30 所示。

（6）删除场景　当不再需要某些场景的时候，可将其删除。

选择“窗口”→“其他面板”→“场景”命令，打开场景面板，选中需要删除的场景，单击“删除场景”按钮，将弹出一个信息提示框，询问是否确定删除，如图 7-31 所示，单击“确定”按钮，删除所选场景。该操作不可恢复。

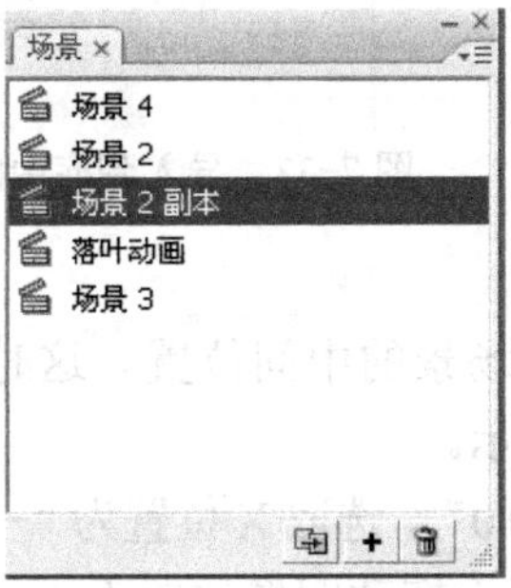

图 7-30　场景 2 被复制为场景 2 副本

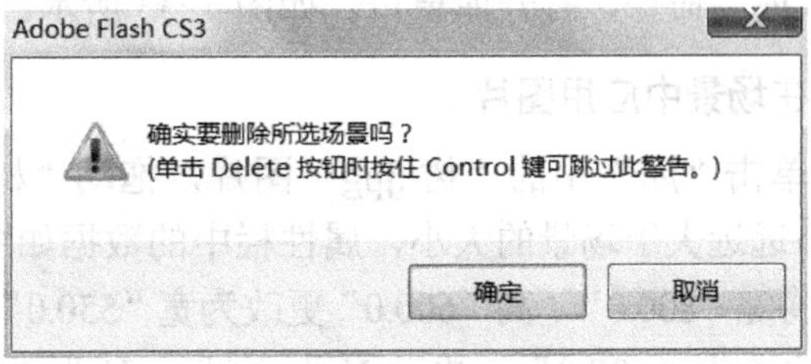

图 7-31　删除场景信息提示

任务 1　落叶效果的制作

任务效果

落叶效果播放后，可以看到在树林的背景下，树叶缓缓落下的效果。去除背景后，落叶的运动轨迹，如图 7-32 所示。

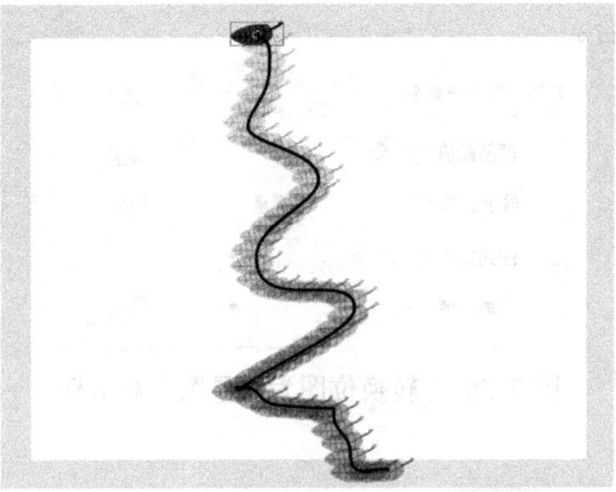
图 7-32　落叶效果中落叶运动的轨迹图

任务实施

1. 导入图片

1）新建一个 Flash 文件，保持舞台默认大小不变，宽 550px、高 400 px。

2）选择“文件”→“导入”→“导入到库”命令，弹出“导入到库”对话框，选择准备好的图片“树 .jpg”并单击打开。按 <Ctrl+L> 组合键或单击菜单栏上的“窗口”→“库”命令，打开库窗口，如图 7-33 所示。

图 7-33　导入到库中的图片

2. 在场景中应用图片

1）单击“库”中的“树 .jpg”图片，拖动“树 .jpg”到场景的中间位置。这时发现图片的大小远远大于场景的大小，属性栏中的数据如图 7-34 所示。

2）将宽“800.0”、高“600.0”更改为宽“550.0”、高“400.0”。选取 X 位置为“-147.7”，选取 Y 位置为“-97.0”，更改 X 为“0”，Y 为“0”。（由于拖动图像位置不一，标识 X 位置和标识 Y 位置是不同的，X 和 Y 代表图像左上角顶点的坐标位置），更改之后，属性栏中的数据如图 7-35 所示。

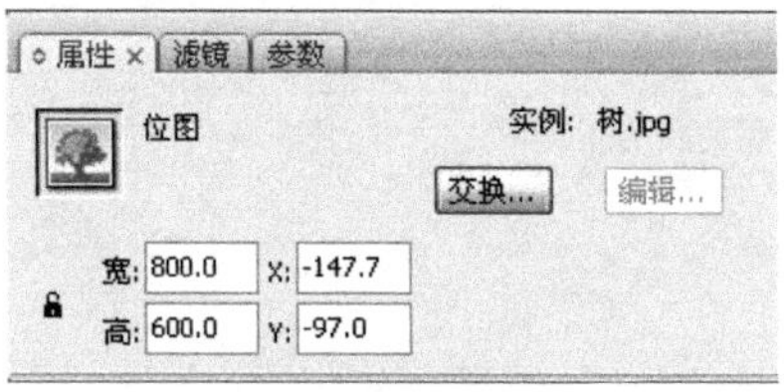

图 7-34　拖动图像后属性栏中的数据

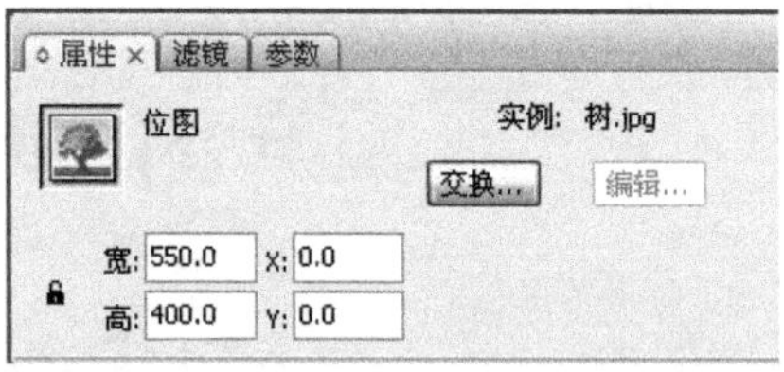

图 7-35　更改参数之后属性栏中的数据

3）单击场景中的图像，选择“修改”→“位图”→“转换位图为矢量图”命令，弹出“转换位图为矢量图”对话框，将内部的参数更改，如图 7-36 所示。

4）单击“确定”按钮，这时会发现图像出现了变化。此步操作的目的是：使我们后面制作的树叶效果与图像融合。

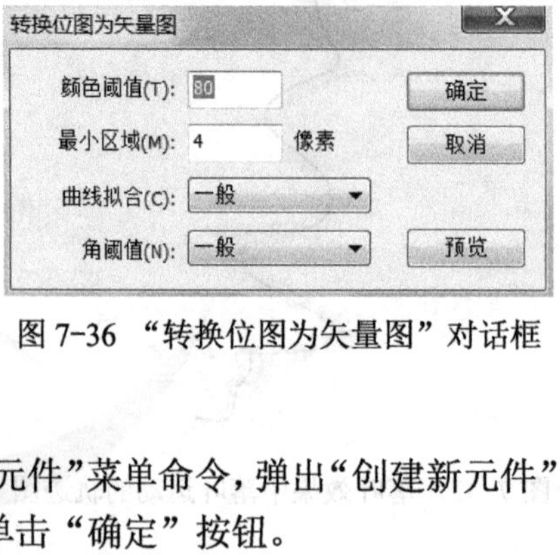

图 7-36　“转换位图为矢量图”对话框

3. 制作“树叶”

1）选择“插入”→“新建元件”菜单命令，弹出“创建新元件”对话框，名称保持不变为“元件 1”，类型为“图形”，单击“确定”按钮。

2）选择工具箱中的“椭圆工具”，在“属性”面板中设置“笔触颜色”为无，“填充颜色”为绿色，颜色值可以设置为 #23500E，如图 7-37 所示。

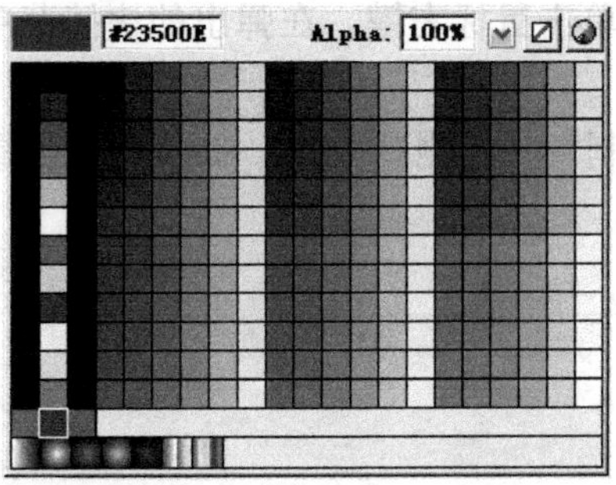

图 7-37　填充颜色设置框中颜色的设置

3）在符号中制作树叶，先建立一个椭圆，利用“选择工具”将其变成树叶形。

4）选择“铅笔工具”，“笔触颜色”设置为黑色，“铅笔模式”设置为平滑，“笔触高度”设置为 4，“平滑”值设置为 80。

5）在树叶形状上画出叶脉，整体效果如图 7-38 所示。

图 7-38　制作树叶的过程

4．设置落叶动画

1）选择 场景 1 回到场景 1 中，选择菜单栏中“插入”→“时间轴”→“图层”命令，这时会出现一个新的图层“图层 2”。

2）单击“图层 2”，将“元件 1”拖到“图层 2”的场景中，选择工具箱中的“任意变形工具”，按住 <Shift> 键，将树叶比例调整到合适大小。

3）选择“插入”→“时间轴”→“运动引导层”命令，这时在“图层 2”的上方会出现引导层，如图 7-39 所示。

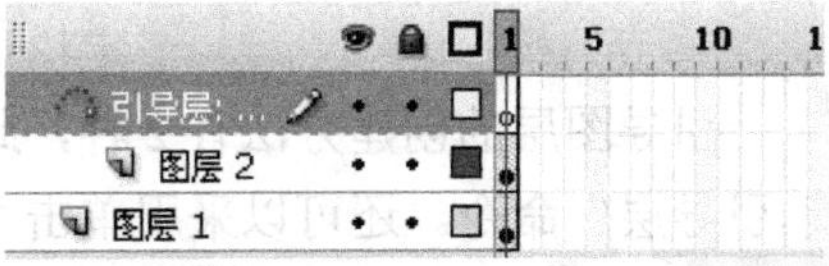

图 7-39　运动引导层图示

4）单击“引导层”，选择工具箱中的“铅笔工具”，“笔触颜色”设置为任意，“笔触高度”设置为任意，“铅笔模式”设置为平滑，在“引导层”的场景中由上方向下方画一条任意形状的线，此线作为树叶落下的轨迹。

5）单击“图层 1”时间轴 50 帧的位置，并单击鼠标右键，在弹出的快捷菜单中选择“插入帧”。

6）单击“运动层”时间轴 50 帧的位置，并单击鼠标右键，在弹出的快捷菜单中选择“插入帧”。

7）单击“图层 2”时间轴 50 帧的位置，并单击鼠标右键，在弹出的快捷菜单中选择

“插入关键帧”。单击第 1 帧，利用“选择工具”拖动树叶的中间位置到①（见图 7-40）。单击第 50 帧，利用“选择工具”拖动树叶的中间位置到②（见图 7-40）。单击第 1 ～ 50 帧的任意帧处，并单击鼠标右键，在弹出的快捷菜单中选择“创建补间动画”。整体效果如图 7-40 所示。

8）动画完成，选择“控制”→“测试影片”命令，来看看落叶的效果，很不错吧。

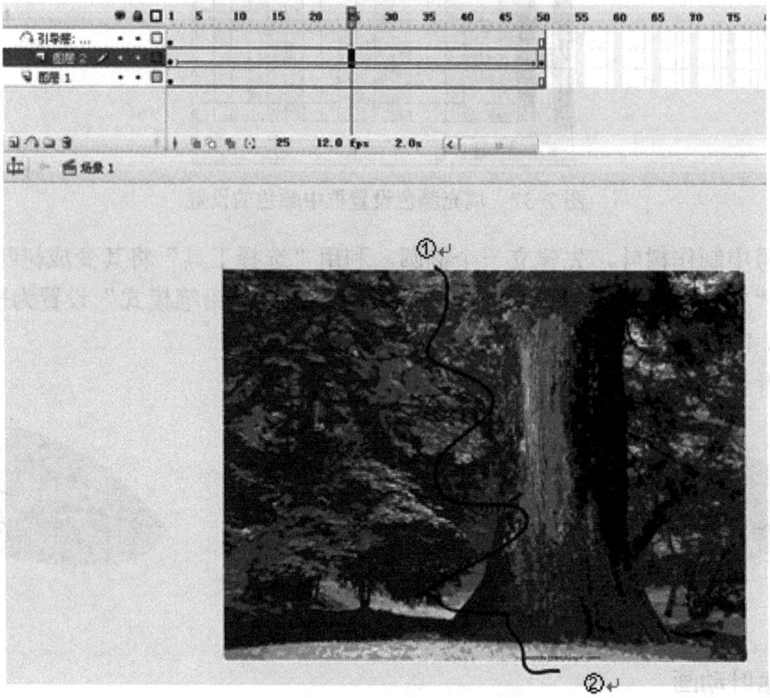

图 7-40　设置落叶动画整体效果

知识拓展　引导图层的创建

引导图层的创建方法有 2 种，此例中采用的方法是，选择“插入”→“时间轴”→“运动引导层”命令。还可以采用单击按钮来实现“运动引导层”的添加。

所谓的“运动引导层”就是：引导需要运动的物体，按照设定好的运动方向进行运动。利用铅笔工具或者是边线工具，设定运动的轨迹。

1. 被“引导图层”

被“引导图层”就是本例中的“图层 2”，被引导的对象就是实例“树叶”，这里需要注意的是被引导的对象，一定要由起点向终点进行运动。

2. 引导动画的实现

动画的设置方法是，拖动实例首先到运动引导线的一端，在时间轴上设定好“插入关键帧”后，将实例拖到运动引导线的另外一端，创建补间动画。

任务 2　“飞机转圈飞行”实例制作

任务效果

“飞机转圈飞行”动画播放后的效果如图 7-41 所示，可以看到一个红色的小飞机从起点顺时针转圈飞行，速度均匀。

图 7-41　“飞机转圈飞行”动画的连续画面

任务实施

1．绘制飞机

1）创建一个新的 Flash 文件，保持舞台默认大小宽 550px、高 400px。

2）按 <Ctrl+L> 组合键打开“库”面板，单击“新建元件”图标按钮，弹出“创建新元件”对话框。“名称”可以不变，类型选择“图形”，单击“确定”按钮进入元件 1 编辑场景。

3）选中工具箱中的，单击右下角的三角形，选择 多角星形工具，在“属性”面板中单击“选项”，这时会弹出“工具设置”对话框，把默认的边数“5”改成“3”，单击“确定”按钮。这里我们把“笔触颜色”设置成无，“填充颜色”设置成红色来建立一个三角形作为飞机的机翼。

4）选中工具箱中的，建立一个细长的矩形，“笔触颜色”设置成无，“填充颜色”设置成红色，作为飞机的机身。为了使飞机效果更加逼真我们利用“任意变形”工具下的“封套”工具对飞机的机头部分进行处理，然后组合成飞机的形状。方法是按 <Ctrl+A> 组合键（全选），按 <Ctrl+G> 组合键（组合），使之成为一个整体，结果如图 7-42 所示。单击场景界面左上角“场景 1”，回到“场景 1”主场景，选择“库”面板中刚建立的“元件 1”图形元件拖至主场景。

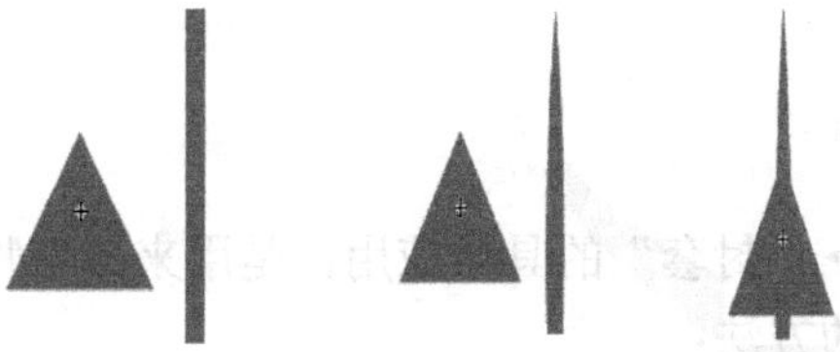

图 7-42　建立飞机形状的过程

2．设置飞机转圈飞行的动作

1）单击“添加运动引导层”，在图层 1 上建立运动引导层，单击运动引导层的第 1 帧。在运动引导层上，我们选择“椭圆工具”，在属性对话框中将“笔触颜色”设置为黑色，“填充颜色”设置成无。

2）按住 <Shift> 键，在场景的合适位置画圆。选择“橡皮擦工具”在圆上去掉一部分，如图 7-43 所示。

3）创建一个 30 帧动画，在运动引导层第 30 帧处，按 <F5> 键插入关键帧。回到图层 1 中，单击第 1 帧，利用“选择工具”拖动飞机到如图 7-43 所示的①处（这里注意：拖动飞机的时候，尽量拖动飞机的中间部分，这时会出现一个圆点，出现的圆点与①端点的位置重合时，会自动吸附过去），调整飞机的位置作为初始点。

4）在图层第 1 ～第 30 帧处，按 <F6> 键插入关键帧，将飞机拖至如图 7-43 所示的②处。

5）单击图层 1 时间轴的任意位置，并单击鼠标右键，在弹出的快捷菜单中选择“创建补间动画”。

6）在如图 7-44 所示的属性面板中，选择“旋转”→“顺时针”→“1 次”，动画完成。最终各个面板设置如图 7-44 所示。

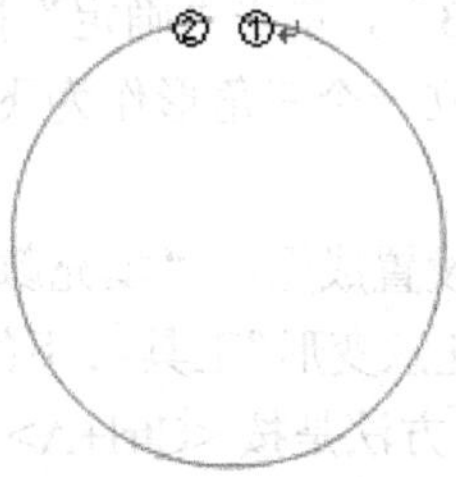

图 7-43 “橡皮擦工具”应用图例

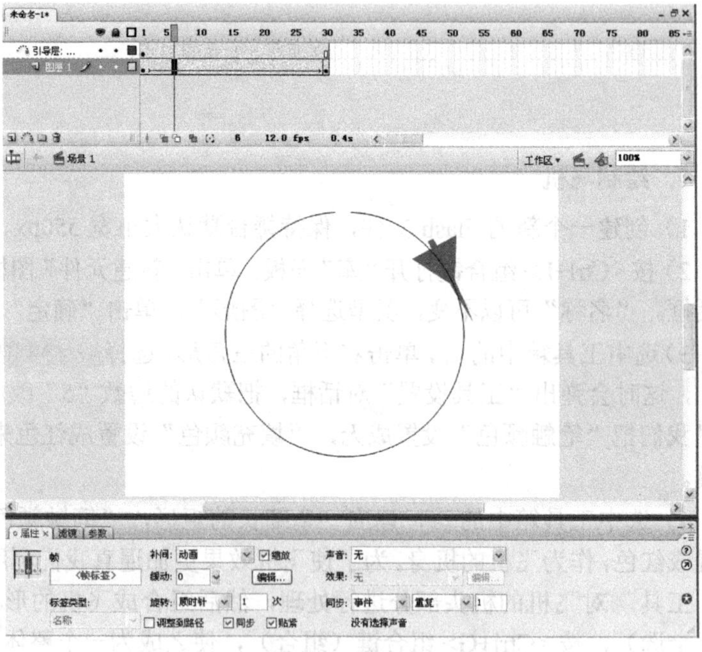

图 7-44 时间轴及属性面板设置效果

知识拓展

1）“任意变形工具”→“封套”的具体应用：是用来改变物体的形状。

2）创建“引导图层”的方法：

在图层上，放置主体，单击图标建立引导图层，在引导图层中，可以使用铅笔工具建立线段、形状，或者使用有“笔触颜色”而没有“填充颜色”的边线，作为运动引导的路径。

值得注意的是，引导图层时间轴的长度一定要与被引导图层时间轴的长度相同，否则有时不会出现动画效果。引导路径一定要建立在引导图层上。

3）创建“转圈”动画。此方案中设置动画的方法是在属性面板中选择“旋转”→“顺时针”→1 次；第 2 种方案是单击“属性框”→☐调整到路径，将空白处选中成☑调整到路径，测试影片，效果相同。

任务 3　“探照灯”效果制作

任务效果

“探照灯”动画播放时，可以看到一个探照灯自左向右移动，再移动回来，探照灯照到的文字会显现出来。由这个动画延伸出的动画会有很多，比较形象。

任务实施

1．新建文件，输入文字

1）创建一个新的 Flash 文件，舞台大小保持不变 550px×400px。

2）为了体现效果，将属性面板中的背景: 的颜色改成黑色。

3）选择“文本工具”，在属性面板中将文本的属性设置为“宋体”、“50”、“颜色红”，在场景的中间输入文字，如“探照灯效果演示！”。

2．绘制一个“探照灯”

1）选择“插入”→“新建元件”菜单命令，弹出“创建新元件”对话框。名称不变，类型选择为“图形”，单击“确定”按钮进入图形元件编辑场景。

2）选择工具箱中的“椭圆工具”，在“属性”面板中设置笔触颜色为“无”，填充颜色为“绿色”，按 <Shift> 键在场景的中间绘制一个标准的圆形。使圆形的中心点与“元件 1”场景的中心点重合。

3．设置“探照灯”的移动动作

1）单击“场景 1”回到场景中，单击“插入图层”，这时在“图层 1”的上方会出现“图层 2”，如图 7-45 所示。

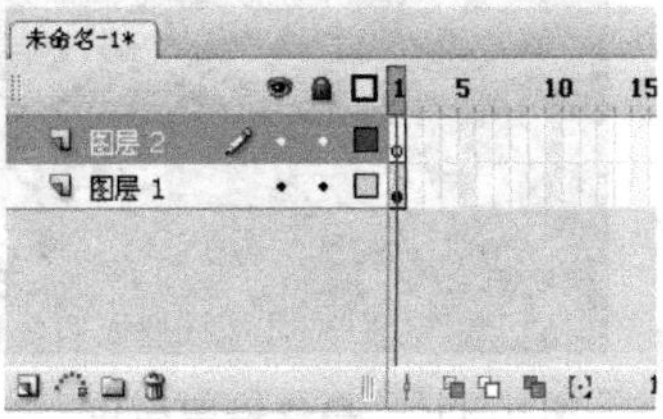

图 7-45　插入图层效果

2）选择“图层 2”，将“库”中的“元件 1”拖到“图层 2”中（位置就在“图层 1”的第一个文字处，大小基本以能覆盖单个文字为宜）。

3）回到“图层 1”，按 <F5> 键将“图层 1”的时间轴帧数延续到 40 帧。

4）单击“图层 2”，在“图层 2”的第 40 帧处，按 <F6> 键插入关键帧。在第 20 帧处插入关键帧，在第 20 帧关键帧处将“元件 1”拖至最后的文字处，单击第 20 帧之前的任意帧处，单击鼠标右键，在弹出的快捷菜单中选择“创建补间动画”，单击第 20 帧之后的任意帧处，单击鼠标右键，在弹出的快捷菜单中选择“创建补间动画”。拖动之后的位置及创建动画如图 7-46 所示。

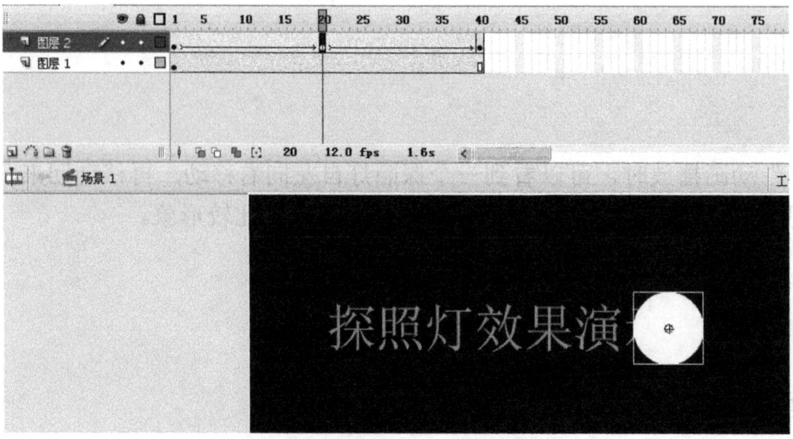

图 7-46　拖动之后的位置及创建动画

4．设置“遮罩”

1）回到“图层 2”，这时可以按 <Ctrl+Enter> 组合键来测试影片，可以看到一个绿色的圆圈在红色的文字上移动，关闭调试窗口。

2）在“图层 2”上单击鼠标右键，在弹出的快捷菜单中选择“遮罩层”，此时“图层 2”图标会发生变化，变成“遮罩层”，场景中也会发生相应的改变。动画完成，来测试影片看看效果吧。如图 7-47 所示。

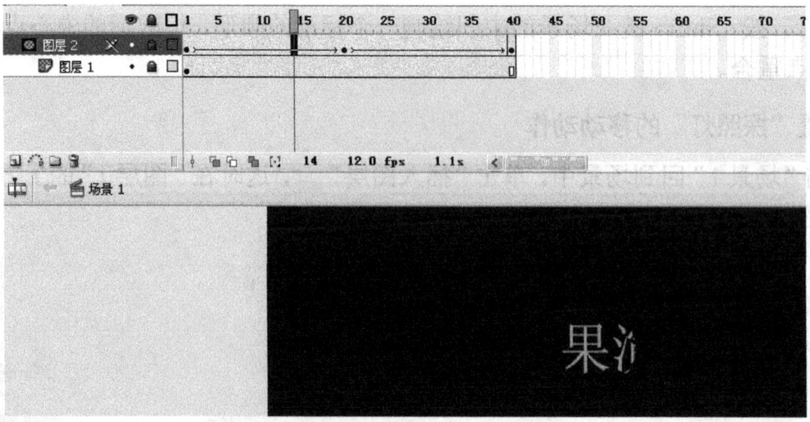

图 7-47　最终设置效果

知识拓展

1）移动物体对齐的时候可以先选择“选择工具” 移动到大概位置，在利用键盘上的方向键进行微调，使之中心点重合，或移动到准确的位置。

2）创建“遮罩”图层。创建方法非常简单，在后建立的图层上单击鼠标右键，在弹出的快捷菜单中选择“遮罩层”，但需要注意的是：遮罩图层一定要建立在被遮罩图层的上方。如上例，“图层 2”与“图层 1”的位置对调，则“图层 2”将起不到遮罩的作用。

3）“遮罩”图层的取消方法。在“遮罩”图层上单击鼠标右键，在弹出的快捷菜单中会出现 ✔遮罩层 ，将“遮罩层”前面的对勾去掉，这时“遮罩层”又变回普通的图层，遮罩的效果也就消失。

4）“遮罩”图层颜色的设置方法。在设置“遮罩”图层颜色的时候，画笔的填充颜色不能设置为透明，否则将不能起到“遮罩层”的作用。

任务 4　用放大镜看文字

任务效果

一个可以移动的放大镜，在放大镜移动时，放大镜下方的文字或者图形随着放大镜的移动而变大，非常有趣。效果如图 7-48 所示。

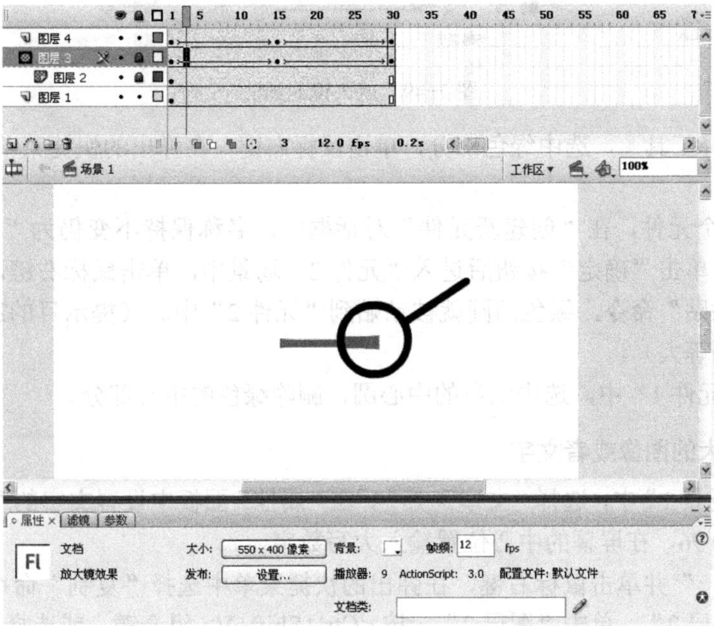

图 7-48　放大镜效果

任务实施

1．绘制放大镜及相关图像：

1）新建一个 Flash 文件，保持舞台默认大小不变，550px×400px。

2）选择“库”→“新建元件”命令，弹出“创建新元件”对话框。名称不变，类型选择“图形”，单击“确定”按钮后进入“元件 1”图形编辑场景。

3）选中工具箱中“椭圆工具”，在“属性”面板中设置“笔触颜色”为黑色，“笔触高度”为 8，“填充颜色”为绿色，在场景中绘制一个圆形。再选中工具箱中的“线条工具”，将“笔触颜色”设置为黑色，“笔触高度”设置为 8，在圆的外面画一条线作为放大镜的手柄，最终效果如图 7-49 所示。

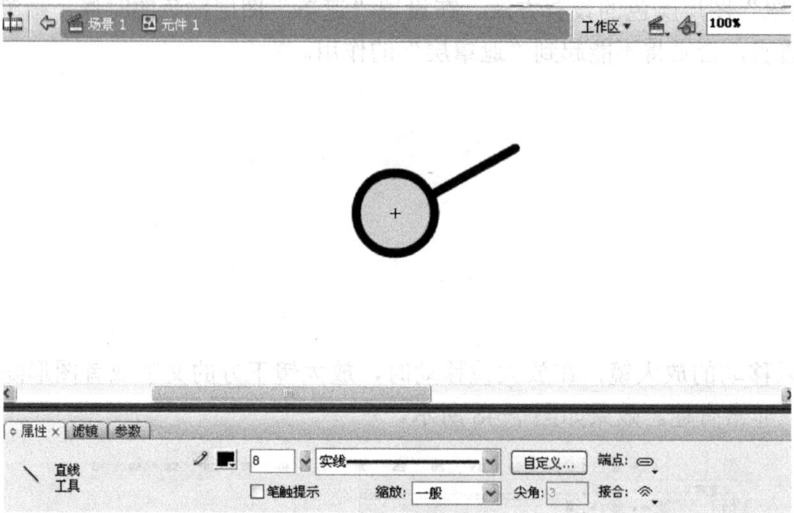

图 7-49　放大镜的画法

4）利用选择工具，选中绿色部分，单击鼠标右键，在弹出的快捷菜单中选择“复制”命令。

5）新建一个元件，在“创建新元件”对话框中，名称保持不变仍为“元件 2”，类型选择图形元件，单击“确定”按钮后进入“元件 2”场景中，单击鼠标右键，在弹出的快捷菜单中选择“粘贴”命令，绿色的圆就被粘贴到“元件 2”中。（提示目的：是为了保持与放大镜的中心圆等大）。

6）回到“元件 1”中，选中绿色的中心圆，删除绿色的中心部分。

2．绘制放大的图像或者文字

1）回到“场景 1”中，选择“文本工具”，在“属性”面板中设置文字的“字体”为黑体，“字体大小”为 96，在屏幕的中心位置输入大写数字一。

2）选中“一”并单击鼠标右键，在弹出的快捷菜单中选择“复制”命令。单击，新建一个图层“图层 2”，单击“图层 2”，按 <Ctrl+Shift+V> 组合键，或选择“编辑”→“粘贴到当前位置”命令，这时看不到任何变化，实际上是因为刚刚复制了“图层 1”的内容粘贴到“图层 2”的位置，覆盖在图层 1 的图像上的结果。

3）按 <Ctrl+T> 组合键，或选择“窗口”→“变形”命令，在场景右侧会出现变形窗口，如图 7-50 所示，将宽度 100% 和高度 100% 都改成 150%，然后按 <Enter> 键，观看场景中文字的变化。

4）在这里可以单击图层 1 和图层 2，显示 / 隐藏图层图标来观察 2 个图层中内容的不同，如图 7-51 所示。

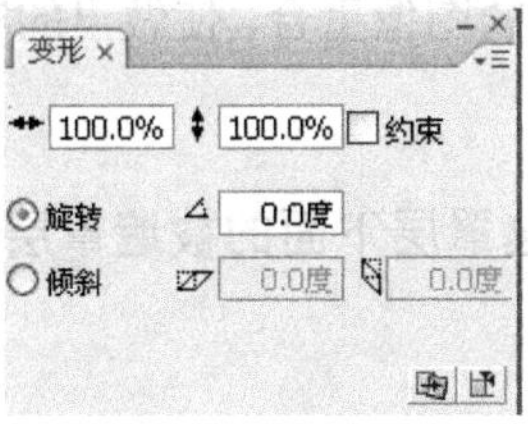

图 7-50　变形窗口

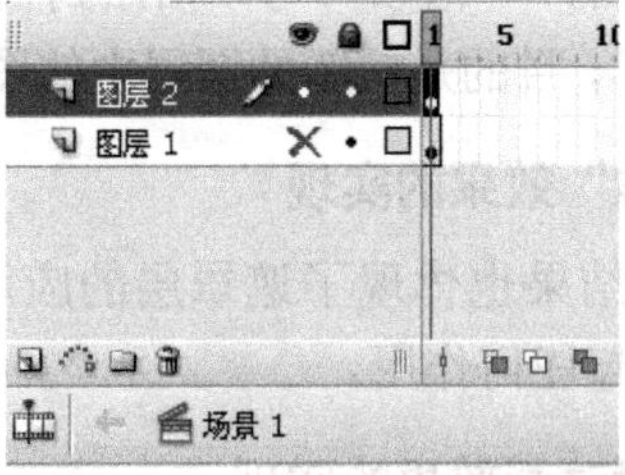

图 7-51　观察 2 个图层的内容效果

3．制作放大镜效果

1）单击 ，新建一个图层“图层 3”，将“元件 2”拖到“图层 3”中，位置在文字的边缘。

2）创建一个 30 帧动画，将“图层 1”和“图层 2”时间轴的帧延长到第 30 帧，回到“图层 3”并在第 30 帧处创建关键帧，单击第 15 帧处并创建关键帧，将绿色的圆拖动到文字的另外一侧。单击“图层 3”时间轴第 15 帧之前的任意帧处，单击鼠标右键，在弹出的快捷菜单中选择“创建补间动画”，同样在第 15 帧之后也创建补间动画。

3）创建“图层 4”，将“元件 1”拖动到“图层 4”中，单击“图层 4”的第 1 帧处，将放大镜的圆与“图层 3”中的绿圆重合，按照“图层 3”创建动画的方法，创建与“图层 3”一样的动画。

4）单击“图层 3”，单击鼠标右键，在弹出的快捷菜单中选择“遮罩层”，动画制作完毕。让我们来看看最后的效果吧，是不是很棒！最终效果如图 7-52 所示。

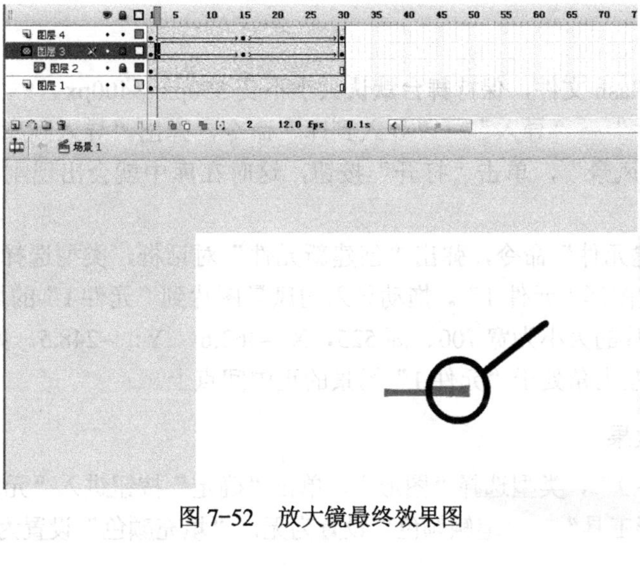

图 7-52　放大镜最终效果图

知识拓展　制作放大镜看文字动画

1. 粘贴到当前位置

在复制之后，“粘贴”与“粘贴到当前位置”的功能是不同的。本实例中采用的是“粘贴到当前位置”，目的是使新的图层中的图像与原图层中的图像重合，使做出的实例更加逼真。

2. “遮罩”效果的实现

本实例的结果也体现了遮罩层的应用效果，只对遮罩层下面的被遮罩层起作用，而对其他的图层不起任何作用。

3. 放大镜动画效果的实现

放大镜在本例中是一个移动的动画，放大镜只起到了一个衬托的作用，使动画更加美观。

任务5　水 波 荡 漾

任务效果

动画播放以后，可以看到水面上水波的运动，使原本静止的画面充满了生机，效果十分理想。

任务实施

1. 导入图片

1）新建一个 Flash 文件，保持舞台默认大小不变 550px ×400px。

2）选择“文件”→“导入”→“导入到库”命令，弹出“导入到库”对话框，选择需要导入的图片如“风景”，单击“打开”按钮，这时在库中就会出现刚导入的图片，如图 7-53 所示。

3）选择“新建元件”命令，弹出“创建新元件”对话框，类型选择“图形”，再单击“确定”按钮，新建图形“元件 1”。拖动导入的风景图片到“元件 1”的场景中，单击图片，在属性框中更改图片的大小为宽 700、高 525，X:–363.6　Y: –248.5。如图 7-54 所示。更改之后发现图片的左上角处于“元件 1”场景的正中间点上。

2. 创建水纹效果

1）新建“元件 2”，类型选择“图形”，单击“确定”按钮进入“元件 2”的编辑窗口。

2）选择“矩形工具”，“笔触颜色”设置为无，“填充颜色”设置为绿色，在舞台上画一矩形，调整大小为 550px×6px。用箭头工具点选所画矩形条并按住 <Alt> 键向下拖动条，即可复制一个条，用上下方向键调整好两个矩形条之间的距离，本例距离为 6px，用同样的方法拖出几条，并调整好上下距离，同时利用“任意变形工具”中的“套索”工具调整绿色条型形状。然后选中这几个调整好的条，按住 <Alt> 键再拖动 2 ～ 3 次，并调整好上下距离。如图 7-55 所示。

图 7-53　导入到库中的图片

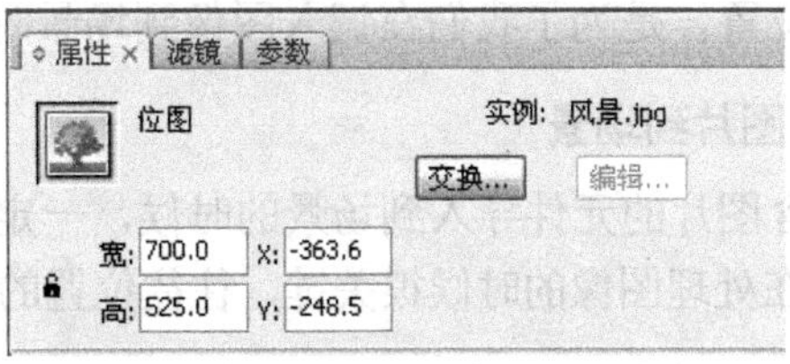

图 7-54　属性面板的图片尺寸示意图

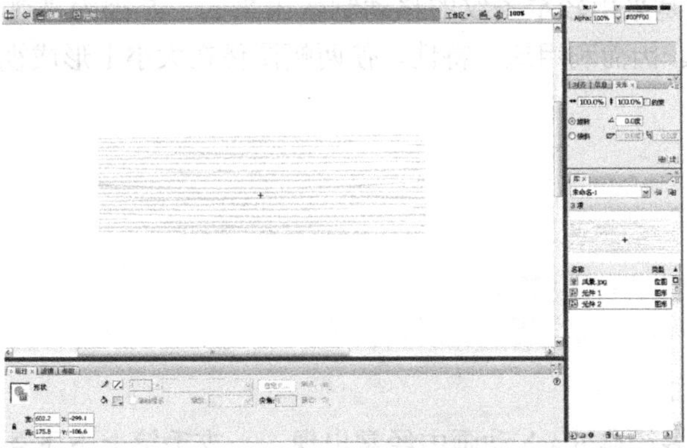

图 7-55　创建水纹效果

3．水波荡漾效果建立

1）单击场景 1，在“图层 1”中拖动“元件 1”到场景中，并设置属性框中的参数，如图 7-56 所示。

2）新建“图层 2”，拖动“元件 1”到场景中，并设置属性框中的参数，如图 7-57 所示。

3）新建“图层 3”，拖动“元件 2”到场景中，位置为图像底部的边缘。将“图层 1”和“图层 2”的帧数延长到第 30 帧，回到“图层 3”并在第 30 帧处插入关键帧。拖动“元件 2”到图像陆地与水交接的地方，单击“图层 3”时间轴第 30 帧前的任意帧处，并单击鼠标右键，在弹出的快捷菜单中选择“创建补间动画”命令。

4）单击“图层 3”，并单击鼠标右键，在弹出的快捷菜单中选择“遮罩层”命令。动画制作完毕了，让我们来看看美丽的效果吧，碧波荡漾的水纹，是不是很漂亮！

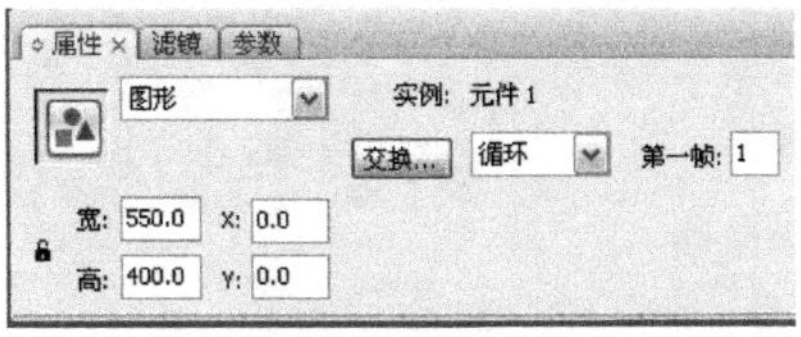

图 7-56　图层 1 中元件设置参数

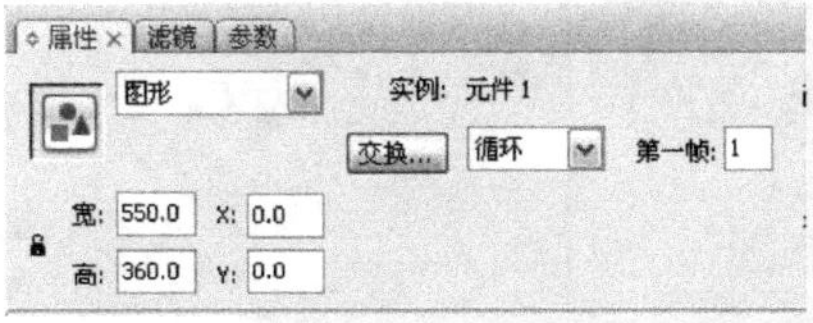

图 7-57　图层 2 中元件设置参数

知识拓展

1．导入到“库”

导入到“库”中的图片，其作用是方便在制作动画中使用。在此例中，设定属性栏图片的大小及位置，是为了我们在调入图像到场景时，图片的位置容易确定的原因。

2．导出图片到场景

在把包含图片的元件导入到场景的时候，一定要注意图片的位置。选区的 X 位置，选区的 Y 位置，在处理图像的时候很关键，往往位置的适当改变，对处理的结果会有很大的变化。

3．水波效果的创建及在动画中的作用

水波效果的创建是采用较窄条纹的移动制作出来的，是因为“遮罩层”的特性，只对遮挡住的部分起作用。因而利用这一特性，使两幅图像在大小上形成视觉差，从而造成水波荡漾的效果。

任务 6　文字书写—— 让笔能写字

任务效果

此例效果，在许多经典 Flash 动画中经常出现，一支毛笔上下飞舞，之后就出现了与毛笔同路径出现的文字或者图像，效果非常理想。其设计思想比较简单，但在创建时必须仔细确认每一个细节才能达到最好效果。最终效果如图 7-58 所示。

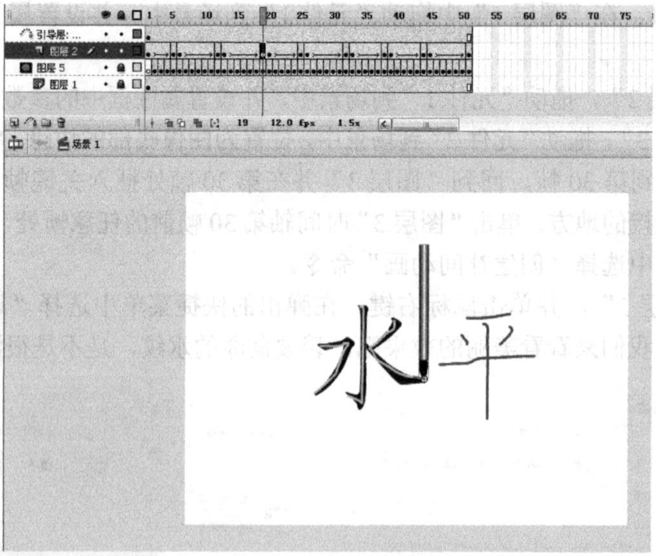

图 7-58　文字书写效果图

任务实施

1．输入文字

1）创建一个新的 Flash 文件，保持舞台默认大小宽 550px、高 400 px。

2）选择“文本工具”，在“属性”面板中选择字体“楷体”，“字体大小”设置为 150，“文本填充颜色”设置为黑色。

3）在场景的中间位置，输入文字，为了练习方便输入一些简单文字，本实例中我们输入“水平”。

2．制作“毛笔”

1）选择“插入”→“新建元件”命令，弹出“创建新元件”对话框，名称保持不变“元件 1”，类型为“图形”。

2）单击“确定”按钮，进入图形编辑模式。

3）选择“矩形工具”，在“颜色”控制面板上，将“笔触颜色”设置为无，“填充颜色”设置为黑白线性渐变，如图 7-59 所示。

4）在“颜色”控制面板上，单击渐变条下方中间位置，增加一个颜色调节标识。

5）分别单击 3 个颜色标识，将两端的颜色设置为黑色，中间的颜色设置为白色，如图 7-60 所示。

6）在“元件 1”中，选择“矩形工具”并拖动鼠标绘制一个矩形，结果如图 7-61 所示。

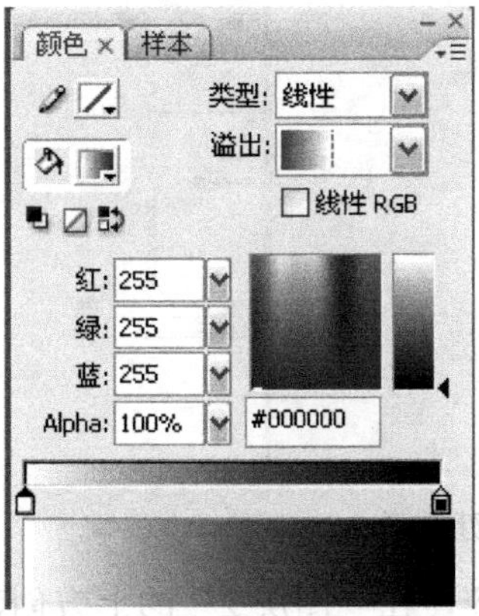

图 7-59　颜色编辑对话框

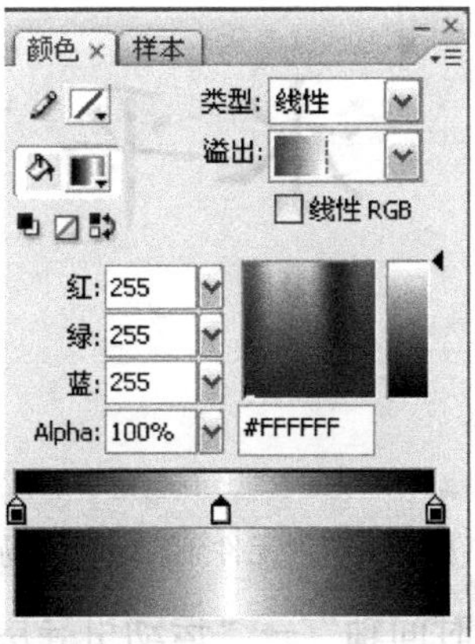

图 7-60　设置渐变条的颜色

图 7-61　设置完成的图形

7）选择“椭圆工具”，“笔触颜色”设置为无，“填充颜色”设置为黑色。拖动鼠标绘制一个椭圆，椭圆的大小基本与矩形的窄边等宽，利用“选择工具”对椭圆进行处理，处理效果如图 7-62 所示。

提示：在工具箱中选取放大镜工具，便于放大需要处理的区域。

8）选择“选择工具”，将制作好的笔头移到矩形附近制作成“毛笔”，效果如图 7-63 所示。

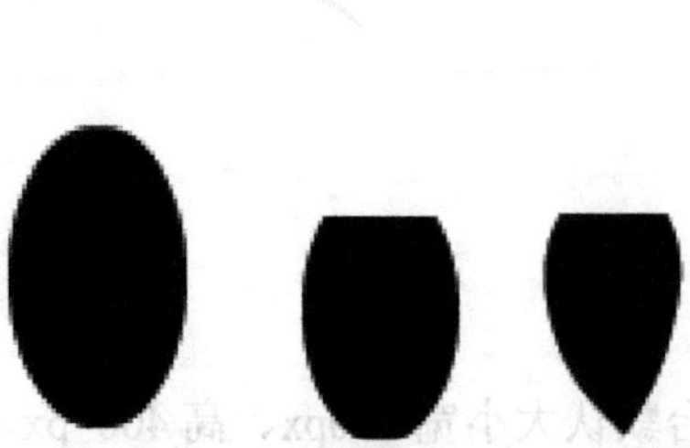

图 7-62 利用“椭圆工具”制作毛笔的笔尖

图 7-63 制作好的“毛笔”

9）将“毛笔”笔尖对准符号的中心，便于后面制作动画。

10）单击“场景 1”按钮，切换到场景编辑画面。

3. 制作书写动画

1）选择“插入”→“时间轴”→“图层”命令，新建一个“图层 2”，单击该图层，设置该图层为当前图层。

2）选择“库”控制面板中的“元件 1”，按住鼠标左键拖到场景中的任意位置，创建“毛笔”实例，如图 7-64 所示。

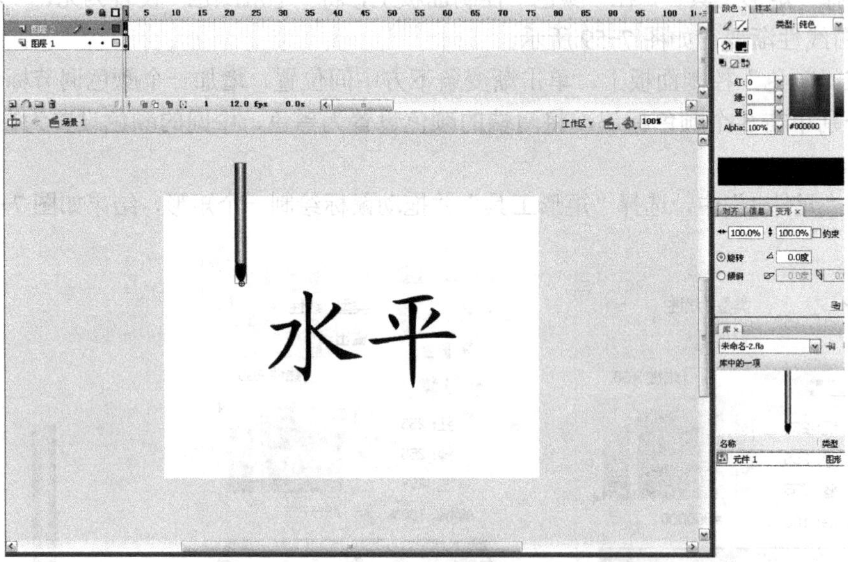

图 7-64 “元件 1”拖动到场景中创建实例

3）选择“插入”→“时间轴”→“运动引导层”命令，在“图层 2”的上方创建一个运动引导层，单击鼠标，将其设置为当前层，如图 7-65 所示。

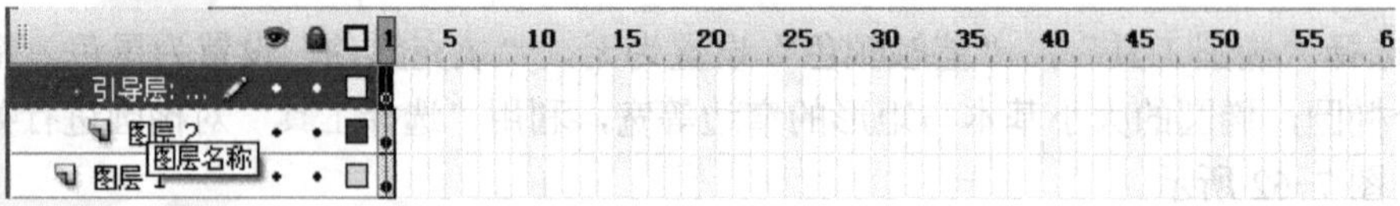

图 7-65 运动引导层

4）绘制路径，利用放大镜工具，放大场景。选取铅笔工具，将“铅笔模式”设置为平滑 S.，“笔触颜色”设置为红色，“笔触高度”设置为 3（为了看清楚效果）。

5）分别为“水平”两个字绘制书写路径，一共8个笔画，如图7-66所示。

6）这里为每一个笔画创建5帧的动画。分别在“图层1”和“引导层”第40帧处单击鼠标右键，在弹出的快捷菜单中选择“插入关键帧”命令，插入帧，来扩展帧数。

7）在“图层2”的第4、5、9、10、14、15、19、20、24、25、29、30、34、35、40帧上分别单击鼠标右键，在弹出的快捷菜单中选择“插入关键帧”命令，如图7-67所示。

图7-66　绘制文字书写路径

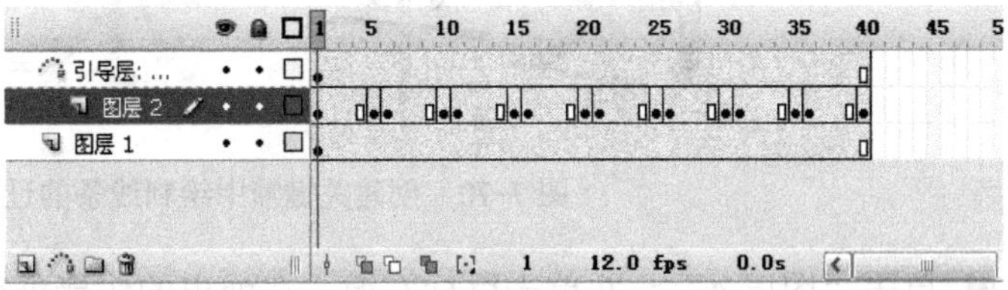

图7-67　在时间轴上创建帧与关键帧

8）将“图层2”的第1帧设置为当前帧，用鼠标拖动“毛笔”到“水”字的“亅”起点，然后将第4帧设置为当前帧，将“毛笔”拖动到“亅”的终点，如图7-68所示。

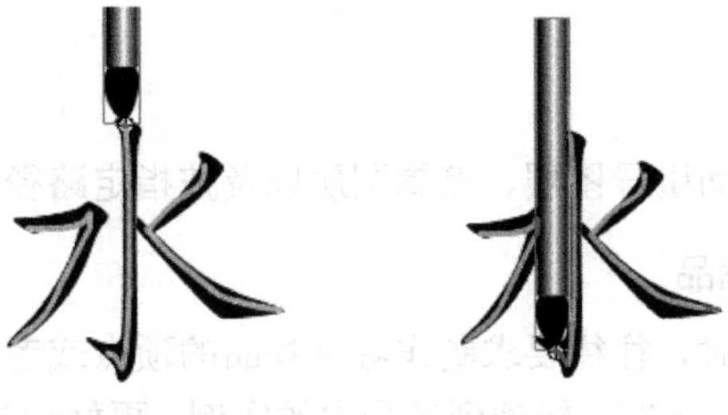

图7-68　起点和终点的演示

9）按此方法，分别将其他笔画的起点和终点制作完毕。

10）分别单击各段的任意帧处，单击鼠标右键，并在弹出的快捷菜单中选择“创建补间动画”命令，如图7-69所示。

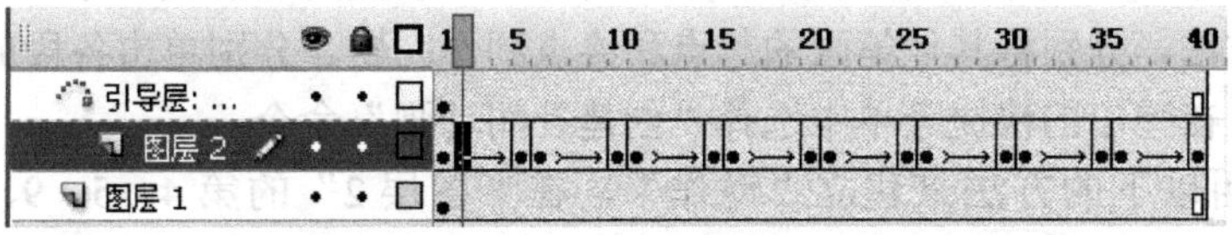

图7-69　“图层2”创建运动渐变的过程图

11）选择“控制”→“播放”命令，播放动画，就能看到一支会写字的“毛笔”了。

4．制作遮罩效果

1）单击“图层1”，将该层设置为当前图层，单击“插入”→“时间轴”→“图层”命令，创建一个新的图层“图层4”。

2）将“图层4”的第1帧设置为当前帧，选取工具箱中的“刷子工具”。“刷子大小”为以能覆盖文字的笔画为宜，“刷子形状”为圆形，“填充颜色”为绿色。

3）自“水”字第一个笔画的起点位置开始，绘制一小段线条。

4）单击“图层 4”的第 2 帧，并单击鼠标右键，在弹出的快捷菜单中选择“插入关键帧”命令，在前面绘制的基础上继续绘制。

5）依次为“图层 4”的其他第 3 ～ 40 帧创建关键帧，并绘制线条，结果如图 7-70 所示。

图 7-70　创建关键帧中绘制线条的过程

6）单击“图层 4”，并单击鼠标右键，在弹出的快捷菜单中选择“遮罩层”命令。

7）选择“控制”→“播放”命令，播放文字的动画效果。

知识拓展

在本例中，运用了运动引导图层、遮罩图层以及按指定路径创建影片等一些基本知识。

1．“元件”中制作物品

在制作元件中的物品时，往往要求制作者将物品的顶点或者某些部位对准符号的中心。目的是：在未来制作场景动画时，拖动到场景中的实例，更好地为制作动画服务。在此例中，一定要将“毛笔”的笔尖对准符号的中心，就是为了在制作动画时，更好地控制毛笔的动作。

2．“时间轴”创建“动作”的方法

在此例中，采用的“动作”创建的方法是，将“图层 2”的第 1 帧设置为当前帧，用鼠标拖动“毛笔”到“水”字的“亅”起点，然后将第 4 帧设置为当前帧，将“毛笔”拖到“亅”的终点。按此方法，分别将其他笔画的起点和终点制作完毕。分别单击各段的任意帧处，并单击鼠标右键，在弹出的快捷菜单中选择“创建补间动画”命令。

还可以采用以下的方法来建立“动作”，在“图层 2”的第 4、5、9、10、14、15、19、20、24、25、29、30、34、35、40 帧上分别单击鼠标右键，在弹出的快捷菜单中选择“插入关键帧”命令，分别单击各段的任意帧处，再单击鼠标右键，在弹出的快捷菜单中选择“创建补间动画”命令。将“图层 2”的第 1 帧设置为当前帧，用鼠标拖动“毛笔”到“水”字的“亅”起点，然后将第 4 帧设置为当前帧，将“毛笔”拖到“亅”的终点。按此方法，分别将其他笔画的起点和终点制作完毕。

两个制作“动作”方法中，都可以达到一样的动画效果，表面上看比较相像，但操作的步骤是不同的，希望大家注意，活学活用。

3．关于“画笔”的设置

在“画笔”设置的过程中，一定要采用不同于文字的颜色，这里并不是说相同的颜色不能制作出动画效果，而是让大家养成一个良好的习惯，并对“遮罩层”有一个正确的理解，为创作出更好的动画做准备。

同时由于文字的笔画粗细不一样，所以在绘画过程中注意调整“刷子工具”的“刷子大小”，并同时观察覆盖的效果。

任务 7　创建多场景动画

任务效果

本案例动画播放时，会看到案例 1 和案例 2 熟悉的动画播放，但不同的是在播放完案例 1“落叶效果”之后，就直接播放案例 2“飞机转圈飞行”，往复循环播放。为了区分动画的区段，播放时，在案例 1 和案例 2 的左下角分别有场景 1 和场景 2 的标识。

任务实施

1．导入已经做好的 Flash 文件

1）新建一个 Flash 文件，仍然保持舞台默认大小不变，宽 550px、高 400px。

2）选择“文件”→“打开”命令，在“打开”对话框中选择“落叶效果 .fla”。

3）选择“文件”→“打开”命令，在“打开”对话框中选择“飞机转圈飞行 .fla”。两个制作好的例子打开后，效果如图 7-71 所示。

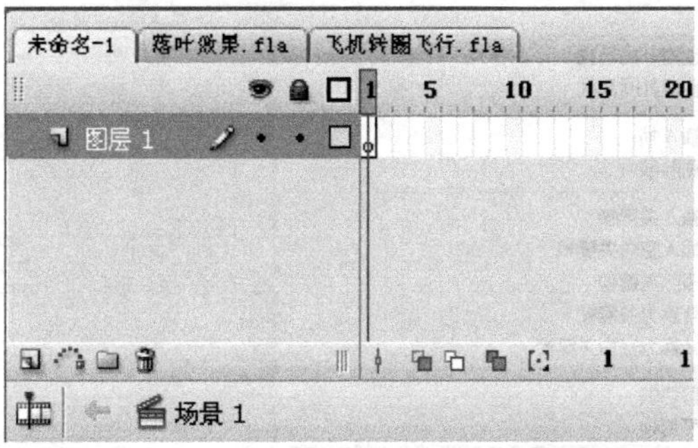

图 7-71　导入 2 个已经做好的案例后的效果

2．将导入的动画应用到新动画中

1）单击落叶效果 .fla，进入落叶效果。按住 <Ctrl> 键，单击“图层 1”、“图层 2”和“引导层”，这时 3 个图层都将被选中。

2）在时间轴区域单击鼠标右键，在弹出的快捷菜单中选择“复制帧”命令，如图 7-72 所示。

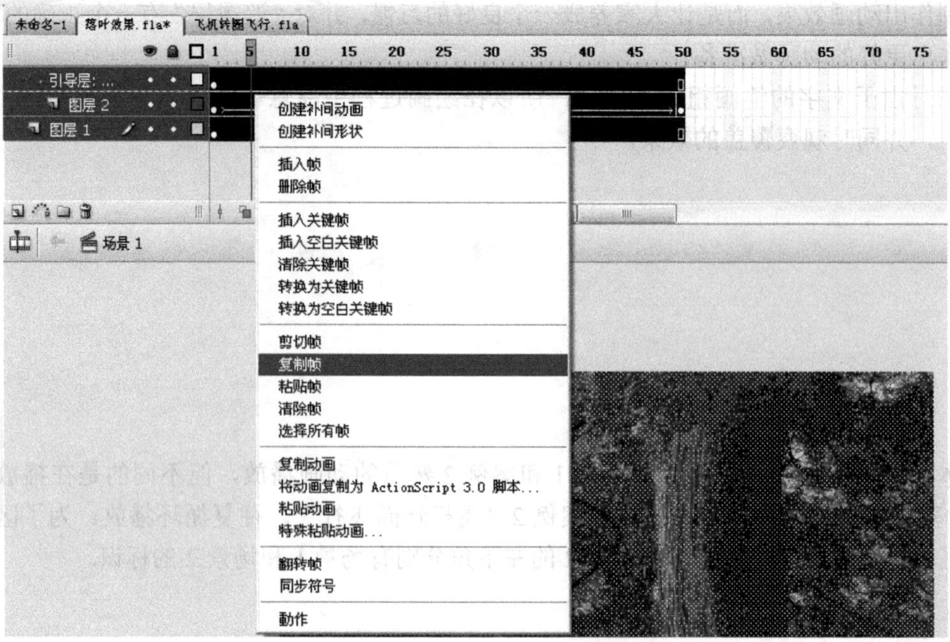

图 7-72　选择“复制帧”命令

3）单击新建立的“未命名 -1”，在“图层 1”时间轴的第 1 帧处单击鼠标右键，在弹出的快捷菜单中选择“粘贴帧”命令，效果如图 7-73 所示。

4）操作之后，可以发现“落叶效果 .fla”动画中的全部内容都被复制到新建立的文件中，包括“落叶效果”动画内建立的元件。

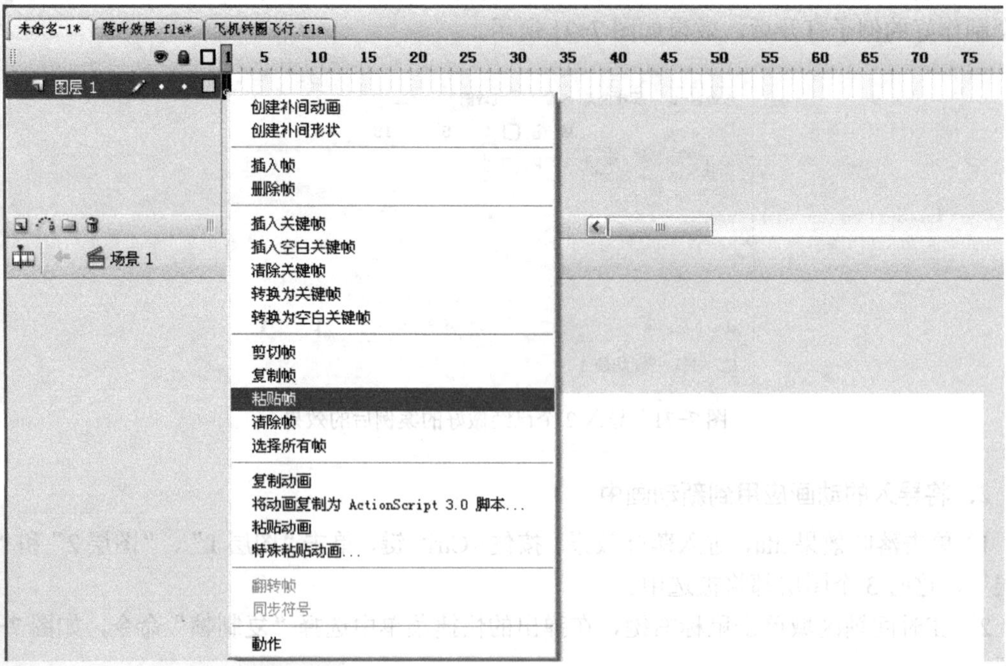

图 7-73　粘贴帧的操作示意图

3．新建场景

1）选择“插入”→“场景”命令，这时原“场景 1”中的内容都暂时消失了，随之出现的是“场景 2”的操作平台，如图 7-74 所示。

2）单击“飞机转圈飞行 .fla”，按照步骤 2 的操作方法将“飞机转圈飞行 .fla”中的内容粘贴到“场景 2”中，效果如图 7-75 所示。

3）在这里可以看到包括动画和建立的元件都被完全复制过来，提醒一点的是，复制过来的元件名字最好不同，否则会被覆盖，破坏动画的制作。

图 7-74　新插入的场景 2

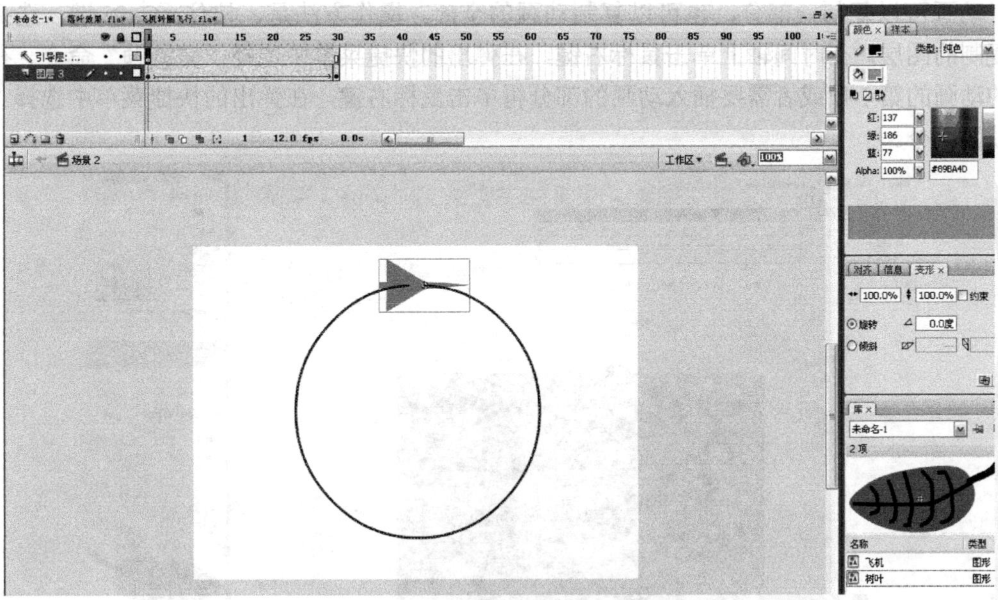

图 7-75　贴入元件后的场景 2 效果图

4．场景的切换

1）单击，选择“场景 1”，效果如图 7-76 所示。

2）按照此方法就可以在“场景 1”和“场景 2”之间自由切换了。

3）选择“控制”→“播放影片”命令，可以看到动画 1 播放之后就直接播放动画 2 的效果了。

图 7-76　场景切换选择框

5. 最终完善

1）选择“未命名 -1”→“场景 1”，单击最上面的“引导层”，单击添加一个新的图层“图层 6”。

2）选择“文本工具”，在属性栏中设置“字体”为宋体，“文字大小”为 30，“文本（填充）颜色”为红色。在“图层 6”的左下角位置输入文字“场景 1”，效果如图 7-77 所示。

3）选择“场景 2”，同上为“场景 2”新建一个图层，用以上方法为新的图层设置属性，输入文字“场景 2”。

4）分别单击“落叶效果 .fla”“飞机转圈飞行 .fla”，并单击鼠标右键，在弹出的快捷菜单中选择“关闭”命令。

5）选择“控制”→“播放影片”命令，来看看最终的效果吧，在每段动画播放时，左下角都会有动画的提示，看看对你会有什么启发呢？

知识拓展

1. 复制动画的方法

动画可以复制一部分，也可以复制动画的全部。操作方法是，按住 <Ctrl> 键，选择准备复制的图层，在时间轴上单击鼠标右键，在弹出的快捷菜单中选择“复制帧”命令。在需要的动画的第 1 帧或者需要插入动画的部分再单击鼠标右键，在弹出的快捷菜单中选择“粘贴帧”命令。

图 7-77　插入新图层输入文字后的效果图

2. 导入动画的注意事项

导入动画中往往包含元件，在制作动画的过程中，需要大家养成一个良好的习惯，即将建立的元件的名字起好。如“飞机转圈飞行 .fla”中将“元件 1”的名字改成“飞机”。

此操作的目的是防止导入动画中的元件重名，对制作动画不利。

3．创建新场景的方法

场景代表了一段独立的影片，一个动画可以由好多独立的片段组成。

创建方法 1：

单击“插入”→“场景”命令，打开“场景”面板创建新的场景。

创建方法 2：

单击“窗口”→“其他面板”→“场景”命令，打开“场景”面板，单击 +，即创建新的场景，如图 7-78 所示。

图 7-78　场景面板

第 8 章

添加和编辑声音

学习目标

本章主要通过在 MTV 影片制作实例中为按钮及影片添加声音来进行学习，读者应了解并掌握 Flash 中可以导入的音频文件格式，掌握添加音频、设置声音属性，以及编辑使用音频、输出音频等相关操作。

学习重点难点

- Flash CS3 支持的音频格式
- 导入添加音频文件
- 设置声音属性
- 编辑和输出音频

了解 Flash CS3 中可以使用的音频

动画离不开音乐，没有声音的 Flash 作品不算是完整的作品。在学习前面章节介绍的知识后，你也应该能制作出相关动画，如何能在动画中添加相应的音乐呢？通过两个例子我们就可以掌握其使用方法了。

1. 音频简介

一般音频在计算机上是作为独立文件而存在的，我们常见的音频格式有 mp3、wav 等。而这些常用的音频是可以应用到制作的动画中的。

把声音文件添加到 Flash CS3 中后，这些声音文件就属于 Flash 中的一份子了，在 Flash 中载入的音频可以设置为两种类型，即事件音频和流式音频。

1）事件音频：通常用在按钮上。由于它是脱离时间轴的帧去播放的，因此需要完全载入后才能播放，除非有明确的停止命令时才能停止播放。

2）流式音频：与时间轴的帧同步播放。由于它随着动画的播放而播放，动画的停止而停止。所以只要载入它的前几帧音频数据就可以配合时间轴上的动画。

为更好地掌握本章内容，下面介绍在 Flash 中使用音频时经常用到的专业术语。

采样率：指在录制音乐时单位时间内对声音信号采样的次数。简单地说，就是记录 1s 内长度的声音，需要多少个数据。当然，采样率越高，声音越清晰。

压缩率：通常指音乐文件压缩前和压缩后大小的比值，用来简单描述数字声音的压缩效率。

声道：在 Flash 中，可以设置声音的双声道效果，即音响左右两面的声音播放效果。

2．Flash 所支持的声音文件

Flash 支持的声音格式有 Windows 系统的 wav 文件格式、mp3 文件格式和 Mac（苹果）系统的 aiff 文件格式。

提示：mp3 格式音频是我们最熟悉的音频格式。它的声音数据是一种压缩过的格式，比 wav 或 aiff 声音占用的存储空间小，可减少 Flash 动画的体积。另外，mp3 音频处理软件也较多，故为动画添加声音时，建议使用 mp3 声音格式。

任务 1　为 MTV 影片中的按钮配置声音

任务效果

“为 MTV 影片中的按钮配置声音”动画播放的画面如图 8-1 所示，可以看到场景中 MTV 首页右下角有一“播放”按钮。效果就是当单击后会播放所添加的声音，效果十分直接。

图 8-1 “为按钮配置声音”动画播放的画面

提示：此动画为 MTV 影片制作的一部分，完整的 MTV 影片制作动画会配合本章及下一章的所有知识点，故制作完成后要保存，为下面继续制作动画做准备。

任务实施

1．制作“MTV 影片”首页

1）创建一个新 Flash 文件，保持舞台默认大小宽 550px、高 400px，设置场景背景颜色为“天蓝色”，如图 8-1 所示。

2）用“绘图工具”绘制“鱼”（前面章节中有介绍此图的绘制），并在场景中灵活运用“编辑工具”调整合适的大小和位置（见图 8-1），并对图层起名为“鱼”。

3）插入新图层，起名为“标题及作者信息”，选中工具箱中的“文本工具”，输入 MTV 标题“我是一只鱼”，调整其属性，设置其大小和位置，最终效果如图 8-1 所示。再插入一新图层，起名为“作者信息”，在场景中输入“制作人”及“联系方式”等信息。

2．制作“播放”按钮

1）选择“插入”→“新建元件…”菜单命令，弹出“创建新元件”对话框。“名称”起名为“播放按钮”，“行为”选择“按钮”，单击“确定”按钮后进入“播放按钮”按钮元件编辑场景。

2）根据前面所学知识，分别按照自己的想法设定各按钮的状态。

3）返回场景 1，插入新图层，起名为“按钮”，并将制作按钮放置“按钮”图层。

到此，首页制作完成，接下来，开始为按钮配置声音效果。

3．为按钮配置声音效果

1）导入音频文件。选择“文件”→“导入”→“导入到库…”菜单命令，选择要导入的“按钮声”音频文件，如图 8-2 所示。如果文件过大，会看到导入进度条，这样就将音频文件导入当前文件中了。

图 8-2　选择要导入的音频文件

2）为按钮添加导入音频。打开按钮元件场景，添加一个新图层，起名为“声音”。在新图层中相关状态帧上创建关键帧，使之与要出现声音的按钮状态相对应。本例要在按钮被按下时发出声音，就在“按下”状态下插入“关键帧”。选中此关键帧，在“属性”面板中选择需要添加的“按钮声”，可以看到此关键帧上的声音已经被添加，如图 8-3 所示。

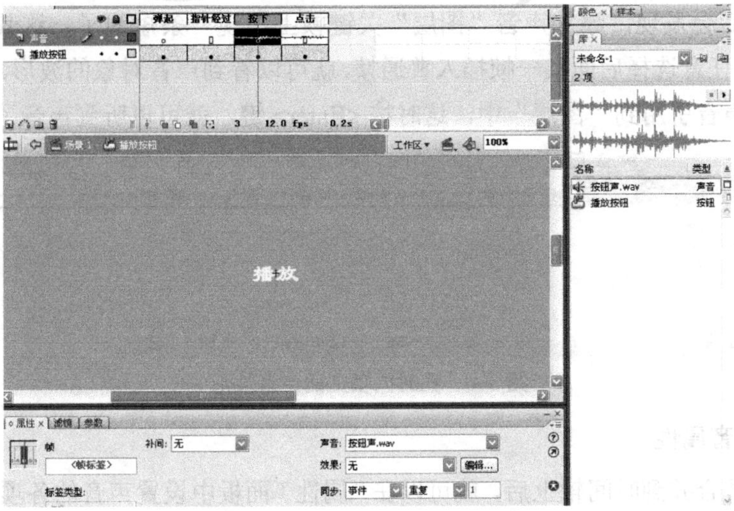

图 8-3　为“按下”状态添加声音

3）设置声音属性。在“效果”下拉列表中选择“淡出”效果，在“同步”下拉列表中选择“事件”效果。

4）至此，MTV 首页制作完成，预览播放，单击按钮就可实现有声效果了。

知识拓展　对声音的载入与声音属性的设置

1．导入添加声音

（1）导入声音

如果要导入音频文件，方法与导入其他图形等文件的方法相似，可以使用“文件”→“导入”菜单命令来完成。使用此命令可以将 AIFF、WAV 或 MP3 格式的音频文件导入到动画中。导入音频文件后，Flash CS3 会将音频与其他元件一起存放在元件库中。

提示：无论选择“导入到舞台”还是“导入到库”都没有区别，因为不管选择哪一个，声音元件也不会出现在时间轴中，而只会出现在“库”面板中。

（2）添加声音

添加声音的一种方法是：选择“图层”上需要添加声音的关键帧，然后将“库”面板中的声音对象拖到场景中，如图 8-4 所示。

还有一种方法，就是选择“图层”上需要添加声音的关键帧，然后打开“属性”面板，在“声音”下拉列表中选择要添加的声音即可，如图 8-5 所示。

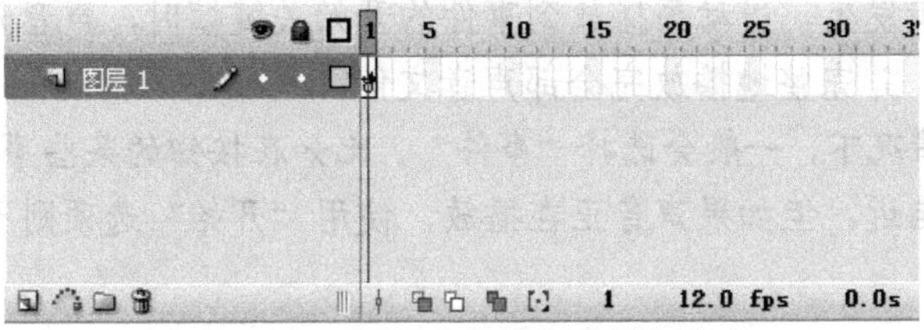

图 8-4　在“图层”关键帧中添加声音

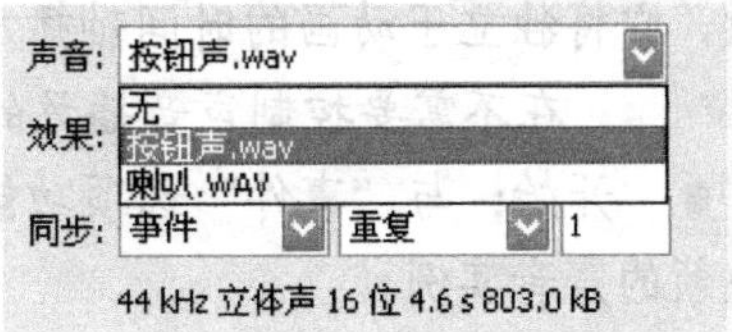

图 8-5　在“属性”面板中添加声音

添加声音后会发现，添加声音“图层”关键帧上出现一条短线了，这其实就是声音对象的波形起始，任意选择后面某一帧插入普通帧，就可以看到声音对象的波形，如图 8-6 所示，这说明已经将声音引用到“图层”中，这时按 <Enter> 键，就可以听到声音了。

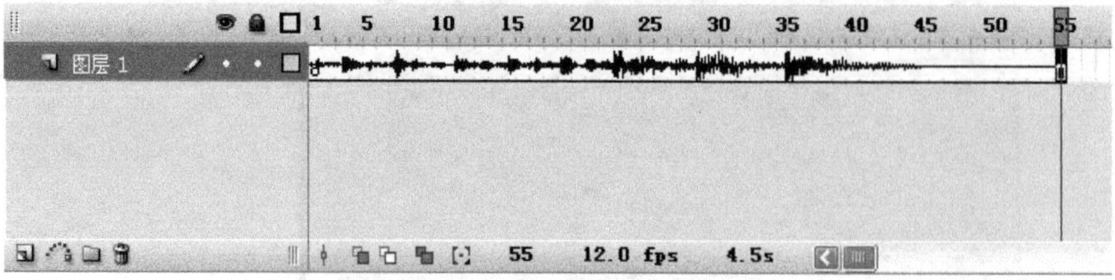

图 8-6　在时间轴上的声音波形

2. 设置声音属性

将声音文件合并到时间轴上后，就可以在“属性”面板中设置声音的各项属性，如效果、同步或循环等，并且还可以编辑导入的声音文件。

（1）设置声音效果选项

在时间轴上，选中包含声音文件的帧，在声音“属性”面板中，打开“效果”菜单，可以设置声音效果，如图 8-7 所示。

- 无：不对声音文件应用效果，选择此选项将删除以前应用过的效果。
- 左声道 / 右声道：只在左或右声道中播放声音。
- 从左到右淡出 / 从右到左淡出：会将声音从一个声道切换到另一个声道。
- 淡入：会在声音的持续时间内逐渐增加其幅度。
- 淡出：会在声音的持续时间内逐渐减小其幅度。
- 自定义：可以使用“编辑”自定义创建声音的效果。

（2）设置声音同步选项

在“同步”选项下拉列表中可以控制声音的同步选项，如图 8-8 所示。

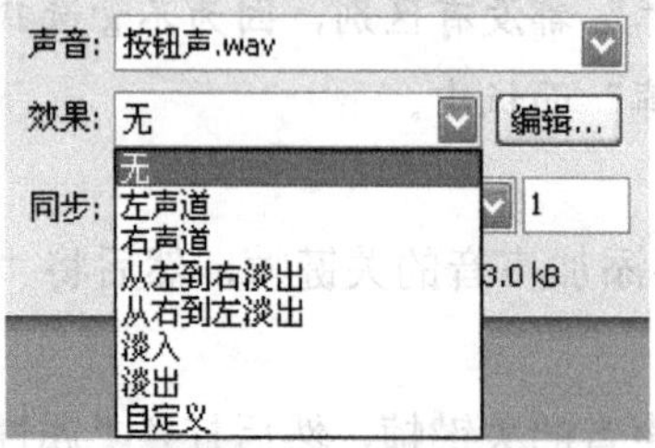

图 8-7　声音效果设置

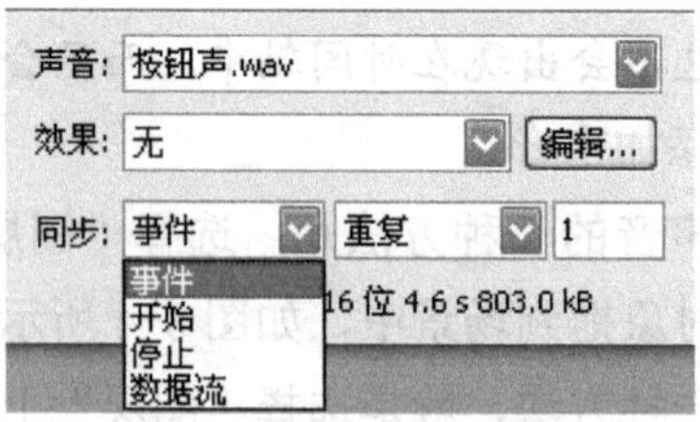

图 8-8　声音同步设置

- 事件：使声音与某个事件同步发生，当动画播放到事件的开始关键帧时，声音开始播放，它将独立于动画的时间轴播放，并完整地播放完全部声音文件。

提示：在不需要控制声音播放的情况下，一般会选择“事件”，比如在按钮的某些事件。

- 开始：与“事件”选项功能相近，但如果声音正在播放，使用“开始”选项则不会播放新的声音实例。
- 停止：停止声音的播放。

- 数据流：播放影片时，使声音和影片中的帧同步。影片播放与停止直接控制声音的播放与停止。

提示：一般在添加人物对白和需要控制背景声音播放的情况下，需要选择“数据流”选项。

后面还有个播放次数的下拉菜单，可以设置音频的播放次数，或者是选择为循环播放，就可以不断循环播放声音。

提示：将事件声音设置为重复播放不会增加动画文件的大小。因此，建议导入文件较小的声音，再利用重复功能，就可以解决文件大小问题。此外，若将数据流声音设置为重复播放，则每个重复的声音副本都会被加入文件中，因此文件大小会随着重复的次数而增加。

任务 2　为 MTV 影片动画配置音乐和对应歌词

任务效果

“为 MTV 影片动画配置音乐和对应歌词”动画播放的画面如图 8-9 所示，同我们经常看到的 MTV 一样，当播放影片伴随音乐同时会有相应匹配的歌词一起播放。

图 8-9 “为 MTV 影片动画配置音乐和对应歌词”动画播放的画面

提示：此动画为 MTV 影片制作的一部分，完整的 MTV 影片制作动画会配合本章及下一章的所有知识点，故制作完成后要保存，为下面继续制作做准备。

任务实施

1．在“为 MTV 影片中按钮配置声音”案例基础上制作“MTV 影片”音乐画面背景

1）在“为 MTV 影片中按钮配置声音”文件中，选择“插入”→“场景”菜单命令，这样界面进入新插入的“场景 2”，如图 8-10 所示。

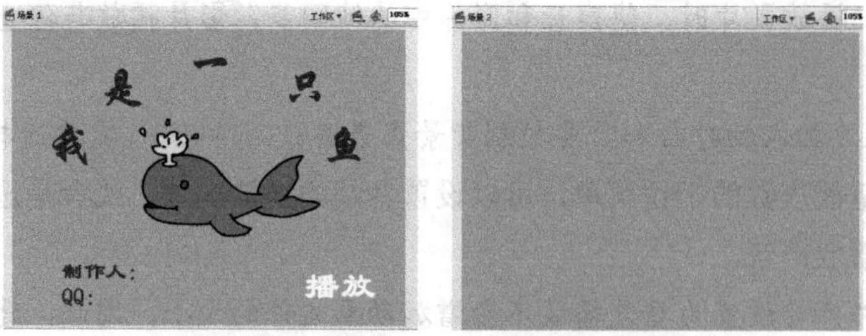

图 8-10 “场景 1”与新添加的“场景 2”

2）在新场景中，将图层 1 起名为“背景”，并运用“矩形工具”绘制影片背景为“天蓝 - 白 - 海蓝”渐变，绘制矩形，并用“自动变形”工具旋转为上下渐变。并调整至场景大小覆盖场景。为使 MTV 影片更具真实，用矩形工具在场景上下各绘制一个黑框，效果如图 8-11 所示。

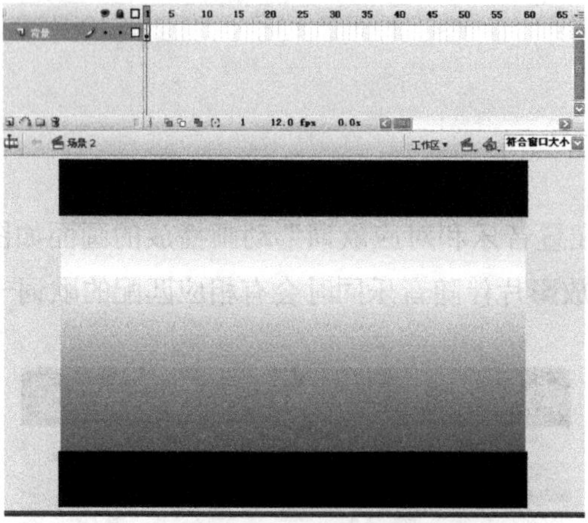
图 8-11 “背景层”中绘制的背景效果

3）选择“插入”→“新建元件…”菜单命令，创建一图形元件，起名为“水草”，并选择合适的绘图工具在元件中绘制水草。返回场景 2，插入一新图层，起名为“水草”，并从“库”中拖出几个已创建的“水草”至新图层，用“自动变形工具”或“图片调整变形命令”进行调整，最终效果如图 8-12 所示。

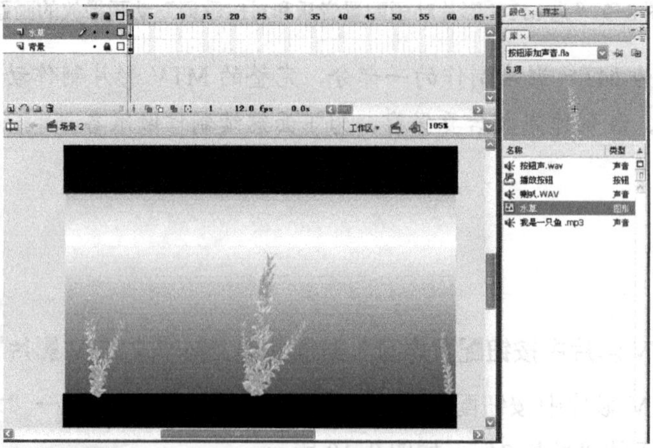
图 8-12 音乐背景最终效果

2．添加编辑背景音乐

1）导入添加音乐。选择“文件”→“导入”→“导入到库…”菜单命令，选择要导入的“我是一只鱼 .mp3”音频文件到当前文件“库”中，可看到其音乐波形，如图 8-13 所示。插入一新图层，起名为“音乐”，并选中“音乐”图层第 1 帧，从“库”中拖出音乐至场景，这样就在此图层添加上了音乐，如图 8-13 所示。

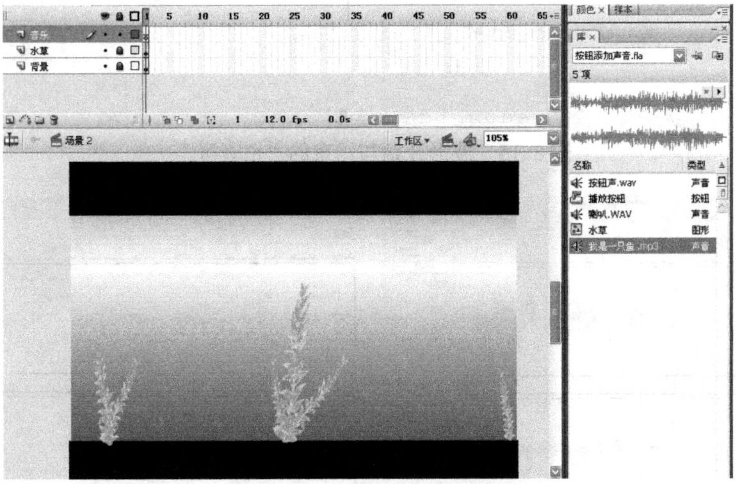

图 8-13　添加背景音乐

2）设置调整编辑音乐效果。选中“音乐”图层第 1 帧，打开属性面板，对于 MTV 音乐来说，默认效果都不合适，需要我们手动自定义效果。选择效果后面的“编辑…”按钮，打开“编辑封套”面板，如图 8-14 所示。

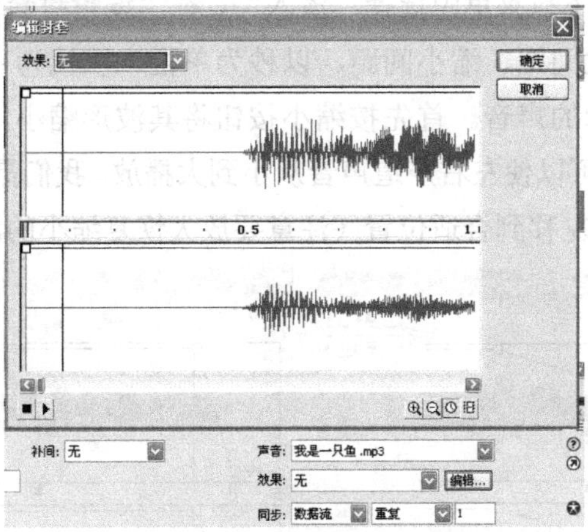

图 8-14 “编辑封套”面板

此面板中的波形，就是我们需要设置的音乐波形。拖动下面的滚动条，观察波形的开始和结束都有一段直线，这表示音乐的“忙音”区，也就是不发声区。影片 1 秒就是 12 帧，过多的“忙音”会增加我们的工作量，另外，为了使影片效果更好，我们有必要把“忙音区”删除。拖动面板波形前面的“起始游标”和面板波形后面的“终点游标”至有波形区域来屏蔽“忙音区”。如图 8-15 和图 8-16 所示为开始与截取后的波形。

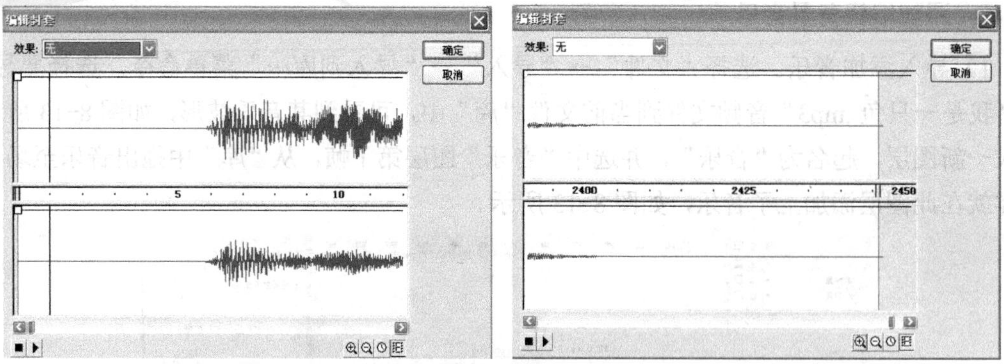

图 8-15 波形开始与结束的“忙音区”

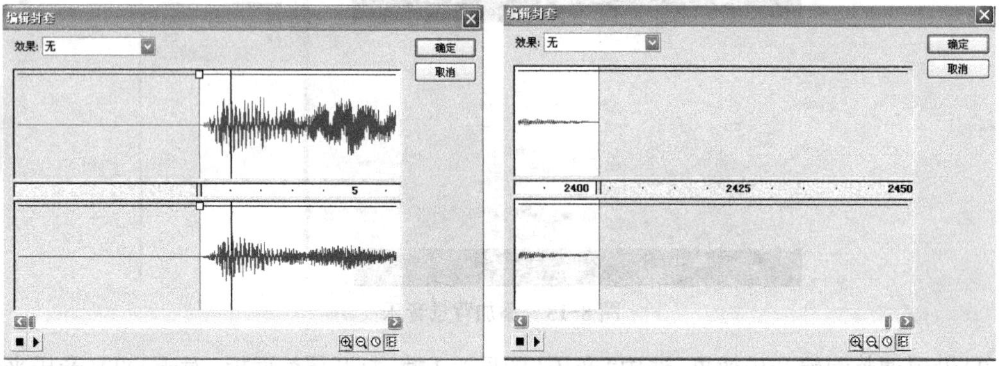

图 8-16 截取掉的波形

下面还要设置一个“淡入”效果，让声音不是突然发出，而是有个缓进效果。在“编辑封套”面板上的“效果”下拉菜单中选择“淡入”。在“编辑封套”对话框右下角有 4 个按钮，分别是放大间距、缩小间距、以秒为单位、以帧为单位按钮，编辑完成后可以按按钮，试听编辑的声音。首先按缩小按钮将其波形缩小，发现左右声道分别有两个控制点连成的控制线，可以使左右声道声音从小到大播放。我们需要缩短这个音效的长度，分别将左右声道的控制点左移到合适位置（注意要放大恢复缩小的波形），如图 8-17 所示。

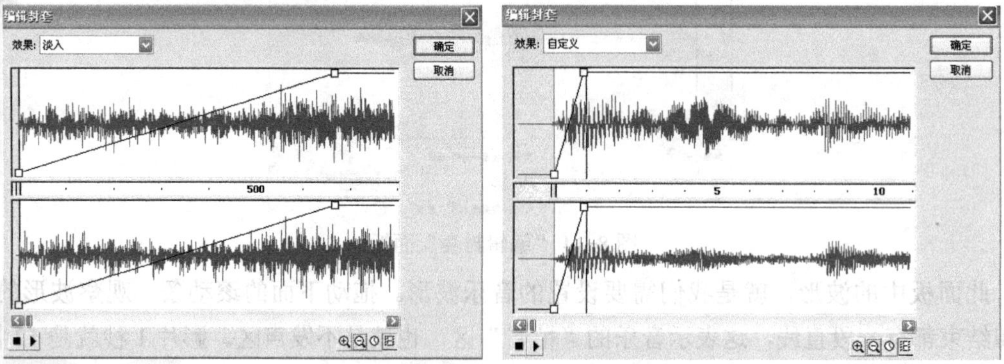

图 8-17 “淡入”效果的调整

设置完成后，单击“确定”按钮，到此音乐效果调整完成。

3）完成音乐帧的扩展。回到主场景观察“音乐”图层第 1 帧的波形稍有变化，但这么长的音乐不可能只是一帧，需要扩展。方法是拖动时间轴上的滚动条在后面帧处插入“普通帧”，观察波形并没有结束，说明还需要扩展。继续拖动时间轴上的滚动条在后面帧处插入“普通帧”，连续几次后，发现图层帧上有空白区域的帧，将其选中删除，只保留所有波形即可，同时扩展其他两个图层的帧，最终设置如图 8-18 所示。

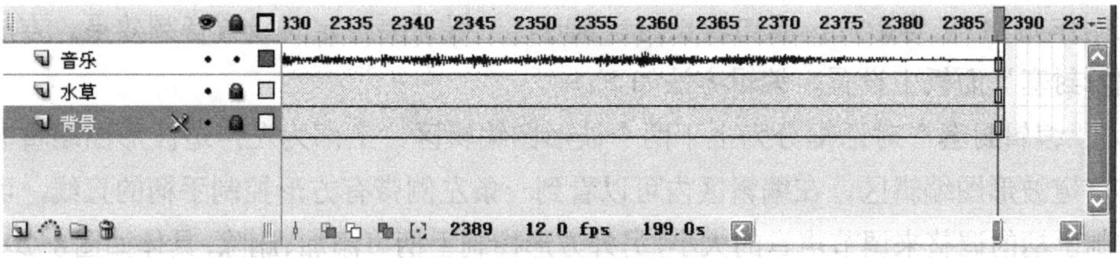

图 8-18　音乐帧的扩展

3. 为背景音乐匹配对应歌词

1）设置音乐与帧的同步。选中“音乐”图层的任意一帧，在“属性”面板中“同步”选择“数据流”，即音乐与帧设置同步，音乐会随着播放头的播放而播放，停止而停止。

2）确认每句歌词所在的帧。插入一新图层，起名“歌词”。将播放头放到第 1 帧，按 <Enter> 键播放音乐，当听到第一句歌词开始时，按 <Enter> 键停止播放，确认好第一句歌词开始帧后，在“歌词”图层上插入“关键帧”并在场景下面的黑色矩形位置输入歌词内容。按 <Enter> 键继续开始播放，等第一句歌词唱完即按 <Enter> 键停止，确认歌词唱完的帧，并插入“空白关键帧”，设置如图 8-19 所示。到此，第一句歌词添加完毕。用同样的方法，把后面所有歌词都添加完成。

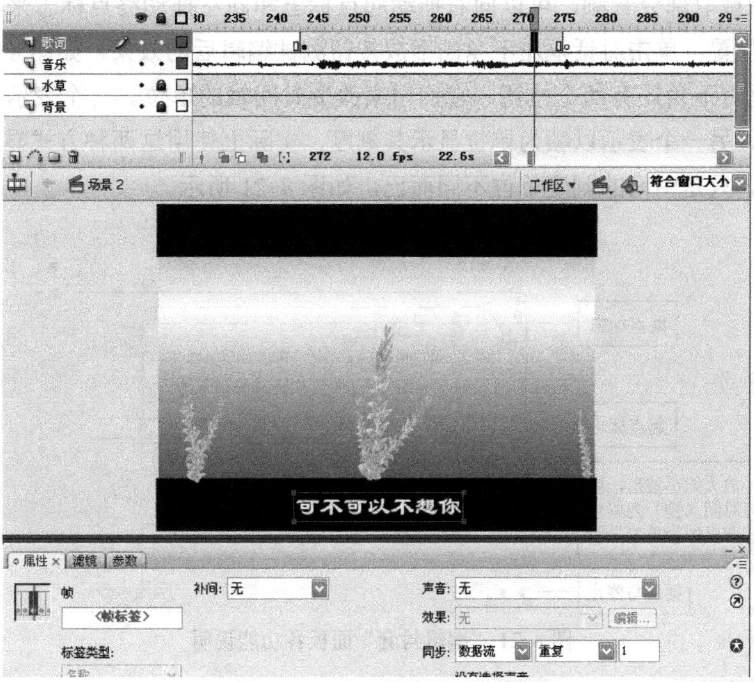

图 8-19　确认帧后添加歌词

提示：在确定歌词开始和结束的帧时，可以把播放头固定到当前确认位置反复试听确认。

知识拓展　编辑与输出音频

1. 编辑声音自定义效果

在制作如MTV等影片，添加较长的音乐时，一般需要自定义设置音频效果。方法就是在“编辑封套”面板中设置，编辑方法如下：

1）“编辑封套”对话框分为上下两个波形图编辑区，上部为左声道波形图编辑区，下部为右声道波形图编辑区。在编辑区内可以看到一条左侧带有方形控制手柄的直线，可通过方形控制手柄的调整来调节声音的大小，另外方形控制手柄可添加、删除，具体如图8-20所示。

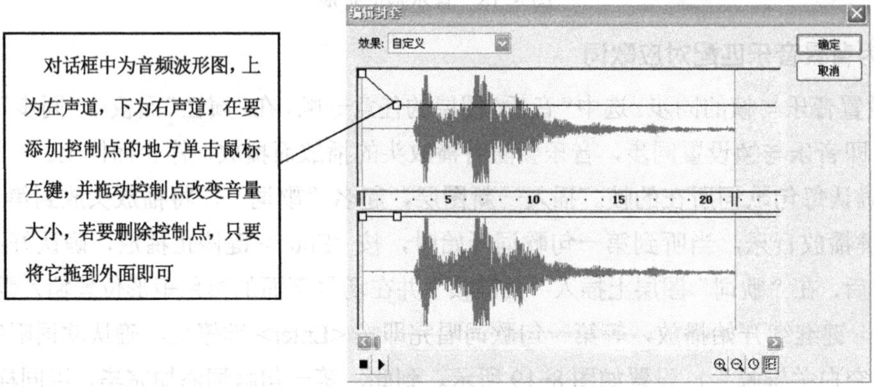

图8-20 “编辑封套”面板控制点说明

2）如果想截取部分音频，可以向右拖动起点标志和向左拖动终点标志来改变音频的起始位置和结束位置。单击对话框左下角的播放按钮测试编辑后的效果，如图8-21所示。

3）对话框右下角还有两个按钮，它们用来改变时间轴的单位。一个表示音频以秒为单位显示其刻度，另一个表示以帧为单位显示其刻度。实际上使用这两种方式显示，音频的波形并没有改变，只是中间的刻度单位不同而已，如图8-21所示。

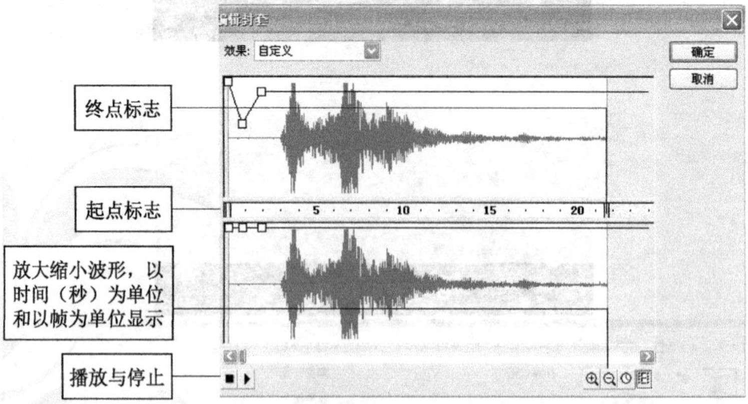

图8-21 “编辑封套”面板各功能说明

2. 设置输出音频

包含声音的Flash文件的体积一般都会比较大，在默认情况下，在将动画发布成swf

文件时，Flash 会自动对输出的音频进行压缩，以减小 swf 文件的体积。同时，也可以根据需要来自定义设置输出音频、压缩声音文件，在声音质量和文件尺寸之间取得平衡。具体设置方法如下：

1）打开属性设置面板。在 Flash“库”中选中要设置的音频文件，并单击鼠标右键，在弹出的快捷菜单中选择“属性”命令，打开“声音属性”面板，如图 8-22 所示。

2）压缩设置。设置或压缩输出音频时，主要选择何种方式压缩，如图 8-22 所示。

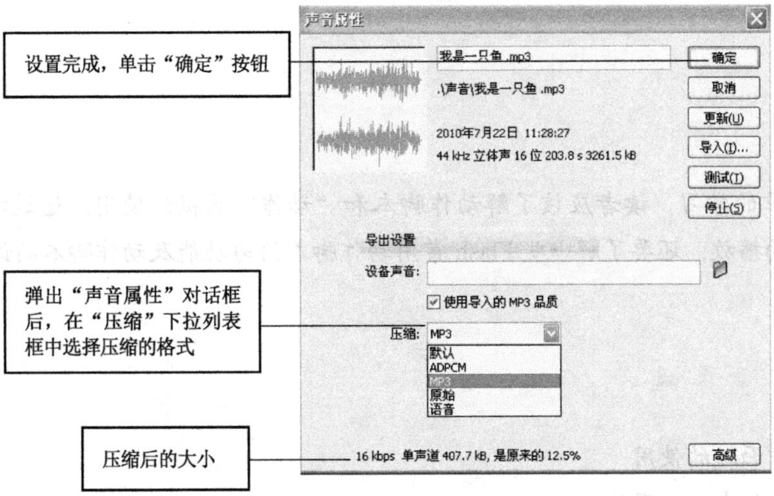

图 8-22 “声音属性”面板各功能说明

- 默认：表示使用默认的压缩设置。
- ADPCM：一般这种压缩格式适用于较短的声音文件。
- MP3：一般这种压缩格式适用于较长的声音文件。
- 原始：表示不对声音进行压缩。
- 语音：这种压缩格式可以使用一种特别适用于语音压缩的方式导出声音。

无论使用何种压缩方式，对话框下方都会显示压缩后的文件大小。

提示：制作完成播放后，会发现“场景 1”按钮并没有起作用，默认直接转到“场景 2”播放，此动画为 MTV 影片制作的一部分，完整 MTV 影片制作动画会配合本章及下一章的所有知识点，故制作完成后要保存，为下面继续制作做准备。

第 9 章

交互式动画——影片控制

学习目标

通过本章的学习，读者应该了解动作脚本和“动作”面板的使用。通过控制帧及按钮来控制影片的播放；还要了解一些 Flash 常用动作脚本语句功能及动作脚本的语法。

学习重点难点

- 动作面板的使用
- 动作脚本的应用对象
- 动作脚本的功能和语法
- 影片控制的方法
- MTV 影片制作流程

了解交互式动画

Flash 可以制作出一些具有交互性的影片，交互是指随用户的一些操作发生相应的结果。具有交互性的影片可以使观众参与其中。通过鼠标、键盘等工具，可以执行跳转到影片的不同部分、移动影片中的对象、在表单中输入信息以及创建影片其他类交互性的操作。交互性影片使用户完全参与其中，也是 Flash 特点之一，是当今动画发展的趋势。

创建交互性影片的关键是设置在指定的事件发生时要执行某个特定的动作。所谓“动作”，指的是一套命令语言，当某事件发生或某条件成立时，就会发出命令来执行设置的动作。动作的设置是在 Flash 中的脚本编辑面板中进行的。

动作是由一些程序来完成的。利用 Flash 的动作脚本，可以制作 Flash 课件、Flash 游戏等交互功能很强的动画。但是，要设置出效果特别的动作，必须要有一定的编程经验。Flash 的动作脚本是一种面向对象的编程语言，即 ActionScript 语言。在 Flash 中，动作脚本最频繁的应用是用来控制影片的播放，控制影片的播放无非就是控制影片的停止与播放、控制影片跳转到指定的场景指定的帧、按钮交互等几类。这部分控制主要是在按钮、关键帧、影片剪辑中添加脚本来实现其目的。本章我们就主要学习介绍脚本中最常用的使用功能——影片控制。

任务 1　用按钮控制影片播放

任务效果

“用按钮控制影片播放”动画播放的画面如图 9-1 所示，上面小球正常是从左向右移动，下面有两个按钮“播放”、“暂停”，会直接控制小球的移动。按钮直接控制影片的播放，效果明显。

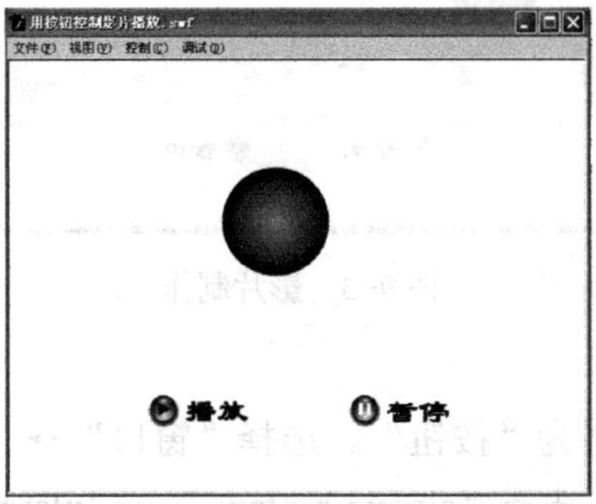

图 9-1　“用按钮控制影片播放”动画播放的画面

任务实施

1．制作小球移动影片动画

1）创建一个新的 Flash 文件，注意选择“Flash 文件（ActionScript 2.0）”类型，如图 9-2 所示。保持舞台默认大小宽 550px、高 400px。

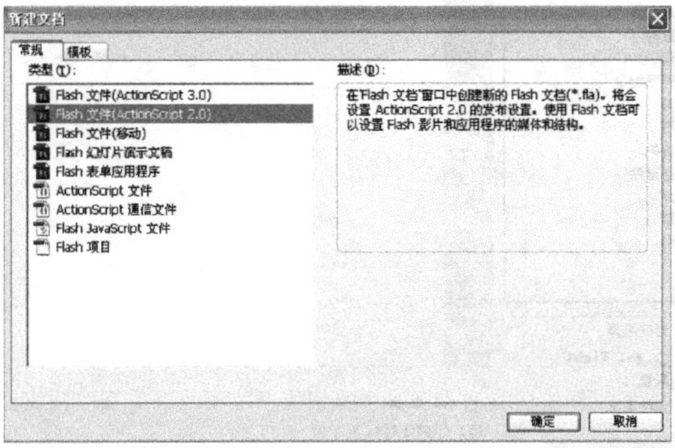

图 9-2　新建 Flash 文档并选中“ActionScript 2.0”类型

提示：ActionScript 3.0 是目前最高版本，但专业编程性较强。考虑到 ActionScript 2.0 的流行性和简单易学性，后面我们所有学习中，都是针对 ActionScript 2.0 来讲解的，在创建新 Flash 文档时要注意选择。

2）创建制作“小球移动”影片。将“图层 1”起名为“移动”，选择“椭圆工具”，选择合适的颜色，在场景左面绘制一个圆，因为要制作移动效果动画，故需对小球“组合”操作，创建从第 1 ～ 60 帧的自左向右移动的动画，如图 9-3 所示。

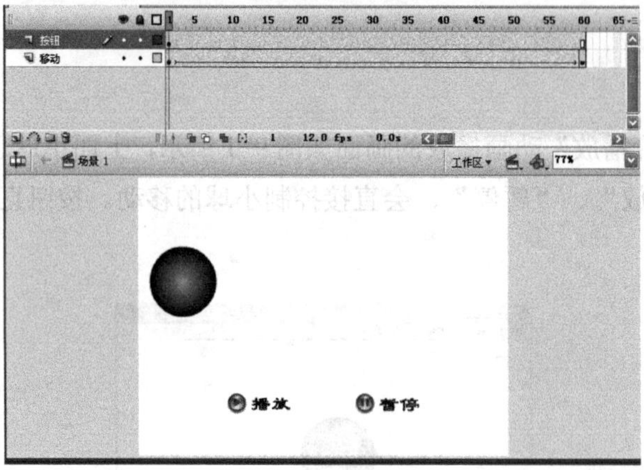

图 9-3　影片制作

2．添加按钮

插入一个新图层，并起名为“按钮”。选择“窗口”→“公用库”→“按钮”菜单命令，打开“按钮库”对话框。选择“classic bottons”→“playback”里面的“播放”、“暂停”两个按钮并移动至“按钮”图层，调整两个按钮在场景中的位置并在每个按钮后面用“文本工具”输入“播放”和“暂停”文字，如图 9-3 所示。

3．添加“影片控制”脚本

1）在“播放按钮”上单击鼠标右键，在弹出的快捷菜单中选择“动作”，打开“动作”编辑面板，如图 9-4 所示。

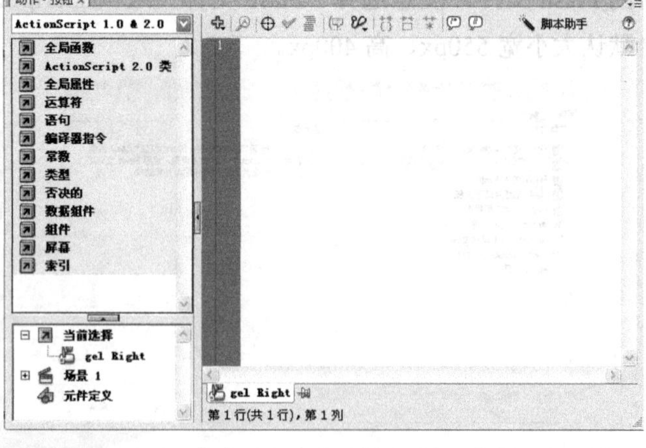

图 9-4　“动作”编辑面板

2）添加“播放按钮”动作脚本。打开“动作”编辑面板里的“脚本助手”。面板左边的几个选项类似 Windows 中的“资源管理器”，单击打开“全局函数”→“影片剪辑控制”，可以看到一系列的代码，双击里面的“on”（功能为：当发生特定鼠标事件时执行动作）代码，即添加此代码，如图 9-5 所示。观察“on”默认状态选项为“释放”即“当发生鼠标按下释放的事件”。

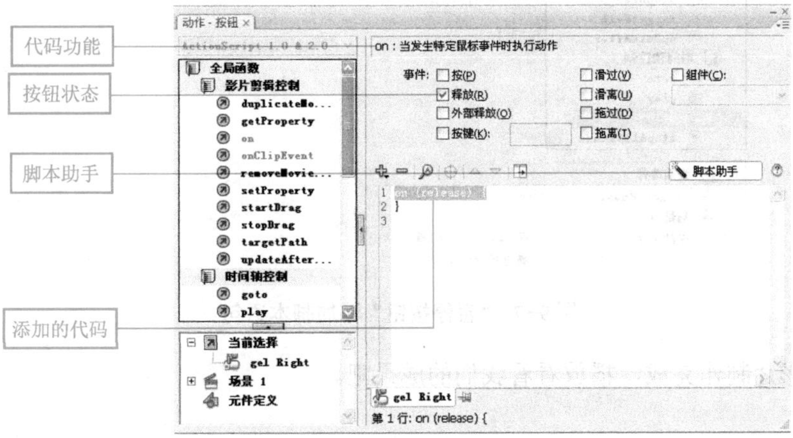

图 9-5　添加“on”脚本语句

接下来继续单击打开“全局函数”→“时间轴控制”，双击里面的“play”（功能为：开始播放），添加至“on”语句中。此按钮动作添加完成，如图 9-6 所示。总体语句功能为：当鼠标释放的事件发生时，影片开始播放。

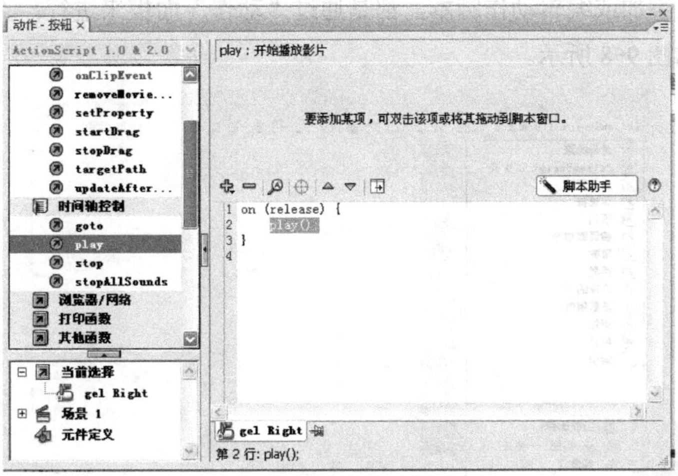

图 9-6　“播放按钮”添加脚本语句

3）添加“暂停按钮”动作脚本。在“停止按钮”上单击鼠标右键，在弹出的快捷菜单中选择“动作”，打开“动作编辑”面板，按照上面的方法，还是先添加“on”之后，单击打开“全局函数”→“时间轴控制”，双击里面的“stop”（功能为：停止播放），代替上面的“play”添加至“暂停按钮”中。此按钮动作添加完成，如图 9-7 所示。总体语句功能为：当鼠标释放的事件发生时，影片停止播放。

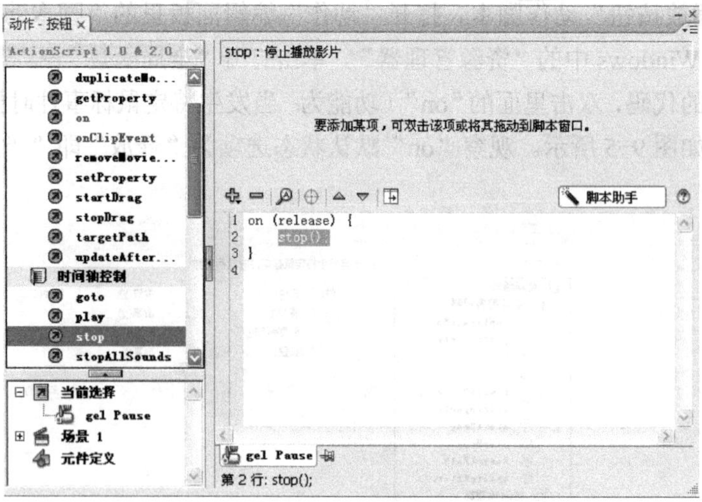

图 9-7 “暂停按钮”添加脚本语句

到此，影片制作完成，播放看看我们的成果吧。

知识拓展 添加脚本控制影片播放

1. Flash“动作”面板的基本使用

（1）面板各部分组成及功能

在 Flash 中，添加或编辑动作脚本，都是通过“动作”面板来进行。“动作”面板包括 3 个组成部分，如图 9-8 所示。

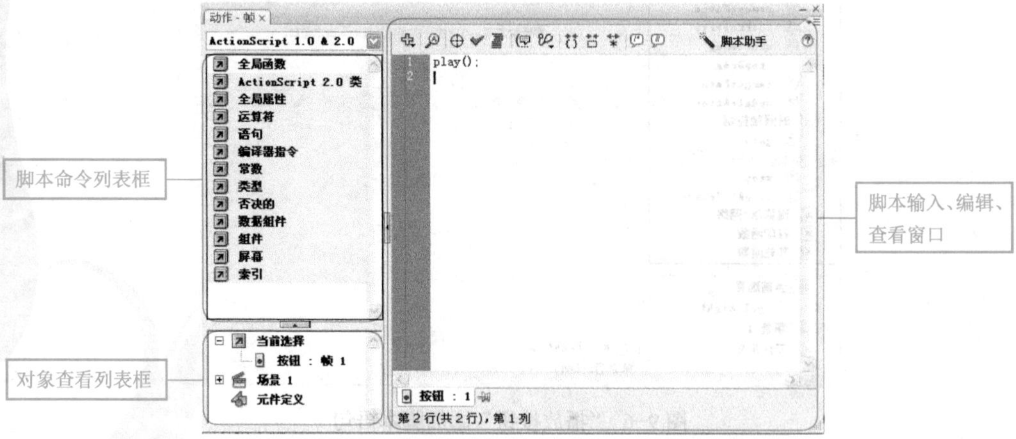

图 9-8 “动作”面板的组成

1）脚本命令列表框：分类列出了 Flash 中能用到的所有脚本命令，每一大类和分类都可以展开，找到脚本代码后，双击即可以添加。

2）对象查看列表框：可以查看到动画中已添加的脚本对象的具体信息。

3）脚本输入、编辑、查看窗口：可以直接从这里为选择的对象输入、编辑、查看文本。

提示：若在“脚本助手”模式下为对象添加动作脚本，那么 Flash 会根据对象的不同，自动安排脚本格式，用户只需要根据提示设置参数即可，如图 9-9 所示。不用刻意地去掌握编程的模式，这种模式非常适合初学脚本的朋友。

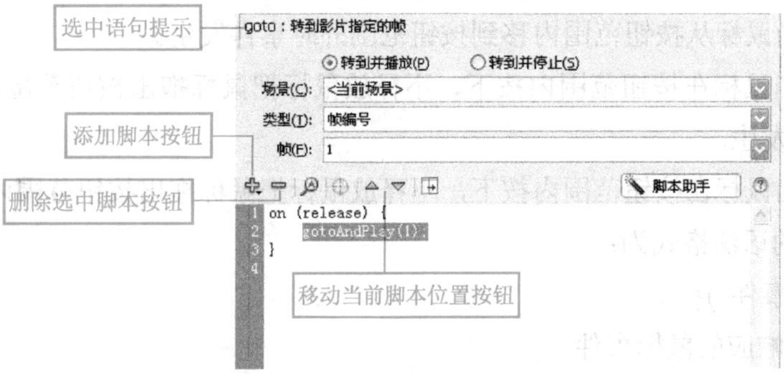

图 9-9 “脚本助手”模式按钮功能

（2）面板使用

添加脚本：

1）展开“动作”面板的脚本命令列表框，双击需要的动作语句进行添加。

2）单击脚本输入区上方的 按钮，从菜单中选择要添加的语句。

3）直接在脚本输入区中输入要添加的动作语句。

删除脚本：

1）选中要删除的脚本，单击脚本输入区上方的 按钮。

2）直接在脚本输入区中选中要删除的脚本，按 <Delete> 键删除。

编辑修改脚本：

1）直接在脚本输入区中修改脚本。

2）选中要修改调整的脚本，单击脚本输入区上方的 按钮，调整脚本顺序。

2．在按钮中添加脚本

通过上面案例可以看出，在 Flash 中可以在按钮上添加动作脚本，来实现按钮的功能。也就是说只有给按钮添加了脚本动作，赋予其功能，它才会执行指定的操作，否则按钮只能起一点装饰的作用。

在按钮实例上添加动作脚本命令语句时，首先选中要添加脚本的按钮，然后打开动作面板添加脚本，添加执行动作首句一定是 on 事件处理函数语句。“on”语句功能就是“当发生特定鼠标事件时执行动作”，如图 9-10 上面的语句提示，也就是所谓的“遇到按钮就添加 on”。添加“on”语句之后，脚本助手就会列出按钮的所有状态，如图 9-10 所示。

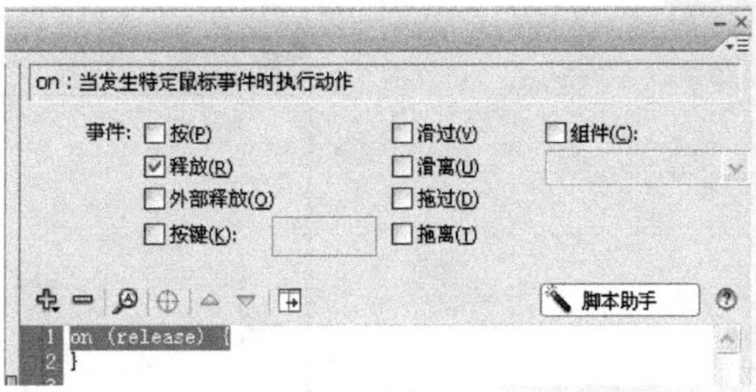

图 9-10 “on”函数的几个事件

1）按：当鼠标在按钮范围内按下时事件发生。

2）释放：当鼠标在按钮范围内释放时事件发生，该选项为鼠标单击事件的默认选项。

3）外部释放：当鼠标在按钮上按下后移动到按钮外部释放时事件发生。

4）按键：唯一的键盘事件，是指键盘的指定键被按下时事件发生。

5）滑过：当鼠标进入按钮范围内时事件即可发生。

6）滑离：当鼠标从按钮范围内移到按钮范围外时事件发生。

7）拖过：当鼠标在按钮范围内按下，不释放鼠标把鼠标拖出按钮范围，然后再拖回按钮范围内时事件发生。

8）拖离：当鼠标在按钮范围内按下，不释放鼠标把鼠标拖出按钮范围内时事件发生。

“on”函数的语法格式为：

```
on( 鼠标事件 ){
  此处是响应的鼠标事件
}
```

例如在前面案例中，“当鼠标按下时，播放影片”，脚本语句为：

```
on(release) {
 play;
}
```

提示：同一个按钮是可以被附加许多不同的事件处理程序段，可以同时设置几个事件状态。图 9-10 中各状态前都有“复选框”，说明可以同时设置几个状态。

任务 2　升旗、降旗效果制作

任务效果

“升旗、降旗”效果动画播放的画面如图 9-11 所示，下面两个按钮“升旗”、“降旗”是可以直接控制红旗在旗杆上的播放，交互效果明显。

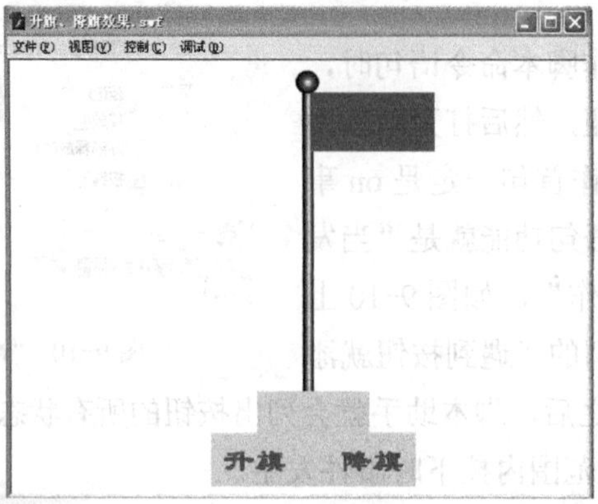

图 9-11 “升旗、降旗”效果动画播放的画面

任务实施

1．制作旗杆

1）创建一个新 Flash 文件，注意选择“Flash 文件（ActionScript 2.0）”类型，如图 9-12 所示。保持舞台默认大小宽 550px、高 400px。

2）将“图层 1”改名为“旗架”。选择“矩形工具”，边框设置为“无色”，填充设置为“绿色”绘制两个矩形，移动拼制成旗杆底座。再选择“矩形工具”，边框设置为“无色”，填充设置为“黑 - 白 - 黑”线形渐变色，绘制旗杆。最后选择“椭圆工具”，边框设置为“无色”，填充设置为“白 - 黑”径向渐变色，绘制旗杆上的小球，最终效果如图 9-12 所示。

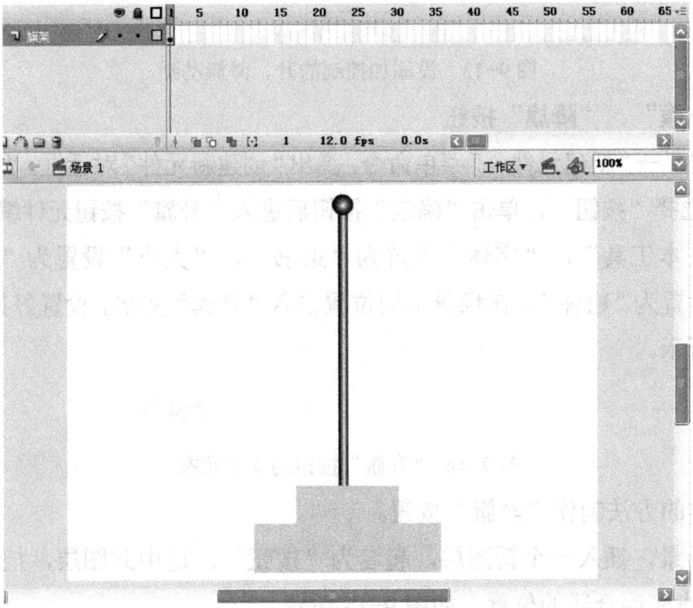

图 9-12 “旗架”的绘制

2．制作升降旗动画

1）插入新图层，起名为“旗”。在此图层中，选择“矩形工具”，边框设置为“无色”，填充设置为“红色”，在场景中的“旗杆”下部绘制一矩形，因为要设置上下移动，故绘制完成要对绘制的矩形进行“组合”操作。

2）在“旗”图层中的第 20 帧和第 40 帧分别插入“关键帧”，并选中此图层第 20 帧，向上移动此帧“旗”的位置到“旗杆”顶部。分别创建 1 ～ 20 帧和 20 ～ 40 帧的“动作”补间动画。并在“旗架”图层第 40 帧处插入“帧”，为避免在以后的操作中对此图层内容调整，故需将此图层加以锁定，效果如图 9-13 所示。播放观察目前动画是没有控制的升、降旗效果，下面开始添加控制。

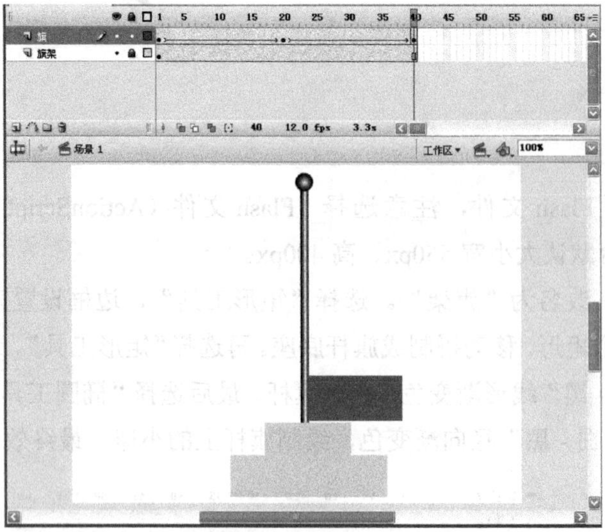

图 9-13　没添加控制的升、降旗动画

3．制作“升旗”、“降旗”按钮

1）选择“插入”→“新建元件…”菜单命令，弹出“创建新元件”对话框。“名称”起名为“升旗”，“行为”选择“按钮”，单击“确定”按钮后进入“升旗”按钮元件编辑场景。

2）选择“文本工具”，“字体”设置为“隶书”，“大小”设置为“30”，颜色设置为“红色”，并设置为“粗体”，在场景中间位置输入“升旗”文字。设置好按钮的 4 个状态，效果如图 9-14 所示。

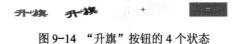

图 9-14　“升旗”按钮的 4 个状态

3）使用同样的方法制作“降旗”按钮。

4）返回主场景，插入一个新图层，起名为“按钮”。选中此图层，把上一步制作的两个按钮都放置到旗底座合适的位置，如图 9-15 所示。

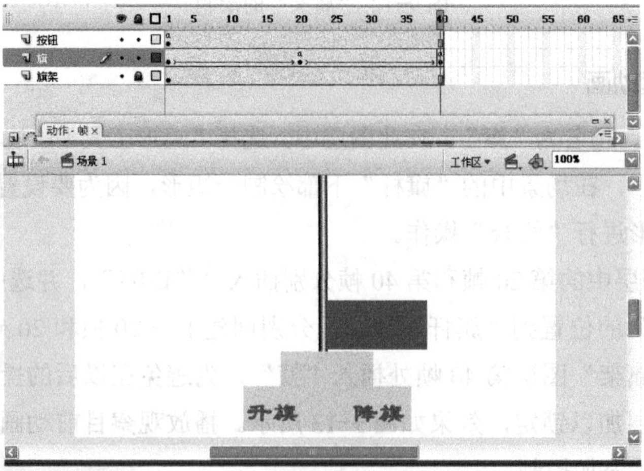

图 9-15　在“关键帧”上添加脚本

4. 为影片“关键帧”添加控制脚本

影片播放开始应该等待用户的操作，故应控制影片播放开始的状态为“等待”。无论用户是否单击“升旗”或“降旗”按钮，应该有“升旗”或“降旗”动作，“升旗”或“降旗”动作完毕后影片状态还是为“等待”。

1）选中“按钮”图层第 1 帧，并单击鼠标右键，在弹出的快捷菜单中选择“动作”，打开“动作”面板。单击打开“全局函数”→“时间轴控制”选项，添加里面的“stop”（功能为：停止播放）语句。即停止影片开始的播放，等待用户的操作。

2）使用同样的方式对“旗”图层的第 20 帧、40 帧添加“stop”停止播放语句。添加语句的关键帧上就有了一个“a”的标志。如图 9-15 所示，在第 1 帧、20 帧、40 帧上的“a”标识。

5. 为“升旗”、“降旗”添加控制脚本

用户单击“升旗”或“降旗”按钮，应该有“升旗”或“降旗”动作。升旗动作应该从“旗”图层的第 1 帧开始，降旗动作应该从“旗”图层的第 20 帧开始。但是时间轴上的第 1、20 帧都被“stop”停止播放了，故升旗动作应该从“旗”图层的第 2 帧开始，降旗动作应该从“旗”图层的第 21 帧开始。

1）选择“升旗”按钮并单击鼠标右键，在弹出的快捷菜单中选中“动作”，打开“动作”面板。单击打开“全局函数”→“影片剪辑控制”，添加里面的“on”（遇到按钮就添“on”）语句。在“on”事件中再单击打开“全局函数”→“时间轴控制”，添加里面的“goto”（功能为：跳转到影片指定的帧）语句。添加完成后“脚本助手”会列出“goto”语句的所有属性，如图 9-16 所示。在“帧”选项中添入“2”，即单击“升旗”按钮后，影片跳转到第 2 帧。

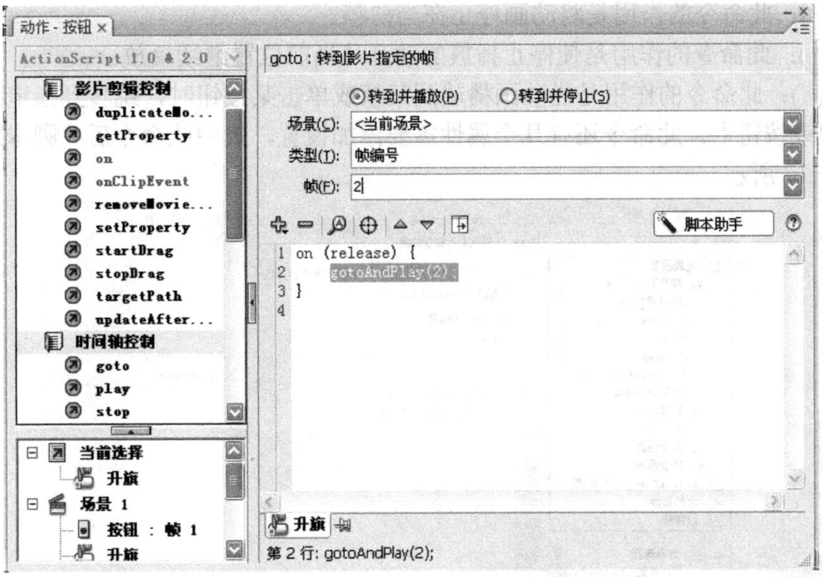

图 9-16 为“升旗”按钮添加语句

2）使用同样的方式，为“降旗”按钮添加“按下事件发生时，跳转到 21 帧”的脚本。动画完成。

知识拓展　添加脚本控制影片播放

1. 在关键帧中添加脚本

在“关键帧”上添加动作脚本命令语句时，首先选中要添加脚本的关键帧，然后打开动作面板添加脚本，也可以直接选中要添加脚本的关键帧并单击鼠标右键，在弹出的快捷菜单中选择“动作”，打开“动作”面板来添加脚本。添加语句的关键帧上就有了一个“a”的标志。

提示：添加脚本的“关键帧”上会出现一个“a”的标志，来区分其他“关键帧”。若影片有多个图层，要在某一帧上添加脚本，可选择任一图层这个帧上的关键帧，在此关键帧位置添加脚本。

2. 影片控制常用脚本功能和语法

控制影片的播放无非就是控制影片的停止与播放、控制影片跳转到指定的场景指定的帧、按钮交互等几类。

（1）常用脚本

1）选择“全局函数”→“影片剪辑控制”选项。

on( )：此命令的作用是当发生特定鼠标事件时执行动作。主要响应鼠标事件，主要作为按钮的起始函数。

2）选择“全局函数”→“时间轴控制”选项。

stop( )：此命令的作用是将动画停止在当前帧。

play( )：此命令的作用是使停止播放的动画从当前位置继续播放。

goto( )：此命令的作用是当动画播放到某帧或单击某按钮时，跳转到指定的帧。通常加在关键帧或按钮上。此命令还有几个属性需要添加设置，选中此命令后“脚本助手”属性提示如图 9-17 所示。

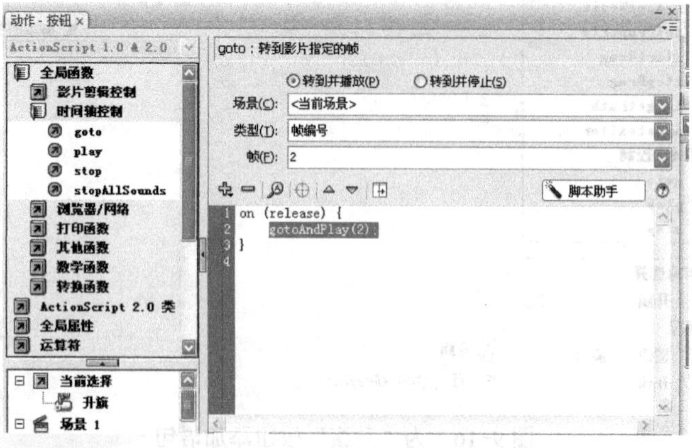

图 9-17 “goto”属性设置窗口

- 转到并播放 / 转到并停止：设置跳转到指定场景、指定帧时继续播放或停止播放。
- 场景：设置跳转到的具体场景，一般在多场景中设置跳转。
- 类型：选择具体类型标签。
- 帧：设置跳转到的具体帧数。

（2）脚本编辑语法

以上 4 个语句为 Flash 影片控制常用的 4 条语句，其语法注意一点即可，注意执行语句要在特定事件内发生。

如下段的两个脚本代码：

```
on (release) {
 gotoAndPlay(“场景 1", 2);
}
```

```
on( release){
}
gotoAndStop(“场景 1", 2);
```

第 1 段主要说明是在“按钮释放的事件发生时，影片跳转到场景 1 的第 2 帧并播放”。执行功能是由按钮事件来决定的。

第 2 段主要说明的是在“按钮释放的事件内发生时，没有任何反映语句。接下来执行跳转到场景 1 的第 2 帧并停止”。执行功能和按钮无关。

由此可见，大括号在语法中的作用。有些语句要嵌入到固定事件中，在编写时尤其注意，否则可能会出现一些错误的结果。

任务 3　MTV 高级制作——为 MTV 添加控制

任务效果

“MTV——我是一只鱼”影片播放的三个画面效果如图 9-18 所示。影片开始停止在第 1 幅画面的首页，用户单击“播放”按钮会立刻播放 MTV 影片，播放完毕后停止在第 3 幅画面的结束页，用户单击“重新播放”按钮会跳转到首页重新欣赏影片。整个影片大气流畅，效果生动。

图 9-18 “MTV——我是一只鱼”影片播放的画面

提示：第 8 章案例“为 MTV 影片中按钮配置声音”、“为 MTV 影片动画配置音乐和对应歌词”为此动画影片的一部分，本内容需要第 10 章所制作内容。

任务实施

1．添加影片控制脚本

前面影片制作完成播放后，会发现“场景 1”按钮并没有起作用，直接转到“场景 2”播放，通过本章的学习，我们知道影片并没有脚本控制，下面就为影片添加脚本控制。

1）使影片暂停在第一场景。首先画面应暂停在“场景 1”，等待用户“播放”，应在“场景 1”任意一图层第 1 帧（“关键帧”）添加“stop”脚本，具体脚本添加如图 9-19 所示。

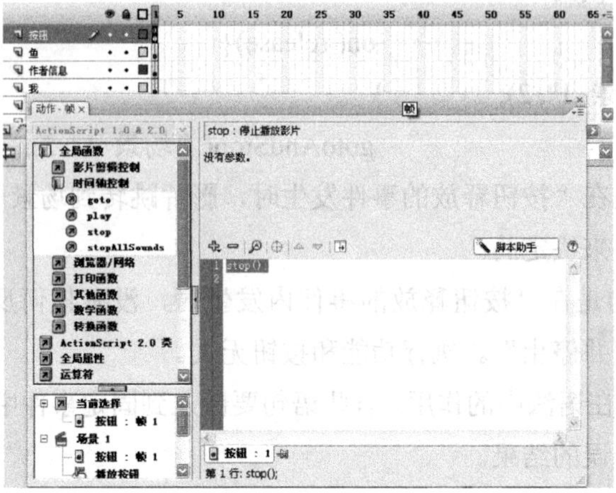

图 9-19　在“场景 1”第 1 帧添加“stop”脚本

2）实现“播放”按钮的功能。影片暂停“场景 1”后，单击“播放”按钮要能播放影片，即跳转到“场景 2”播放。选择“播放”按钮，打开“动作”面板，添加“on”和“goto”脚本，注意“on”和“goto”属性的设置。具体脚本添加如图 9-20 所示。

图 9-20　为“播放”按钮添加脚本

播放后观察，影片控制功能已经实现。单击“播放”按钮可播放“场景 2”音乐动画内容，但播放完毕直接返回“场景 1”首页，与我们曾看到过的 MTV 还缺一个“结尾页”，下面就来制作 MTV 结尾页。

2．为 MTV 影片制作“结尾页”

选择“插入”→“场景”菜单命令，界面进入新插入的“场景 3”。

（1）制作影片背景图案

将“图层 1”改名为“背景”。将“库”中的“鱼”、“水草”图形元件拖入场景，并插入图层，在场景中用文本工具输入“结束标志”（本例输入“END”），以提示观众播放完毕。并调整各元件位置，具体如图 9-21 所示。

（2）制作添加“重新播放”按钮

选择“插入”→“新建元件…”菜单命令，创建一按钮元件，起名为“重新播放”，并选择“文本工具”在元件中输入“重新播放”文字，按照自己的要求设置按钮的 4 个状态。插入一新图层，起名为“声音”。在“按下”状态下插入“关键帧”。选中此关键帧，在“属性”面板中选择需要添加的“按钮声”。并在“效果”下拉列表中选择“淡出”效果，在“同步”下拉列表中选择“事件”。按钮制作完成，具体如图 9-22 所示。

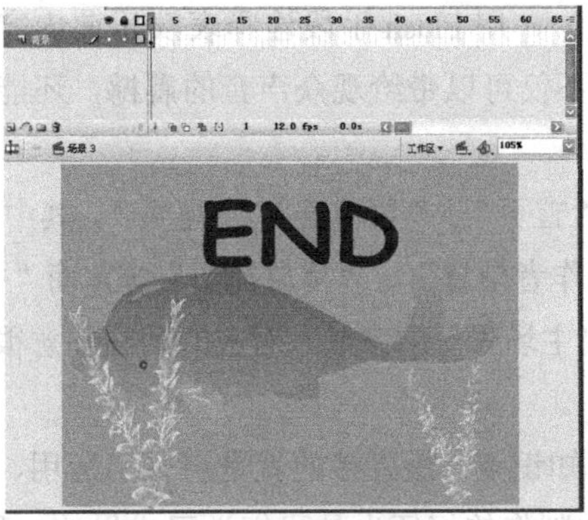

图 9-21　尾页背景画面

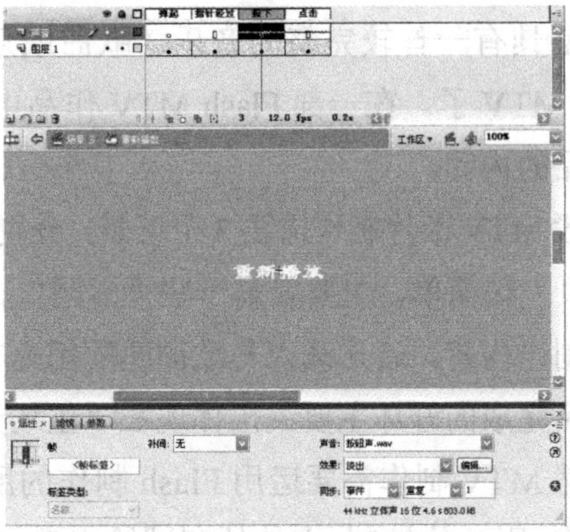

图 9-22　“重新播放”按钮制作

（3）完善脚本功能

返回“场景 3”，插入一新图层起名为“按钮”，打开“库”拖入刚才制作的“重新播放”按钮。

影片播放到此场景应暂停在此页面，等待用户“重新播放”，故在本场景图层第 1 帧（“关键帧”）添加“stop”脚本。

实现“重新播放”按钮的功能。影片暂停“场景 3”后，单击“重新播放”按钮影片要能跳转到“场景 1”。选择“重新播放”按钮，打开“动作”面板，添加“on”和“goto”脚本，注意“on”和“goto”属性的设置。具体脚本添加如图 9-23 所示。

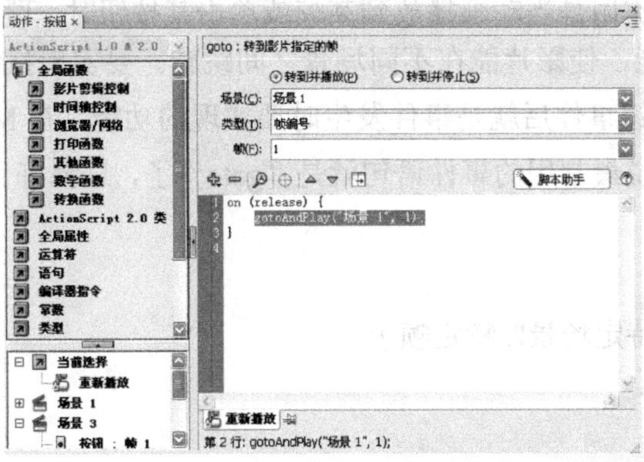

图 9-23　“重新播放”按钮功能实现

3．完善 MTV 影片

到此“MTV——我是一只鱼”影片功能全部完成，但主播放场景“场景 2”详细动画并未配置完成，余下的工作就发挥我们的想象力，由我们自己创作吧。

提示：对于“场景 2”的动画补充，为避免破坏已完成内容，建议先把所有目前图层全部锁定，然后再继续添加图层来完善影片的动画。

知识拓展　MTV 影片制作

1．MTV 影片制作简介

凡是具有一首较完整的音乐（歌曲或乐曲），用 Flash 手段诠释表演乐曲内容，就是 Flash 的 MTV 了。在一部 Flash MTV 作品中，不仅可以带给观众声音的震撼，还能进一步表现作品的内涵。

一般 MTV 影片制作需要 3 个场景，分别为“首页”、“主场景”、“尾页”，其中“首页”和“尾页”很简单，主要就是一些“标题”、“作者信息”、“播放提示”等，而“主场景”为主要制作内容。音乐载入与歌词匹配都是在“主场景”中完成，对应的动画创意很重要，总之作品完成的好坏主要突出体现在“主场景”。

当然 MTV 制作需要运用 Flash 制作的所有知识点。最直接的就是声音的运用、绘画、动画制作、影片的控制、文件的测试输出等。具体制作的好坏也是我们学习成果的一种体现。

2．制作 MTV 影片脚本运用

实际上，MTV 影片制作对脚本运用要求并不高，关键在于对按钮和场景的控制。主要实现以下两个功能。

1）使影片能够停止在固定的场景或固定的帧。一般需要在“关键帧”上添加以下几个命令。

stop( )：此命令的作用是将动画停止在当前帧。

play( )：此命令的作用是使停止播放的动画从当前位置继续播放。

goto( )：此命令的作用是当动画播放到某帧或单击某按钮时，跳转到指定的帧。

2）实现按钮的功能，使影片能在不同场景之间跳转。要实现按钮的功能，首先语句一定是“on”，选择好按钮事件后就是事件发生时要实现的功能。在 MTV 影片中，按钮主要实现场景跳转，也就是说最常用的事件语句就是“goto”了，选择好目标场景、目标帧即可。

常用语句为：

```
on ( 按钮事件 ) {
    gotoAndPlay( "特定场景", 特定帧 );
}
```

第10章

作品的测试与发布

学习目标

主要通过对制作完成的“MTV——我是一只鱼”测试发布来学习本章内容，读者应该掌握了解怎样测试、优化、导出和发布 Flash 文件（.fla 文件），生成可以脱离 Flash 环境运行的动画播放文件（.swf 文件）。

学习重点难点

- 对动画的测试
- 对动画的优化
- 对动画的导出
- 对动画的发布

任务 “简单 MTV”的测试与发布

任务效果

把“MTV——我是一只鱼 .fla”测试发布，生成“MTV——我是一只鱼 .swf”文件。

任务实施

1. 测试“MTV——我是一只鱼”动画

1）打开“MTV——我是一只鱼 .fla”文件。

2）选择“控制”→“测试影片”菜单命令，Flash CS3 将产生一个“MTV——我是一只鱼 .swf”文件。

2. 发布“MTV——我是一只鱼”动画

1）选择“文件”→“发布设置”菜单命令，弹出“发布设置”对话框，如图 10-1 所示。

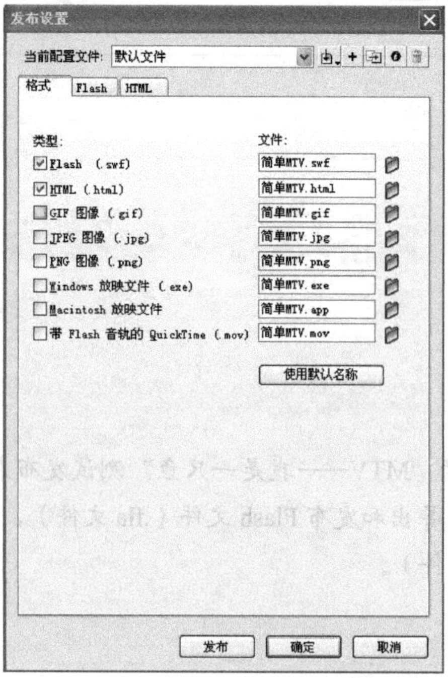

图 10-1 “发布设置”对话框

2）在“格式”选项卡的“类型”选项中选择“Flash（swf）”选项。

3）单击“发布”按钮。

知识拓展 对完成作品的测试与发布

1．对动画的测试

通常情况下，在制作好 Flash 动画后，可以直接使用播放器预览动画效果，一般我们可以选择“控制”→“播放”菜单命令。

但是，如果动画中含有动作脚本时，则只能选择“控制”→“测试影片”菜单命令对动画进行测试，并可使用系统提供的多种辅助测试手段。例如，使用调试器窗口可显示加载到 Flash 播放器中影片剪辑的层次列表、显示和修改变量和属性值，利用断点单步执行动作脚本等。通过在动作脚本中加入 trace 语句，还可以将程序输出到输出窗口中。

这时，系统将生产 swf 文件，然后再播放该文件，如图 10-2 所示。

在 Flash 中，可以测试单个场景，也可以测试整个影片。在上传给网络服务器之前测试影片的下载性能，执行步骤如下：

1）打开要测试的动画，选择“控制”→“测试场景”或“控制”→“测试影片”菜单命令，Flash 会将当前场景或影片导出为 swf 文件，在新窗口中打开并播放。

2）选择“视图”→“下载设置”菜单命令，在显示的子菜单中可以选择一个下载速度来确定 Flash 模拟的数据流速率。如果选择“自定义”选项，则可以输入你个人的设置，如图 10-3 所示。

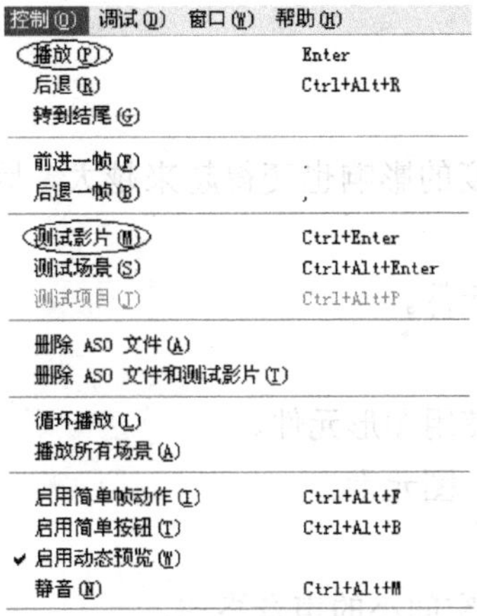

图 10-2　控制菜单

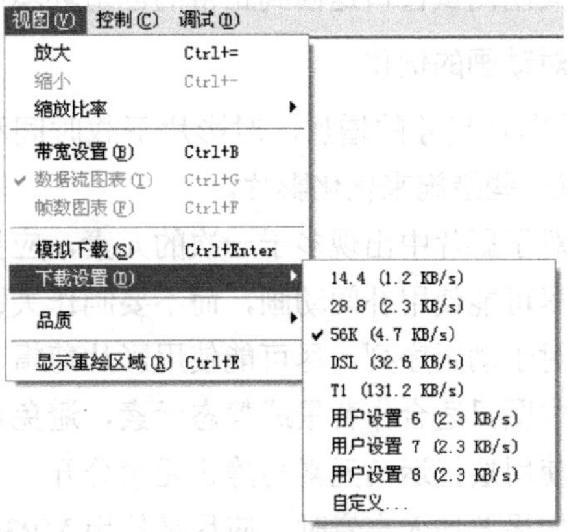

图 10-3　下载设置

3）选择“视图”→“带宽设置”菜单命令，将显示下载性能的图表，如图 10-4 所示。“带宽设置”窗口的左侧显示文档的信息、设置、状态。“带宽设置”窗口的右侧显示图表。在该图表中，每个条形代表文档的一个单独帧。条形的大小对应于帧的字节大小。

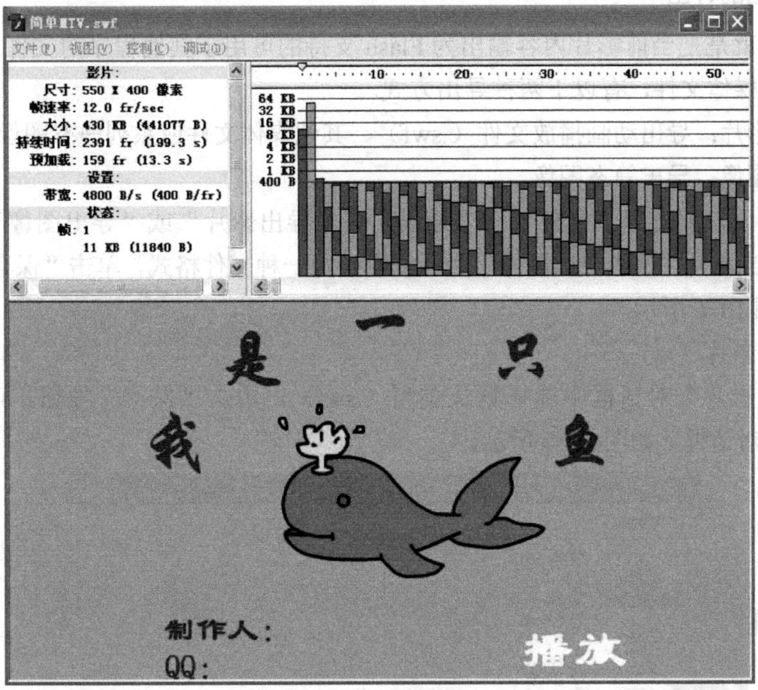

图 10-4　带宽设置

4）如果需要，还可以执行下列操作来调节图表的视图。

①选择“视图”→“模拟下载”菜单命令，可以打开或关闭数据流。

②选择“视图”→“数据流图表”菜单命令，可以显示哪些帧会引起暂停。这是系统默认视图。

③选择“视图”→“帧数图表”菜单命令，可以显示每个帧的大小。此视图有助于查看哪些帧导致数据流延迟。

5）关闭测试窗口返回到正常的创造环境中。

2．对动画的优化

随着影片尺寸的增加，对影片下载时间和播放速度的影响也变得越来越大，因此，我们要采取一些措施来优化影片。

1）对于影片中出现多于一次的元素，应把它变为元件。

2）尽可能使用补间动画，而不要制作关键帧动画。

3）对于动画序列，尽可能使用影片剪辑，而不要使用图形元件。

4）位图只适合作背景或静态元素，避免使用动画位图元素。

5）使用层把运动元素与静止元素分开。

6）如果要加入声音时，应尽量使用 MP3 这种占用空间小的声音格式。

7）尽量不用或少用渐变色和 Alpha 透明度。

8）尽量使对象成组。

9）尽量使用代码段创建函数。

3．对动画的导出

导出动画就是把当前影片内容输出为 Flash 支持的可用于其他程序的文件。每次只能导出一种类型的媒体文件，有以下两种导出方式。

1）导出影片：导出动画播放文件（.swf）、其他媒体文件或系列静态图像。

2）导出图像：导出静态图像。

要导出动画，要选择“文件”→“导出”→“导出影片”或“导出图像”菜单命令，在弹出的“导出影片”或“导出图像”对话框中选择一种文件格式，单击“保存”按钮即可。如图 10-5、图 10-6 所示。

（1）导出影片

在“导出影片”对话框中选择默认类型（.swf），单击“保存”按钮，可弹出“导出 Flash player”对话框，如图 10-7 所示。

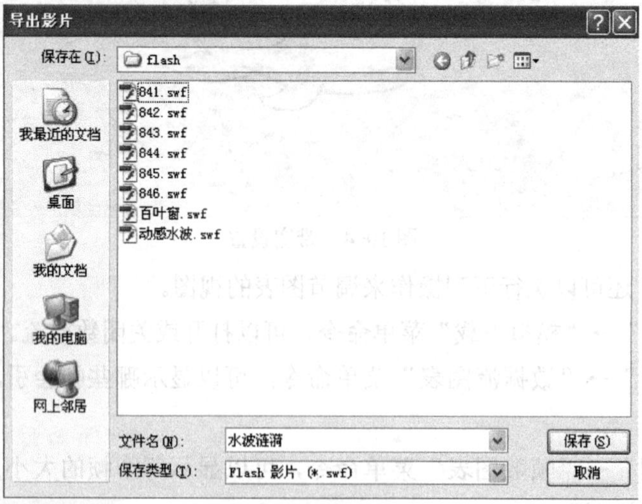

图 10-5　导出影片

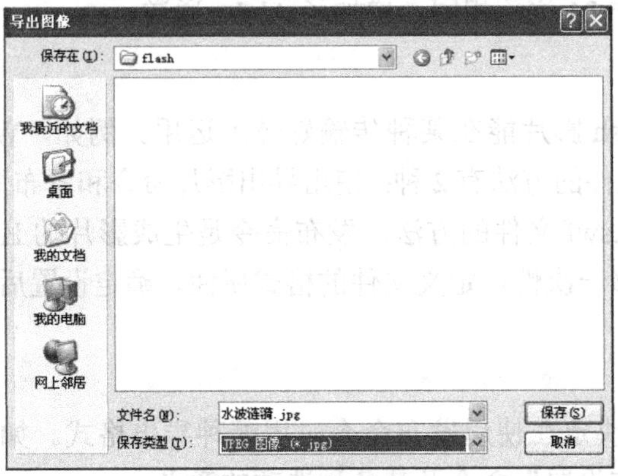

图 10-6　导出图像

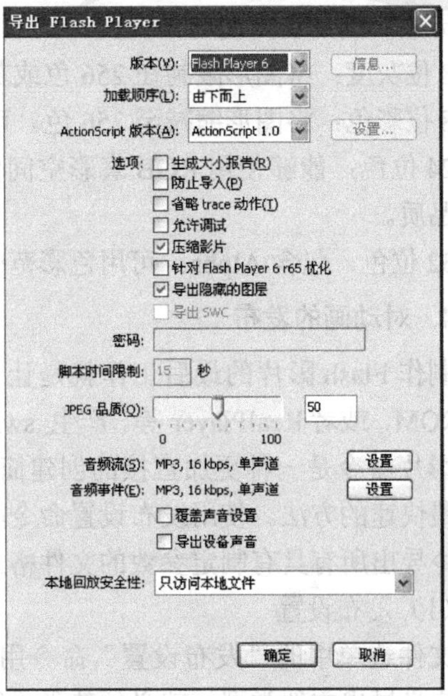

图 10-7　导出 Flash player

在图10-7中，版本类型可以选择播放器的版本（1～9）。在加载顺序中可以选择“由下而上”或“由上而下”。在ActionScript版本中可以选择“ActionScript 1.0”、“ActionScript 2.0”或“ActionScript 3.0”。在选项中如果选中“防止导入”或“允许调试”，则下面的密码输入域高亮显示，可设置密码来限制用户访问权限。其他5项根据需要进行选择。可以设置JPEG品质（0～100之间）。也可以对声音进行设置。所有设置完成后单击“确定”按钮就可以生成.swf文件。

（2）导出图像

在“导出”图像对话框中选择所需要的文件格式，单击“保存”按钮，可弹出“相应图像格式导出”对话框。在这些导出对话框中都有一些相同的初始选项。所有这些选项都是关于图形的尺寸大小、分辨率、内容和颜色深度的。还可以在最后的导出图形中裁去不必要的工作区空间。

1）尺寸：分别控制图形的宽度和高度，以px为单位。这些值的宽度、高度比始终是锁定的。无法独立于高度值来改变宽度值。

2）分辨率：以dpi（每英寸点数）为单位，控制图形的品质，根据图形携带信息多少来衡量。默认值是72dpi。若希望打印Flash作品或使用高分辨率的图形作品，则输入一个较高的值（如600）。可以按匹配屏幕将它设置为72dpi，这是大多数计算机显示器的分辨率。在改变这个值的同时，尺寸中宽高的值也随之改变。

3）内容：它的下拉选单确定了在导出图形中包含什么内容。最小影像区域被选中时，图形尺寸被缩小到当前舞台上的Flash作品的限制框内。形象地说，如果舞台中心有一个矩形，导出图形的尺寸将适合此矩形，舞台或背景的其余部分将被隐藏。选中完整文件大小时，可以导出和它在编辑区完全相同的图形。该帧的全部尺寸和内容都将被导出。

4）颜色深度：其下拉选单中的选项控制着位图的色彩范围。位深越高，使用的色彩区域越宽。对于不同的文件格式会有所不同。下面列出几个频繁出现的选项，该选项对于JPEG

格式无效，因为它只使用 24 位。

8 位灰度：将图形限制在 256 色或灰度值内。相当于典型的黑白照片。

8 位彩色：将图形缩减至 256 色。可在图形中见到较难看的仿色。

24 位色：能够使用 RGB 真彩空间内的所有 1670 万种颜色。使用该选项可获得最好的颜色品质。

32 位色，包含 Alpha：可用色彩范围与 24 位色相同。增加了 Alpha 通道。

4．对动画的发布

制作 Flash 影片的最后工作就是让 Flash 影片能在某种传输媒体上运用。例如，Web，CD-ROM，或者 RealPlayer 等。产生 .swf 文件的方法有 2 种：使用导出影片命令和发布命令。导出影片命令是一种更加直接的创建简单 .swf 文件的方法。发布命令是生成影片的 HTML 代码最快速的方法。使用发布设置命令能够一次性自定义文件的格式属性。确定设置后，发布命令导出所有具有制定参数的文件格式。

（1）发布设置

文件选单中的“发布设置”命令用于决定在使用发布命令时用哪种导出格式。如果需要自定义导出文件类型，就必须熟悉“发布设置”命令及其各种选项的意义。

1）确定发布格式。选择“文件”→“发布设置”菜单命令，在格式选项卡中选择 Flash 影片发布要用的格式，如图 10-8 所示。选中某些格式后，在对话框中就会显示所选格式的选项卡。单击各种格式的选项卡可以对具体的格式进行控制。

2）应用 Flash 设置。Flash 影片最主要的也是默认的导出格式是动画播放文件格式（.swf）。只有 SWF 影片可以保留对所有 Flash 动作和动画的支持。Flash 格式选项卡如图 10-9 所示。

① 版本：此项下拉选单决定按照哪种 .swf 版本格式发布影片。

② 加载顺序：此项决定了影片的第 1 帧下载到插件，或者播放器中时如何进行绘制。选择由下而上，按照递减的顺序加载图层，最低层首先显示，依次显示上面的图层，直到第 1 帧上所有图层显示完毕。如果选择由上而下，按照递增顺序加载图层，最高图层优先显示，依次显示下面的图层。

③ ActionScript 版本：可以选择“ActionScript 1.0”、“ActionScript 2.0”或“ActionScript 3.0”。

④ 生成大小报告：选择此项可以生成一个文本形式的报告，内容包括影片的元素、帧、字体等所占用的空间。

⑤ 防止导入：此项用于 .swf 文件在互联网上的传输过程进行保护。选中此项，.swf 文件不能再次导入到 Flash 作品环境之中，或进行任何形式的修改。

⑥ 省略 trace 动作：trace 动作可以打开 Flash 的输出窗口进行调试。一般情况下，如果使用了 trace 动作，都希望在最终的 .swf 文件中忽略这些动作，于是在播放中不能看到。

⑦ 允许调试：选中此项能够从调试影片环境中或从正在使用的 Flash 调试器插件或 ActiveX 控件的 Web 浏览器中访问调试面板。

⑧ 压缩影片：通常情况下不使用未经压缩的影片，因为它将占用非常长的时间进行重现。

⑨ 导出隐藏的图层：选中此项可以导出在 Flash 中隐藏图层的内容。

⑩ 密码：此项结合允许调试和防止导入来用。如果此项为空，当试图远程访问调试面板时，只要按 <Enter> 键即可。

⑪ JPEG 品质：这个滑动条和文本框选项定义了对于位图图片进行 JPEG 压缩时使用的压缩级别。取值范围在 0 ～ 100 之间，取值越高，压缩幅度就越小，原始位图被保留的信息就越多，反之被保留的信息越少。

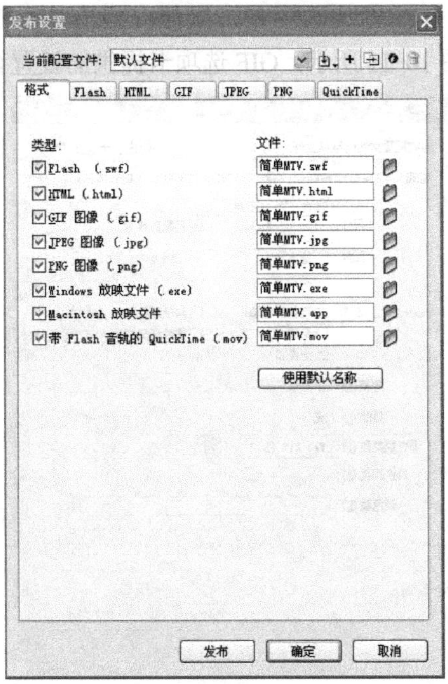

图 10-8　发布设置

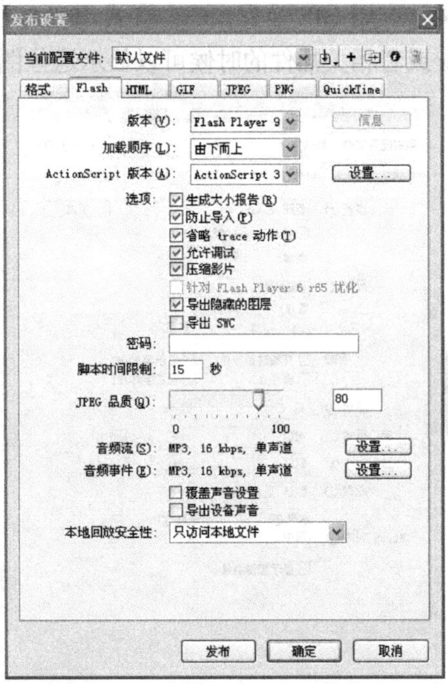

图 10-9　Flash 格式选项卡

3）应用 HTML 设置。HTML 是一种语言，大多数 Web 页面的布局都是采用这种语言来描述的。如图 10-10 所示，HTML 选项卡提供的设置有：

① 模板：这是发布设置中最通用、最重要的功能。可以选择一组预定义的 HTML 标记集合来显示 Flash 影片。如果想了解各个模板的设置，单击下拉菜单右边的“信息”按钮，在弹出的“HTML 模板信息”对话框中也可以创建自定义的模板。

② 尺寸：此设置控制 <OBJECT> 和 <EMBED> 标记的宽度和高度属性值。这里的尺寸设置并不改变原始 .swf 影片的设置。只是决定影片在 Web 页面上显示区域的大小。它有 3 个选项内容：下拉菜单和两个指定取值的文本框。

③ 回放：“开始时暂停”选项等同于在影片第一场景中第 1 帧加入 Stop 动作。默认情况下此选项关闭。“循环”选项（默认选项）导致影片循环播放无数次。“显示菜单”选项（默认选项）决定了在播放环境中，是否可以通过单击鼠标右键来访问快捷菜单进行相应操作。若选中“设备字体”选项，则可以将播放器所在系统中没有安装的字体用系统字体替代。

④ 品质：有低、自动降低、自动升高、一般、高和最佳 6 个选项供选择。

⑤ 窗口模式：有视窗、不透明无视窗、透明无视窗 3 个选项供选择。

⑥ HTML 对齐：默认值位于浏览器的中央。此外还有左、右、顶部、底部 4 个选项。

⑦ 缩放：此设置是前面尺寸设置的补充。决定了影片在 HTML 页面上的显示方式。包括默认值（全部显示）、无边框、精确匹配、无缩放 4 个选项。

⑧Flash 对齐：它配合比例和尺寸设置来使用，决定了影片在播放器窗口中的对齐方式。

⑨ 显示警告信息：勾选此复选框可以在实际的发布过程中发生错误时提出警告信息。默认情况下，此项不选中。

4）应用 GIF 设置。GIF 格式用于导出静态图片或者动画图片，以便在没有安装 Flash Player 或者相关插件的时候可以显示这些图片。如图 10-11 所示，GIF 选项卡提供的设置有：

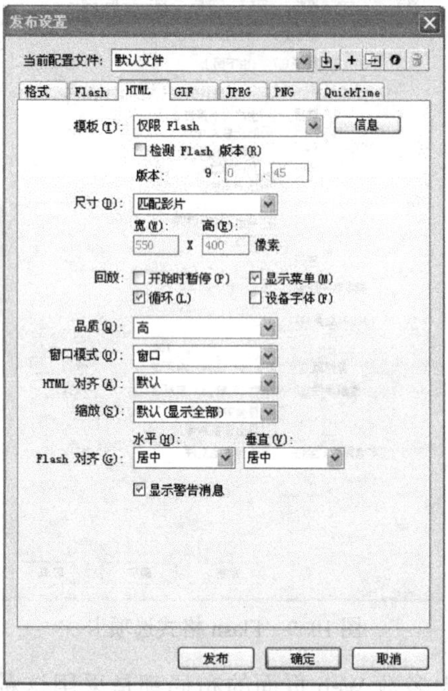

图 10-10　HTML 设置选项卡

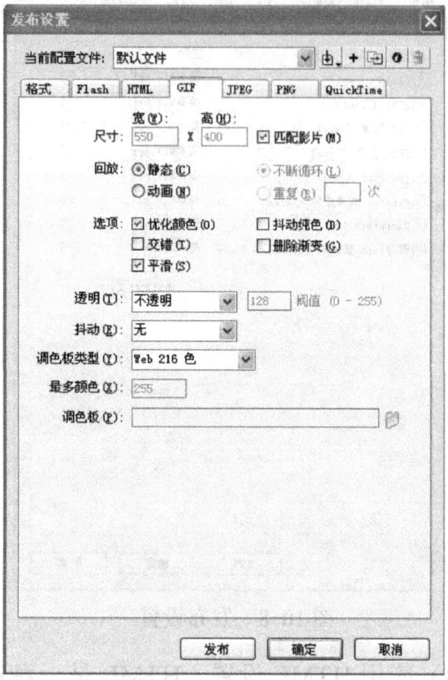

图 10-11　GIF 选项卡

①尺寸：包括宽、高和匹配影片 3 个选项。宽高控制 GIF 图片的尺寸。只有当“匹配影片”复选框没被选中的时候这些文本框才能修改。

②回放：这些单选按钮决定了创建何种类型的 GIF 图片，或者如何播放（选中动画）。

③选项：优化颜色、抖动纯色、交错、删除渐变和平滑 5 个选项用于控制 GIF 颜色表的创建，以及浏览器如何显示 GIF 图形。

④透明：有不透明、透明和 Alpha 3 个选项可选。它用来控制影片背景的显示情况。如果选中 Alpha，右边界限域才可用（值在 0 ～ 255 之间）。

⑤抖动：是用两种颜色组成的模式图案来模仿另一种颜色的处理方式。包括无、顺序的和扩散 3 个选项。

⑥调色板类型：GIF 图片只能使用 256 种或者更少的颜色。此设置可以选择某个预定义的颜色集合来生成 GIF 图片。有 Web 216 色、最适化、接近网页最适色和自定 4 个选项。

⑦最多颜色：通过这个设置可以精确指定在 GIF 颜色表中最多可以使用多少种颜色。只有当选择调色板类型中的最适化或接近网页最适色的时候，此文本框才可以修改。

⑧调色板：此选项包括文本框和一个浏览按钮。只有在选择调色板类型中的自订选项时才有效。用于定位调色板文件。

5）用 JPEG 设置。JPEG 格式与 GIF 一样在 Web 上流行。JPEG 图片可以使用多于 256

种颜色。实际上，JPEG 文件必须使用 24 位颜色（即真彩色 RGB）图片。与 GIF 无损压缩不同，JPEG 使用有损压缩，这表明某些信息要被丢掉从而节省文件所占空间。当然 JPEG 压缩还是挺好的，即使是在最低质量的设置下也可以保留大部分照片位图中的细节信息。在同样图片尺寸条件下，JPEG 图片的处理所需内存要比 GIF 图片所需内存大。Flash 在进行 JPEG 发布的时候，总是发布影片中的第 1 帧，除非使用 # Static 帧标记来指定某帧。如图 10-12 所示，JPEG 选项卡提供的设置如下。

①尺寸：此设置与 GIF 格式尺寸设置相同。

② 品质：滑动条和文本框用于图片质量的设定。较高的取值则使用较少的压缩，获得较高质量，同时文件较大。

③渐进显示：类似于 GIF 设置的交错选项。选中它后，JPEG 将以连续扫描的方式显示，一次比一次清晰。

6）应用 PNG 设置。PNG 是一种静态图片格式，在表现照片质量的图片时非常出色。它的颜色深度可变，支持多级透明并且是无损压缩。但是，目前大多数浏览器在没有其他插件的情况下都不能完全支持 PNG 的所有选项。如图 10-13 所示，PNG 选项卡提供的设置如下。

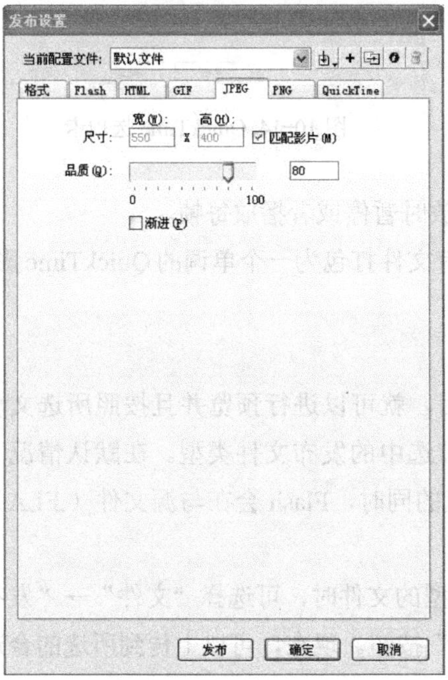

图 10-12 JPEG 选项卡

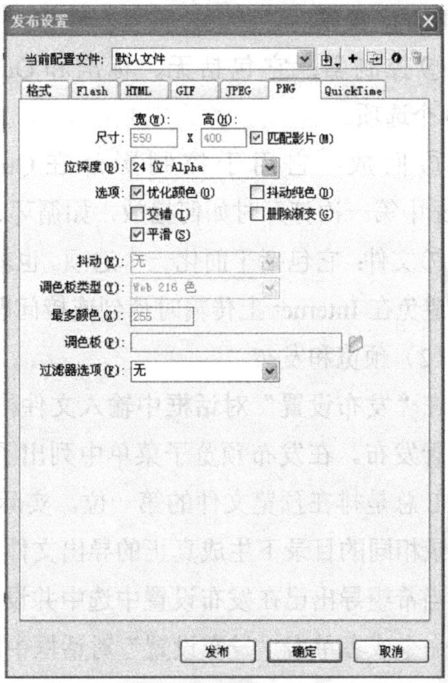

图 10-13 PNG 选项卡

①尺寸、选项、抖动、调色板类型、最多颜色和调色板：这些选项跟 GIF 设置相同。

②位深度：8 位模式下图片使用的调色板不能超过 256 种颜色。选择此选项的时候，选项、抖动、调色板类型、最多颜色和调色板这些选项设置都可以修改。24 位模式下图片可以显示 16.7 百万种 RGB 颜色。获得的文件要比 8 位的大，但图片质量比 8 位的好。24 位包含 Alpha 调色可以在 24 位 PNG 图片上增加一个 8 位通道来表现多级透明。

③过滤器选项：此下拉菜单决定了 PNG 图片所使用的压缩采样和算法。与 Photoshop 中的“滤镜”效果不同，所有的过滤器都是无损的。仅仅用于选择要使用的压缩类型。它

包括无、前、UP、平均、线性函数和最适化 6 个选项。

7）应用 QuickTime 设置。勾选 QuickTime 文件选项，Flash 选项同时被选中。如图 10-14 所示，QuickTime 选项卡提供的设置如下。

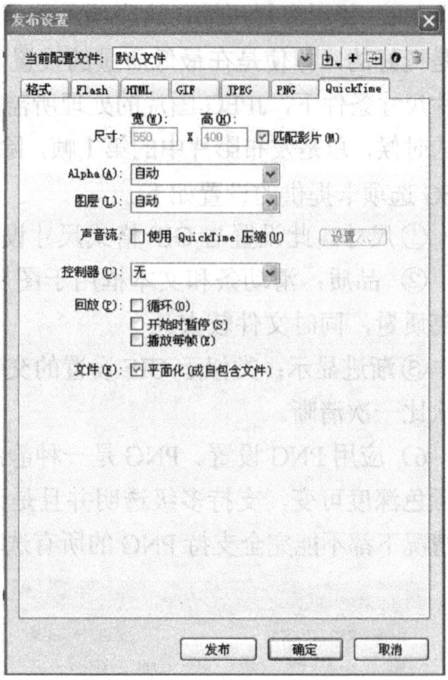

图 10-14 QuickTime 选项卡

① 尺寸：控制 QuickTime Flash 影片帧的尺寸大小。

② Alpha：包括自动、Alpha 透明和拷贝 3 个选项。它决定了是否使 Flash 轨道的背景图层为透明或不透明。

③ 图层：包括自动、顶部和底部 3 个选项。它决定了是否让 Flash 轨道位于 QuickTime 内容之上或之下。

④ 声音流：此属性将 Flash 音频转换为 QuickTime 音频。

⑤ 控制器：它包括无、标准和 QuickTime VR 3 个选项。

⑥ 回放：它用于控制影片在 QuickTime Player 中第一次打开时如何播放，如循环、开始播放时暂停或者播放每帧。

⑦ 文件：它包括平面化一个选项。也就是将所有文件打包为一个单调的 QuickTime 影片。从而避免在 Internet 上传输时遇到连接问题。

（2）预览和发布

在“发布设置”对话框中输入文件格式类型后，就可以进行预览并且按照所选文件类型进行发布。在发布预览子菜单中列出了所有当前选中的发布文件类型。在默认情况下，HTML 总是排在预览文件的第一位。实际上在预览的同时，Flash 会在与源文件（.FLA）所在目录相同的目录下生成真正的导出文件。

当希望导出已在发布设置中选中并设置好的类型的文件时，可选择“文件”→“发布”菜单命令或者单击“发布设置”对话框中的“发布”按钮。现在，可以上传到所选的合适的 Web 服务器上了。

第11章 综合实训任务

任务1 文字残影效果

操作步骤

1）创建一个新 Flash 文件，将编辑区大小设置为 750px×550px，背景颜色为黑色。

2）单击“插入”→“新建元件”命令，创建一个名为“文字 1”的图形元件。

3）在工具栏中选择“文本”工具，然后在下方的属性栏中将字体设置为“华文行楷”，字体大小设置为 120，文本颜色设置为“白色”，在编辑区中央输入“闪客工作室”字样。

4）选中刚创建的文本，连续按两次 <Ctrl+B> 组合键，将其分离，然后单击“颜料桶”工具，设置填充颜色为五彩线性渐变，然后在文字上单击左键填充，如图 11-1 所示。

5）单击“插入”→“新建元件”命令，创建一个名为“文字 2”的图形元件。从库中将“文字 1”元件拖放到中央，并按 <Ctrl+B> 组合键，将其分离。

6）单击工具箱中的“墨水瓶”工具，设置“笔触颜色”为白色，“笔触高度”为 3，分别单击各文字的边缘，给文字描边，如图 11-2 所示。

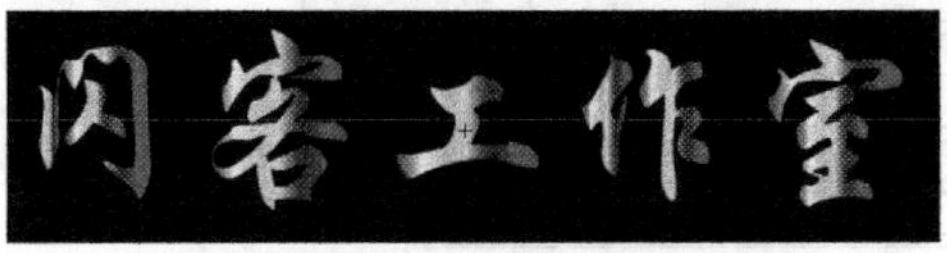

图 11-1　五彩渐变文字

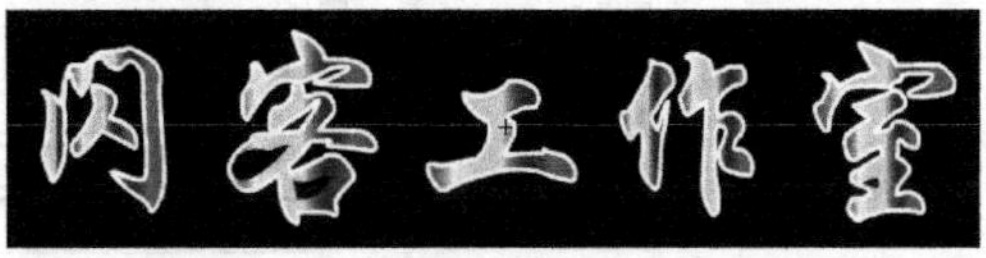

图 11-2　给五彩渐变文字添加白色边缘

7）单击“场景 1”按钮，返回到场景中。单击“插入图层”按钮 10 次，新建 10 个图层，然后按照从小到大的图层顺序号自上而下进行排列。

8）在图层 1 的第 1 帧，从库中将文字 2 拖放到编辑区的中央，然后在第 40 帧处插入关键帧。创建第 1 ～ 40 帧的补间动画，并在属性面板中将“旋转”设置为“逆时针 1 次”，如图 11-3 所示。

9）在图层 2 的第 2 帧，从库中将文字 1 拖放到编辑区的中央，如图 11-4 所示。选中该元件，在属性面板中设置其 Alpha 值为 85%，如图 11-5 所示。然后在第 41 帧处插入关键帧。创建第 2 ～ 41 帧的补间动画，并在属性面板中将“旋转”设置为“逆时针 1 次”。

10）在图层 3 的第 3 帧，从库中将文字 1 拖放到编辑区的中央，如图 11-6 所示。选中该元件，在属性面板中设置其 Alpha 值为 75%。然后在第 42 帧处插入关键帧。创建第 3 ～ 42 帧的补间动画，并在属性面板中将“旋转”设置为“逆时针 1 次”。

图 11-3　设置动画属性

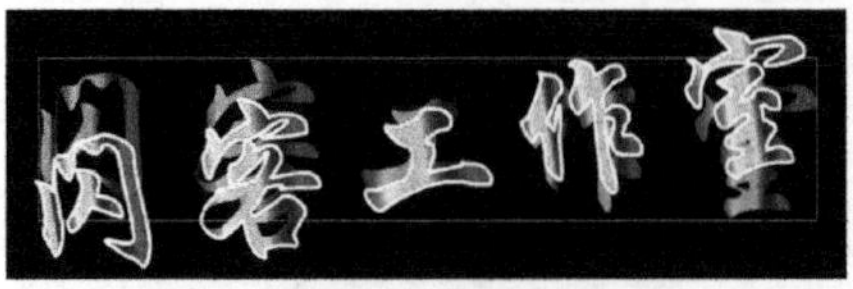

图 11-4　图层 2 的第 2 帧

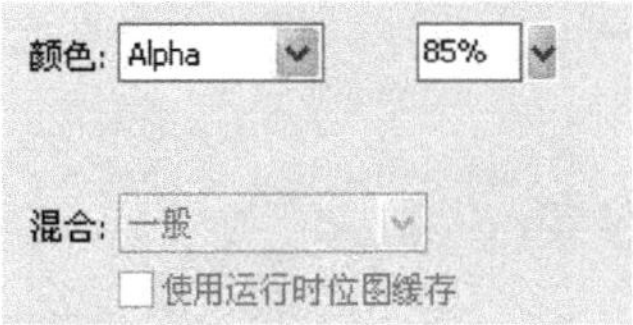

图 11-5　设置 Alpha 值

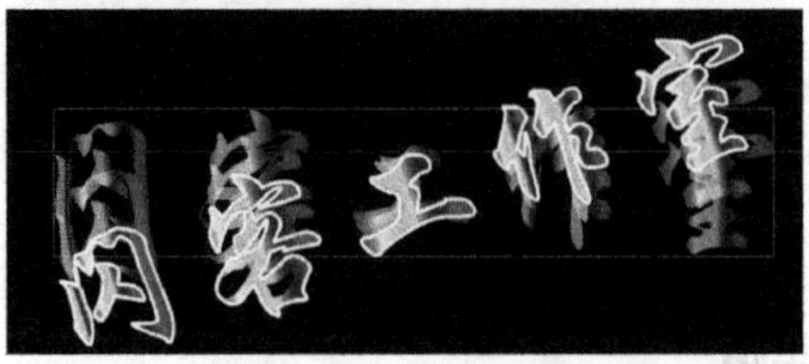

图 11-6　图层 3 的第 3 帧

11）在图层 4 的第 4 帧，从库中将文字 1 拖放到编辑区的中央。选中该元件，在属性面板中设置其 Alpha 值为 65%。然后在第 43 帧处插入关键帧。创建第 4 ～ 43 帧的补间动画，并在属性面板中将“旋转”设置为“逆时针 1 次”。

12）使用相同的方法，制作其余图层。其中图层 5 中图形元件“文字 1”的 Alpha 值为 55%，图层 6 中图形元件“文字 1”的 Alpha 值为 45%，图层 7 中图形元件“文字 1”的 Alpha 值为 35%，图层 8 中图形元件“文字 1”的 Alpha 值为 25%，图层 9 中图形元件“文字 1”的 Alpha 值为 15%，图层 10 中图形元件“文字 1”的 Alpha 值为 5%。

13）在图层 1 的第 50 帧处插入帧，此时的“时间轴面板”如图 11-7 所示。

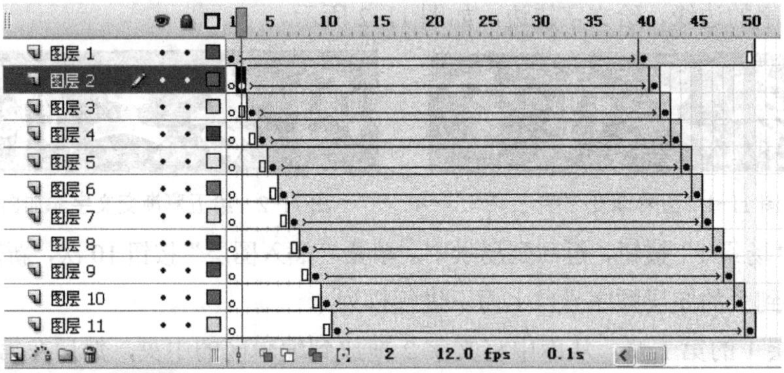

图 11-7　时间轴面板

14）按 <Ctrl+Enter> 组合键预览动画效果，然后保存文件，命名为“文字残影效果”。

任务 2　江　　雪

操作步骤

1）创建一个新 Flash 文件，将编辑区大小设置为 400px×300px，背景颜色设置为灰色，帧频设置为 6f/s。

2）单击“插入”→“新建元件”命令，创建一个名为“背景”的图形元件。

3）单击“文件”→“导入”→“导入到编辑区”命令，此时，弹出一个“导入”对话框。选中要导入的图片（江雪 .jpg），单击“打开”按钮，将图片导入到工作区，如图 11-8 所示。

4）单击“插入”→“新建元件”命令，创建一个名为“标题”的图形元件。

5）在工具栏中选择“文本”工具，然后在下方的属性栏中将字体设置为“华文行楷”，字体大小设置为 25，文本颜色设置为“黑色”，在编辑区中央输入相应文字，如图 11-9 所示。

图 11-8 将图片导入到工作区

图 11-9 输入“江雪”

6）单击“插入”→“新建元件”命令，创建一个名为“诗句 1”的图形元件。在工具栏中选择“文本”工具，然后在下方的属性栏中将字体设置为“华文行楷”，字体大小设置为 25，文本颜色设置为“黑色”，在编辑区中央输入相应文字。使用同样的方法创建“诗句 2”“诗句 3”“诗句 4”图形元件，如图 11-10 所示。

千山鸟飞绝 万径人踪灭 孤舟蓑笠翁 独钓寒江雪

图 11-10 输入诗句

7）单击“插入”→“新建元件”命令，创建一个名为“雪花”的图形元件。在工具栏中选择“刷子”工具，在编辑区中随意绘制一个类似雪花的白色图形。

8）单击“插入”→“新建元件”命令，创建一个名为“飘雪 1”的影片剪辑元件。从库中将“雪花”元件拖放到编辑区中，在第 60 帧处插入关键帧。

9）单击“时间轴”面板上的“添加运动引导层”按钮，插入一个引导层。然后在工具栏中选择“铅笔”工具，笔触颜色设置为“白色”，笔触高度设置为 1，在编辑区中绘制一条曲线。

10）单击“图层 1”的第 1 帧，选中“雪花”元件，将其移至曲线的始端，再单击“图层 1”的第 60 帧，选中“雪花”元件，将其移至曲线的末端，创建第 1 ～ 60 帧的补间动画，如图 11-11 所示。

11）使用同样的方法创建一个“飘雪 2”影片剪辑元件。对“雪花”飘落的路径（运动引导线）进行调整。

12）单击“场景 1”按钮，返回到场景中，将图层 1 更名为“背景”。从库中将“背景”元件拖放到编辑区中，并将其大小设置为 400px×300px，使之正好覆盖整个编辑区，在第 30 帧处插入关键帧。单击第 1 帧，选中“背景”图形，使用“缩放”工具将其略微放大，然后创建第 1 ～ 30 帧的补间动画，在第 65 帧处插入帧。

13）单击“时间轴”面板上的“插入图层”按钮 5 次，插入 5 个图层，分别命名为“标题”“诗句 1”“诗句 2”“诗句 3”“诗句 4”。

14）单击“标题 1”图层的第 1 帧，从库中将“标题”元件拖放到编辑区左下角的外侧，在第 20 帧处插入关键帧，将“标题”元件移到右上角合适的位置。创建第 1 ～ 20 帧的补间动画。

15）在“诗句 1”图层的第 10 帧处插入关键帧，从库中将“诗句 1”元件拖放到编辑区左下角的外侧，在第 30 帧处插入关键帧，将“诗句 1”元件移到“标题”元件下面合适的位置。创建第 10 ～ 30 帧的补间动画。使用同样的方法对图层“诗句 2”“诗句 3”“诗句 4”进行编辑，如图 11-12 所示。

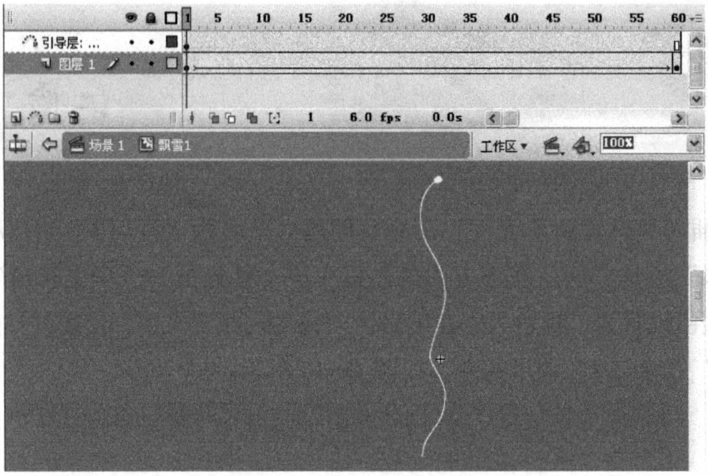

图 11-11　创建“雪花”动画

图 11-12　创建各诗句动画

16）单击“时间轴”面板上的“插入图层”按钮，插入一个新图层，命名为“飘雪”。从库中将“飘雪 1”和“飘雪 2”拖放到编辑区中（重复多次）。

17）按 <Ctrl+Enter> 组合键预览动画效果，然后保存文件，命名为“江雪”。

任务3　百　叶　窗

操作步骤

1）创建一个新 Flash 文件，将编辑区大小设置为 400px×300px，背景颜色为白色，帧频为 12fps。

2）单击“文件”→“导入”→“导入到舞台”命令，从弹出的对话框中选择位图“笔架山 .jpg”，再单击“确定”按钮。

3）选中导入的图片，在属性面板中设置其宽度为 400，高度为 300。然后使用“对齐”工具将图片对齐到编辑区中央，使其正好覆盖整个舞台，如图 11-13 所示。

4）单击“修改”→“分离”命令，将图片分离。在工具栏中选择“椭圆”工具，然后在下方的属性栏中将“笔触颜色”设置为黑色，“笔触高度”设置为 1，“填充颜色”设置为无色。

5）在编辑区中绘制一个椭圆，在属性面板中将其宽高都设置为 240。然后使用“对齐”工具将图片对齐到编辑区中央。

6）选中椭圆外边的图片部分，按 <Delete> 键将其删除，再选中椭圆边框，按 <Delete> 键将其删除。最后得到如图 11-14 所示的图形。

7）新建一个图层 2，用在图层 1 中制作图形的方法在图层 2 上制作另一图形（位图为“古塔 .jpg”），使得图层 2 上的图形刚好盖住图层 1 上的图形，如图 11-15 所示。

图 11-13　导入笔架山图片

图 11-14　圆形笔架山图片

图 11-15　圆形古塔图片

8）单击“插入”→“新建元件”命令，创建一个名为“百叶”的图形元件。

9）在工具栏中选择“矩形”工具，在属性面板中将“笔触颜色”设置为无，“填充颜色”设置为黑色。在编辑区中绘制一个黑色矩形，在属性面板中设置其宽度为 240，高度为 30。

10）单击“插入”→“新建元件”命令，创建一个名为“百叶窗”的影片剪辑元件。

11）从库中将“百叶”图形元件拖放到编辑区中央，分别在第 15 帧、第 25 帧、第 40 帧处插入关键帧，在第 50 帧处插入帧。

12）分别选中第 15 帧和第 25 帧，在属性面板中设置“百叶”的高度为“1”，如图 11-16 所示。依次创建第 1～15 帧和第 25～40 帧的补间动画。完成的时间轴如图 11-17 所示。

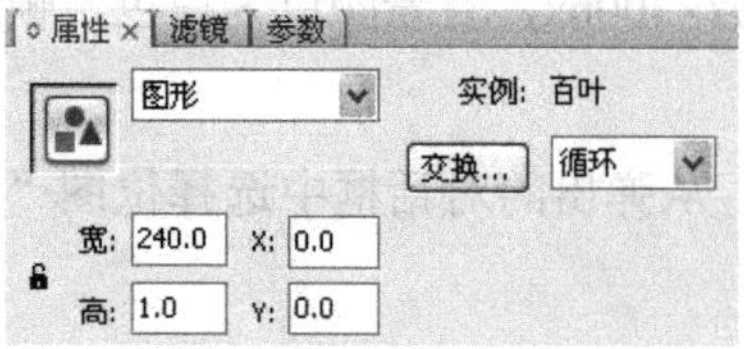

图 11-16　设置“百叶”高度

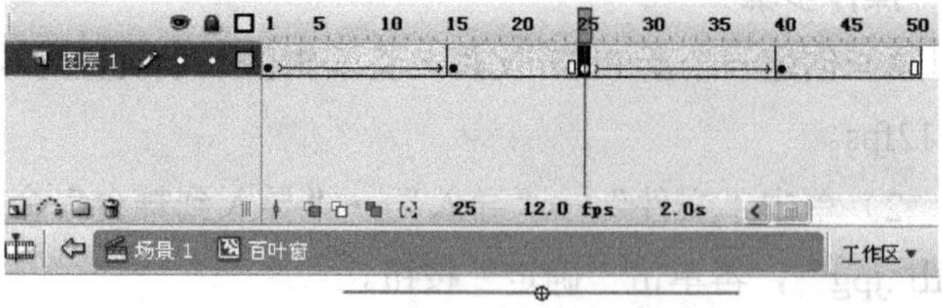

图 11-17　创建“百叶”动画

13）单击“场景 1”按钮，返回到场景中，新建一个图层 3，从库中将“百叶窗”元件拖放到编辑区，调整其位置，效果如图 11-18 所示。

14）在图层 3 上单击鼠标右键，从弹出的快捷菜单中选择“遮罩层”命令，此时遮蔽区域以外的图层 2 中的图片将显示不出来，如图 11-19 所示。

图 11-18　调整图层 3“百叶窗”原件位置

图 11-19　设置遮罩层

15）新建一个图层 4，按住 <Shift> 键的同时选中图层 2 和图层 3，在被选中图层的任意帧上单击鼠标右键，从弹出的快捷菜单中选择“复制帧”命令。再选中图层 4 的第 1 帧并单击鼠标右键，从弹出的快捷菜单中选择“粘贴帧”命令。这时，图层 4 变成了图层 5 的遮蔽图层，如图 11-20 所示。

16）单击图层 4 中的“百叶窗”，按 < ↑ > 键，移动“百叶窗”位置，其效果如图 11-21 所示。

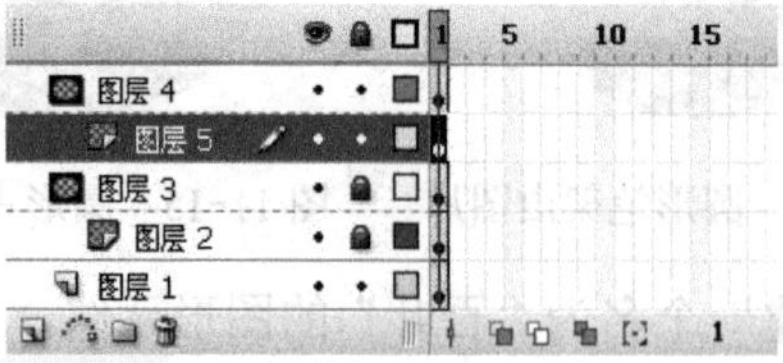

图 11-20　粘贴帧

图 11-21　调整图层 4“百叶窗”位置

17）使用同样的方法，依次增加图层然后粘贴图层 2 和图层 3 的内容。将各个遮蔽图层中的“百叶窗”向上移动，并依次向上连接在一起。

18）按 <Ctrl+Enter> 组合键预览动画效果，然后保存文件，命名为“百叶窗”。

任务 4 画卷展开

操作步骤

1）创建一个新 Flash 文件，将编辑区大小设置为 600px×450px，背景颜色为灰色。

2）单击“插入”→“新建元件”命令，创建一个名为“单轴”的图形元件。

3）在工具栏中选择“矩形”工具，然后在下方的属性栏中将“笔触颜色”设置为黑色，“笔触高度”设置为 2，在“颜色”面板中设置“填充颜色”的类型为“线性”，左中右 3 个红绿蓝色值如图 11-22 所示。

4）在编辑区上绘制一个矩形，大小为：宽 36px，高 197px，如图 11-23 所示。

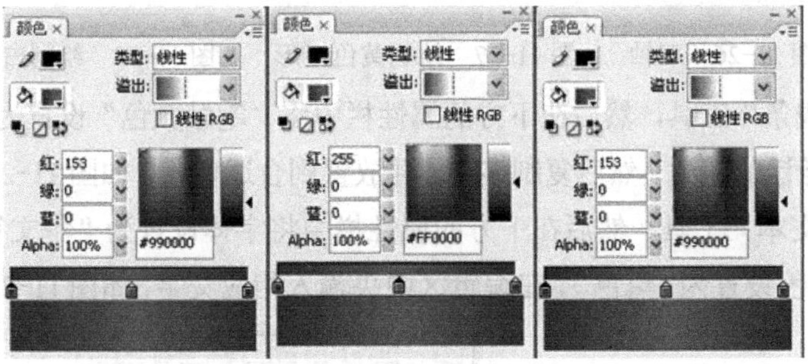

图 11-22 线性填充颜色

图 11-23 绘制画轴矩形

5）在工具栏中选择“矩形”工具，然后在下方的属性栏中将“笔触颜色”设置为黑色，“笔触高度”设置为 2，在“颜色”面板中设置“填充颜色”的类型为“线性”，左中右 3 个红绿蓝色值如图 11-24 所示。

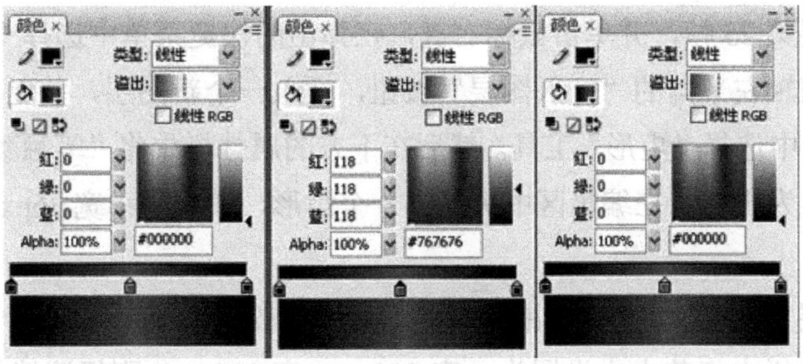

图 11-24 线性填充颜色

6）在编辑区上绘制两个相同的矩形，大小为：宽 21px，高 12px。然后分别把它们放在原有矩形的上下两端，如图 11-25 所示。

7）单击“插入”→“新建元件”命令，创建一个名为“双轴”的图形元件。

8）从“库”中将“单轴”元件拖到编辑区上，然后再从“库”中拖出“单轴”元件到编辑区一次，并将两个“单轴”元件排列好，如图 11-26 所示。

9）单击“插入”→“新建元件”命令，创建一个名为“卷轴动画”的“影片剪辑”元件。

10）将图层 1 更名为“圣旨”。在工具栏中选择“矩形”工具，然后在下方的属性栏中将“笔触颜色”设置为黑色，“笔触高度”设置为 1，“填充颜色”设置为黄色。

11）在编辑区中央绘制一个矩形，大小为：宽 350px，高 180px，如图 11-27 所示。

12）将“填充色”换为白色，再绘制一个小的矩形，大小为：宽 340px，高 120px，调整好位置，如图 11-28 所示。

图 11-25　绘制画轴两端矩形

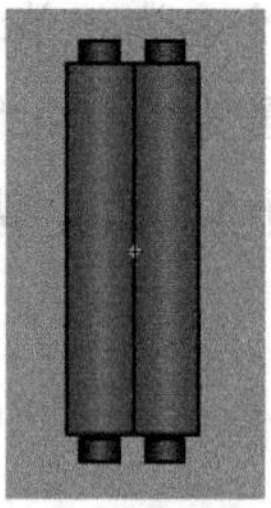

图 11-26　双轴

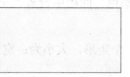

图 11-27　绘制黄色矩形

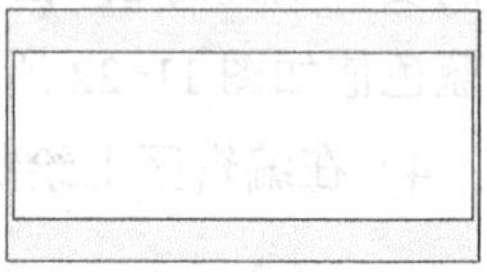

图 11-28　绘制白色矩形

13）在工具栏中选择“线条”工具，然后在下方的属性栏中将“笔触颜色”设置为红色，“笔触高度”设置为 1，绘制圣旨的花边。然后复制多个，并放置到合适位置，如图 11-29 所示。

14）在工具栏中选择“文本”工具，然后在下方的属性栏中将字体设置为“华文行楷”，字体大小设置为 100，文本颜色设置为“黑色”，在编辑区中央输入相应文字，如图 11-30 所示。

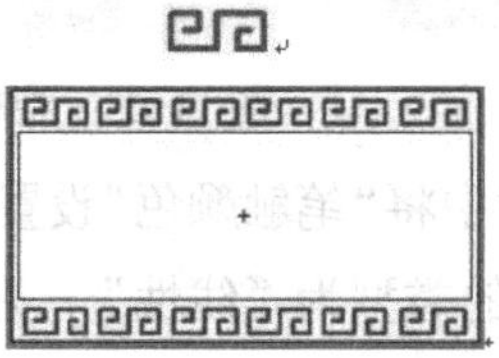

图 11-29　绘制花边

图 11-30　输入文字

15）选中此层第 25 帧，并单击鼠标右键，在弹出的快捷菜单中选择“插入帧”。

16）单击时间轴左下角的“插入图层”按钮，插入一个新图层，并更名为“遮罩”。

17）在工具栏中选择“矩形”工具，然后在下方的属性栏中将“笔触颜色”设置为无色，“填充颜色”设置为黑色。在编辑区中央绘制一个矩形，大小为：宽 36px，高 181px，如图 11-31 所示。

18）选中此层第 25 帧，并单击鼠标右键，在弹出的快捷菜单中选择“插入关键帧”。选中矩形，在属性栏中将其大小设置为：宽 350px，高 181px，刚好遮挡住“圣旨”，如图 11-32 所示。

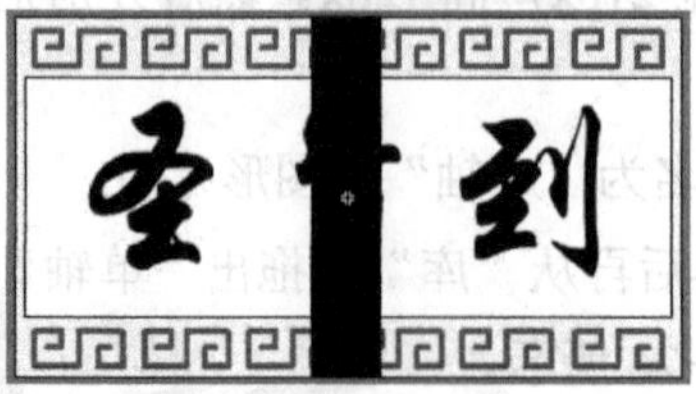

图 11-31　绘制黑色矩形

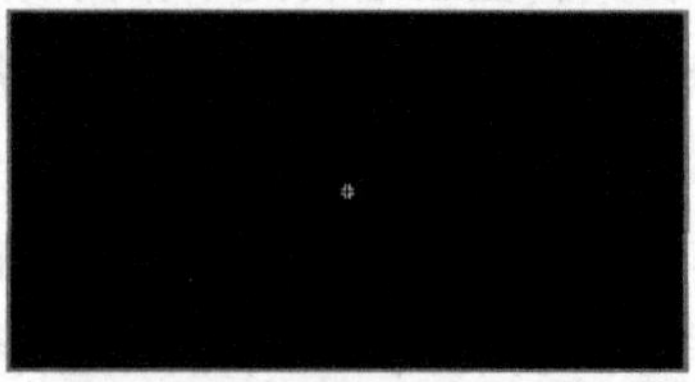

图 11-32　调整黑色矩形大小

19）在“遮罩”层的第 25 帧中的任意帧上单击鼠标右键，在弹出的快捷菜单中选择“创建补间形状”命令，为“遮罩”层创建形变动画。

20）在“遮罩”层上单击鼠标右键，在弹出的快捷菜单中选择“遮罩层”命令，创建遮罩效果。图层效果如图 11-33 所示。

21）单击时间轴左下角的“插入图层”按钮，插入一个新图层，并更名为“轴 1”。从库中将“单轴”元件拖出来放到合适位置，如图 11-34 所示。

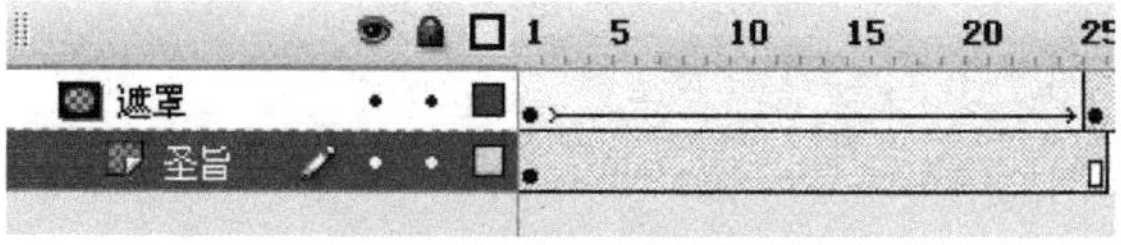

图 11-33　设置遮罩层

图 11-34　将“单轴”元件放到合适位置（1）

22）选中此层第 25 帧并单击鼠标右键，在弹出的快捷菜单中选择“插入关键帧”。将“轴”移动到左侧合适位置，如图 11-35 所示。

23）在“轴 1”层的第 25 帧中的任意帧上单击鼠标右键，在弹出的快捷菜单中选择“创建补间动画”命令，为“轴 1”层创建补间动画。

24）再创建一个新图层，并更名为“轴 2”，从库中将“单轴”元件拖出来放到合适位置，如图 11-36 所示。

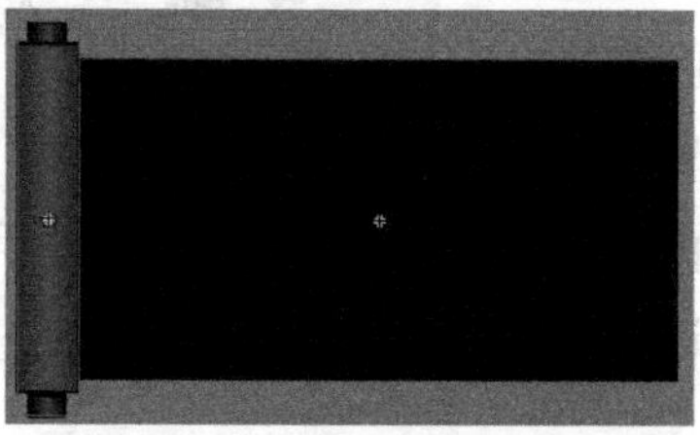

图 11-35　将“轴”移动到左侧合适位置

图 11-36　将“单轴”元件放到合适位置（2）

25）选中此层第 25 帧并单击鼠标右键，在弹出的快捷菜单中选择“插入关键帧”。将“轴”移到右侧合适位置，如图 11-37 所示。然后给“轴 2”层创建补间动画。

26）分别选中图层“圣旨”、“遮罩”、“轴 1”、“轴 2”的第 30 帧，并单击鼠标右键，在弹出的快捷菜单中选择“插入帧”。

27）单击“场景 1”按钮，返回到场景中。将图层 1 更名为“双轴”。

28）从库中将“双轴”元件拖到编辑区中央，在此图层的第 10 帧处插入关键帧。然后选中第 1 帧，将“双轴”元件拖到编辑区外面。

29）在“双轴”层的第 10 帧中的任意帧上单击鼠标右键，在弹出的快捷菜单中选择“创建补间动画”命令，为“双轴”层创建补间动画。

30）在属性面板中将“旋转”设置为“顺时针 1 次”，如图 11-38 所示。

31）单击时间轴左下角的“插入图层”按钮，插入一个新图层，并更名为“圣旨展开”。

32）在此图层第 11 帧处插入关键帧，从库中将“卷轴动画”元件拖动到编辑区中央，并在第 40 帧处插入帧。

33）按 <Ctrl+Enter> 组合键预览动画效果，然后保存文件，命名为“圣旨展开”。

图 11-37　将“轴”移动到右侧合适位置

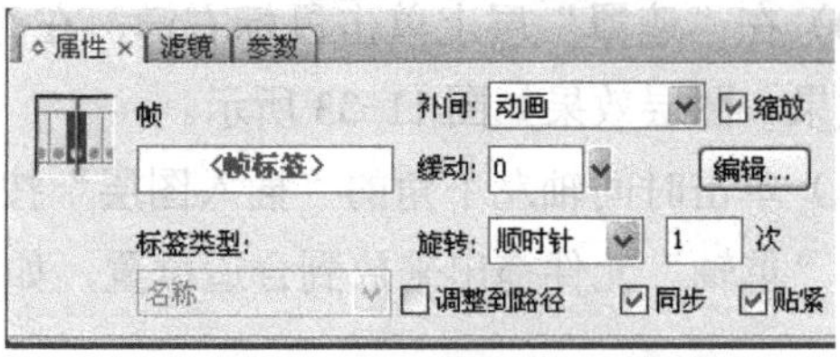

图 11-38　设置“旋转”属性

任务 5　红 星 闪 闪

操作步骤

1）创建一个新 Flash 文件，将编辑区大小设置为 400px×400px，背景颜色设置为黑色。

2）单击“插入”→“新建元件”命令，创建一个名为“五角星”的图形元件。

3）单击工具箱中的“多角星形”工具，在属性区设置“笔触颜色”为红色，“笔触高度”为 1，“填充颜色”为无色。

4）单击属性区中的“选项”按钮，弹出“工具设置”对话框，设置“样式”为星形，“边数”为 5，如图 11-39 所示。

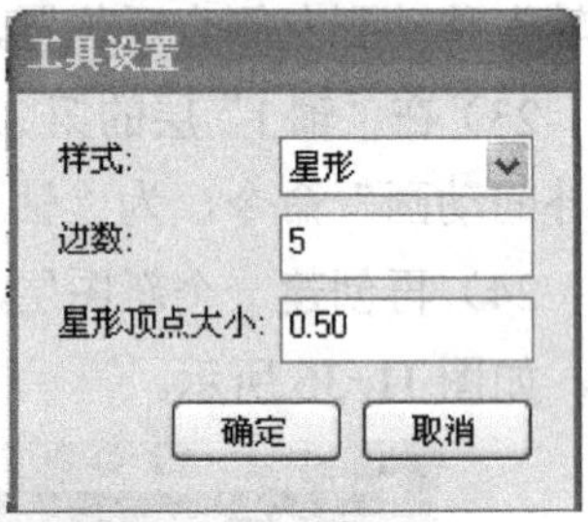

图 11-39　工具设置

5）在编辑区中央绘制一个五角星，如图 11-40 中 1 所示。

6）单击工具箱中的“线条”工具，在属性区设置“笔触颜色”为红色，“笔触高度”为 1，将五角星相对应的顶点连接起来，如图 11-40 中 2 所示。

7）单击工具箱中的“颜料桶”工具，在属性区设置“填充颜色”为红色，为五角星的部分区域填充颜色，如图 11-40 中 3 所示。

8）将属性区的“填充颜色”改为暗红色，为五角星其余区域填充颜色，如图 11-40 中 4 所示。

9）单击工具箱中的“橡皮擦”工具，选择“水龙头”，擦除五角星上的所有线条，如图 11-40 中 5 所示。

图 11-40　绘制五角星

10）单击“插入”→“新建元件”命令，创建一个名为“线条”的图形元件。

11）单击“视图”→“网格”→“显示网格”命令，再单击“视图”→“贴紧”→“贴紧至网格”命令。

12）单击工具箱中的“线条”工具，在属性区设置“笔触颜色”为黄色，“笔触高度”为 3。在编辑区上画一条直线。具体位置如图 11-41 所示。

13）单击工具箱中的“任意变形”工具，将直线的注册中心移动到编辑区中心，如图 11-42 所示。

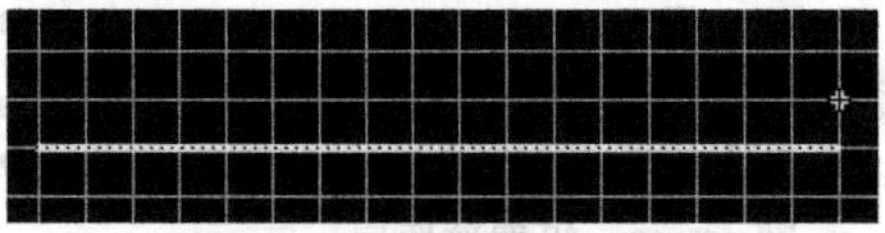

图 11-41　绘制黄色直线

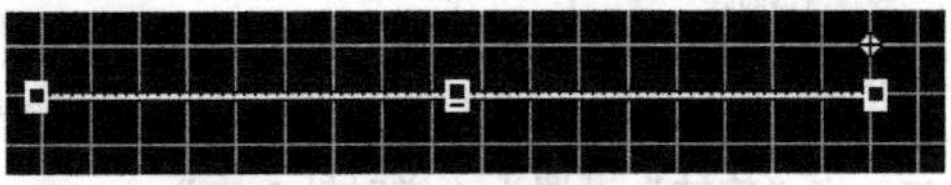

图 11-42　移动直线注册中心

14）单击“窗口”→“变形”命令，打开变形面板，设置“旋转”角度为 15°，如图 11-43 所示，连续单击“复制并应用变形”按钮，在场景中复制出的效果如图 11-44 所示。

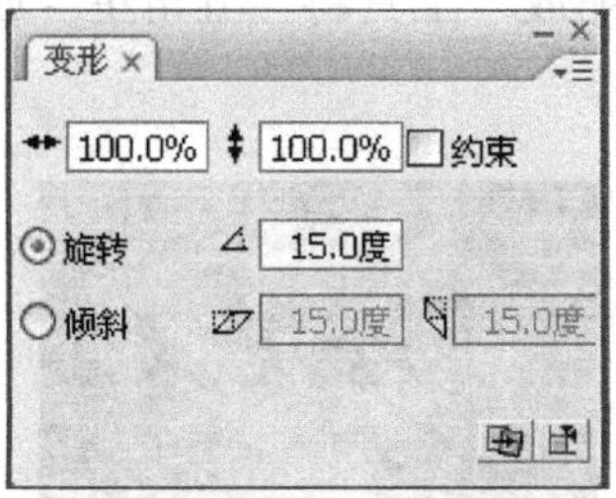

图 11-43　设置“旋转”角度

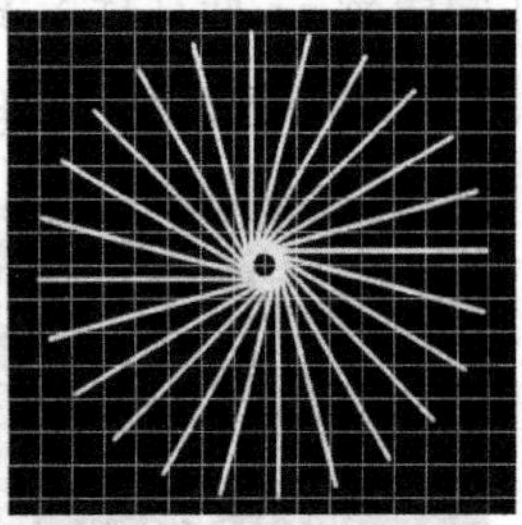

图 11-44　复制并应用变形

15）选中全部图形，单击“修改”→“形状”→“将线条转换为填充”命令，将线条转变为形状。

16）单击“场景 1”按钮，返回到场景中，在图层 1 的第 1 帧，把库中的“线条”元件拖到编辑区的中央。

17）单击时间轴左下角的“插入图层”按钮，插入一个新图层，在图层 2 的第 1 帧，也将库中的“线条”元件拖到编辑区的中央，使两个图层图形重合，选中图层 2 图形，然后单击“修改”→“变形”→“水平翻转”命令。让复制过来的线条和图层 1 的线条方向相反，在场景中形成交叉的图形，如图 11-45 所示。

18）在图层 1 的第 30 帧处插入关键帧，创建第 1 ～ 30 帧的补间动画，并在属性面板中将“旋转”设置为“顺时针 1 次”，如图 11-46 所示。

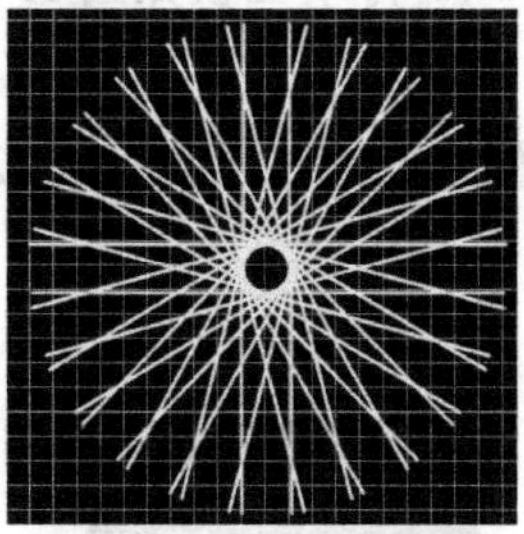

图 11-45　交叉图形

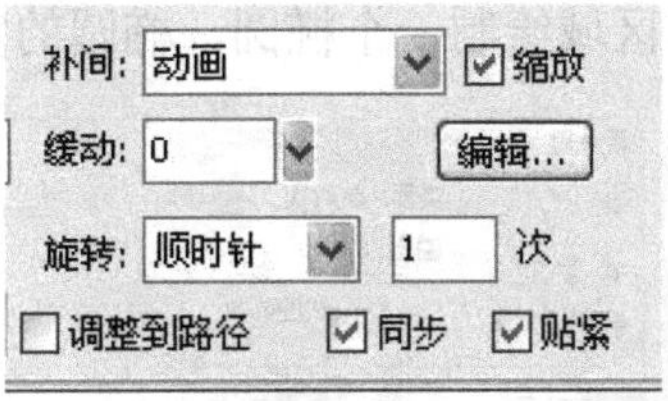

图 11-46　将“旋转”设置为“顺时针 1 次”

19）在图层 2 的第 30 帧处插入关键帧，创建第 1 ～ 30 帧的补间动画，并在属性面板中将“旋转”设置为“逆时针 1 次”，如图 11-47 所示。

20）在图层 2 上单击鼠标右键，在弹出的快捷菜单中选择“遮罩层”命令，创建遮罩效果。图层效果如图 11-48 所示。

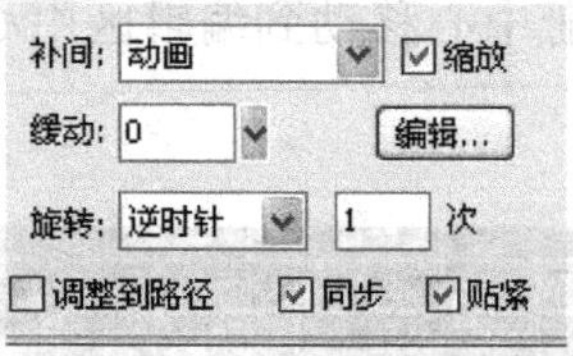

图 11-47　将“旋转”设置为“逆时针 1 次”

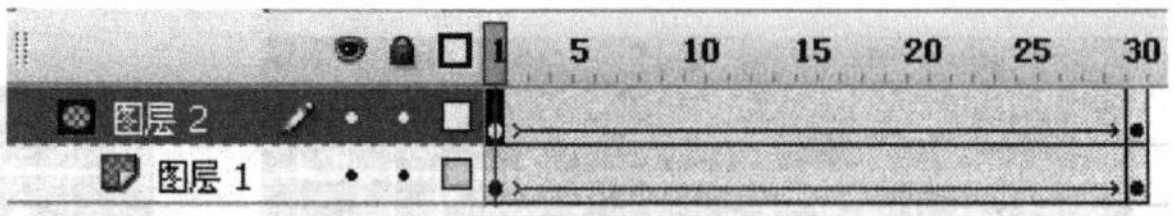

图 11-48　设置遮罩层

21）单击时间轴左下角的“插入图层”按钮，插入一个新图层，从库中把“五角星”元件拖到编辑区中央，并使用“缩放”工具将其设置合适大小，如图 11-49 所示。

22）在此图层第 25 帧处插入关键帧，并使用“缩放”工具将“五角星”放大一点，如图 11-50 所示。在此图层第 30 帧处插入帧。

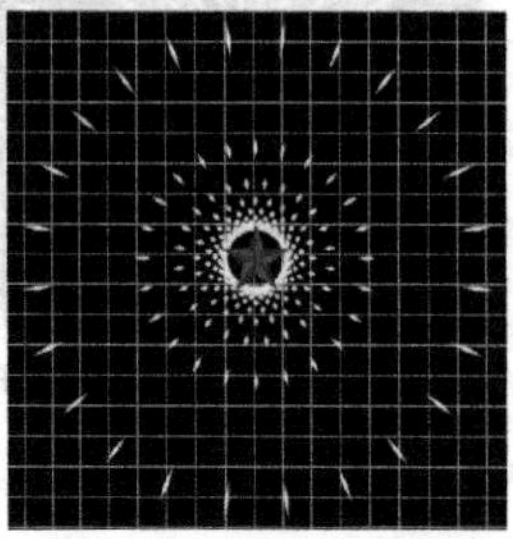

图 11-49　放置“五角星”元件

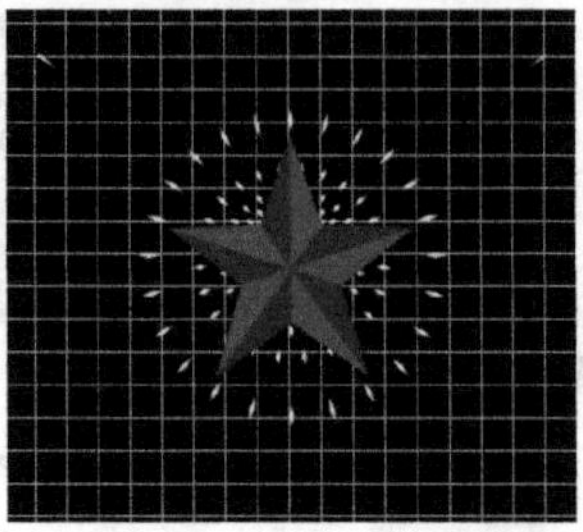

图 11-50　放大“五角星”

23）在图层 3 上创建第 1 ～ 25 帧的补间动画。

24）按 <Ctrl+Enter> 组合键预览动画效果，然后保存文件，命名为“红星闪闪”。

任务 6　地球仪转动

操作步骤

1）创建一个新 Flash 文件，将编辑区大小设置为 300px×200px。

2）单击“插入”→“新建元件”命令，创建一个名为“圆形”的图形元件。

3）单击工具箱中的“椭圆”工具，设置填充色为，浮动面板如图 11-51 所示，笔触颜色设置为。

4）在工作区域绘制一个椭圆，椭圆的宽和高都设置为 150px，如图 11-52 所示。

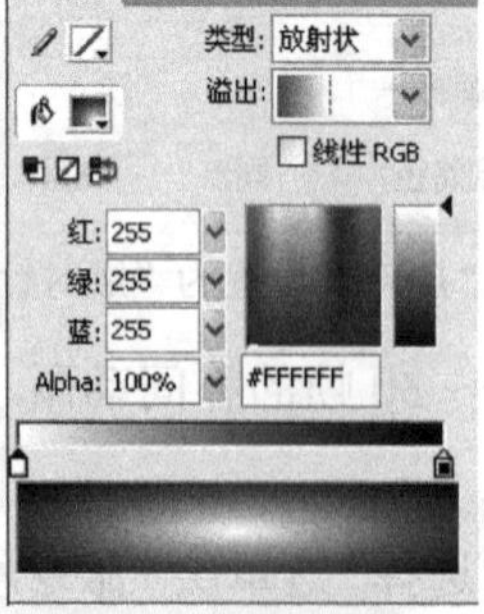

图 11-51　设置颜色面板

图 11-52　绘制椭圆

5）单击“插入”→“新建元件”命令，创建一个名为“地图 1”图形元件。

6）单击“文件”→“导入”→“导入到编辑区”命令，此时，弹出一个“导入”对话框。选中要导入的图片（地图 .jpg），单击“打开”按钮，将图片导入到工作区，并将其宽设置为 300px，高设置为 150px，如图 11-53 所示。

7）在导入的图片上单击鼠标右键，在弹出的快捷菜单中选择“分离”命令，将图片分离。

8）单击工具箱中的“选择”工具，框选中分离的地图的多余部分，按 <Delete> 键将其删除，效果如图 11-54 所示。

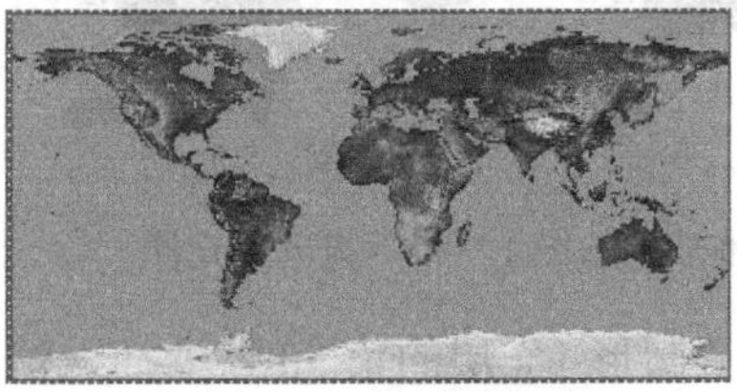

图 11-53　导入地图图片

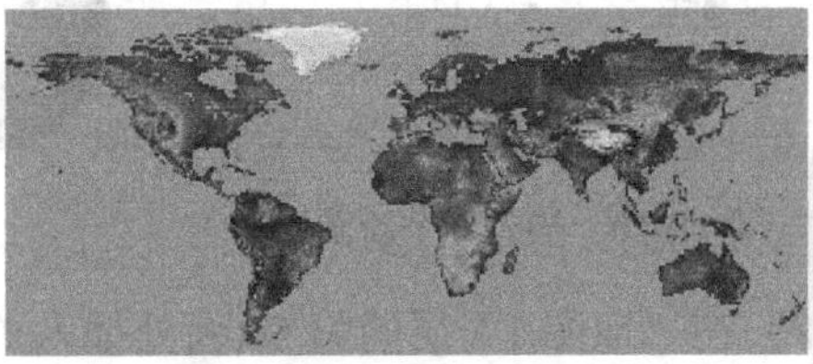

图 11-54　删除多余部分

9）单击工具箱中的“套索”工具，使用“魔术棒”将图片中蓝色的部分选中，按 <Delete> 键，将其删除，效果如图 11-55 所示。

10）单击工具箱中的“选择”工具，框选中图片的所有部分，设置填充色为黑色，设置图片的宽为 300px，高为 150px。然后将该图片再复制一份，并将两幅图片拼接好。单击“修改”→“组合”命令，效果如图 11-56 所示。

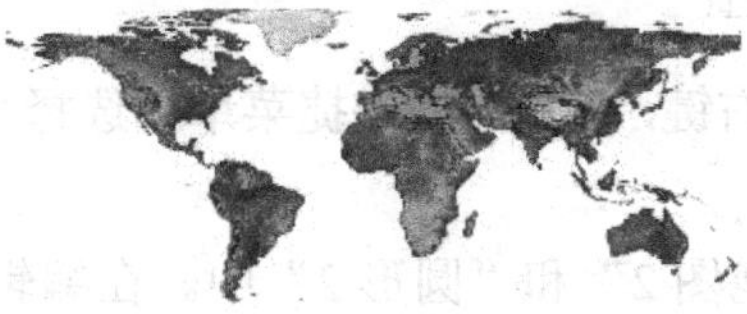

图 11-55　删除图片背景

图 11-56　设置图片颜色为黑色并拼接

11）在该图片上单击鼠标右键，并在弹出的快捷菜单中选择“复制”命令。

12）单击“插入”→“新建元件”命令，创建一个名为“地图 2”图形元件。

13）在工作区单击鼠标右键，在弹出的快捷菜单中选择“粘贴”命令。将元件“地图 1”中的图片粘贴到元件“地图 2”中。

14）单击“修改”→“变形”→“水平翻转”命令，将图片水平翻转。

15）在图片上单击鼠标右键，在弹出的快捷菜单中选择“分离”命令。设置填充色为绿色，效果如图 11-57 所示。

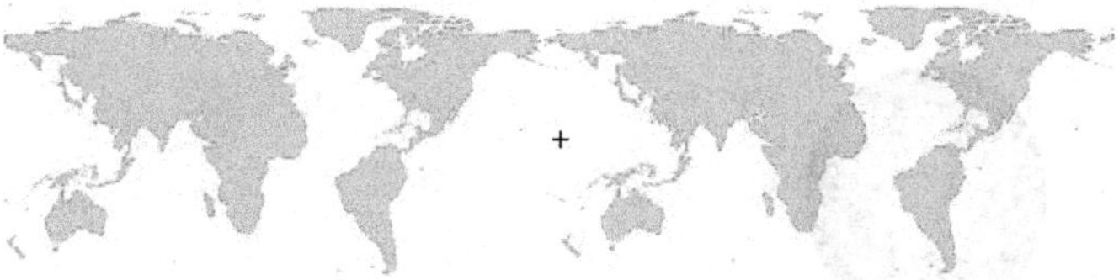

图 11-57　设置图片颜色为绿色

16）单击“场景 1”按钮，返回到场景中。连续单击时间轴左下角的“插入图层”按钮，插入 4 个新图层，并重命名，图层效果如图 11-58 所示。

17）分别将“地图 1”和“圆形”元件拖到图层“地图 1”和“圆形 1”中。在编辑区中的位置关系如图 11-59 所示。

图 11-58 插入 4 个新图层

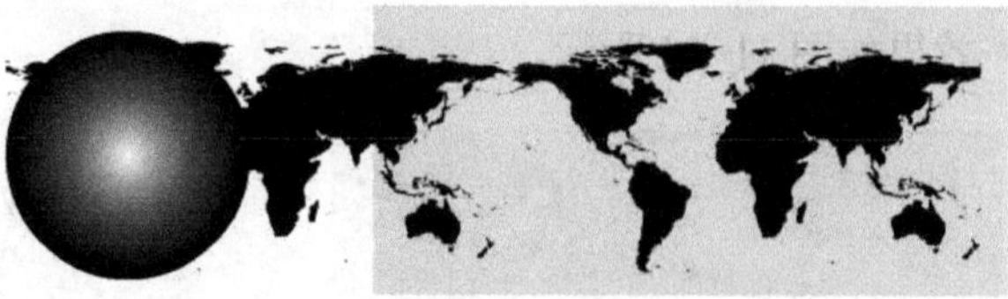

图 11-59 拖放“地图 1”和“圆形”元件

18）在“地图 1”层的第 50 帧处插入关键帧，在“圆形 1”层的第 50 帧处插入帧。

19）单击“地图 1”层的第 50 帧，选中第 50 帧的“地图 1”元件并调整位置，如图 11-60 所示。

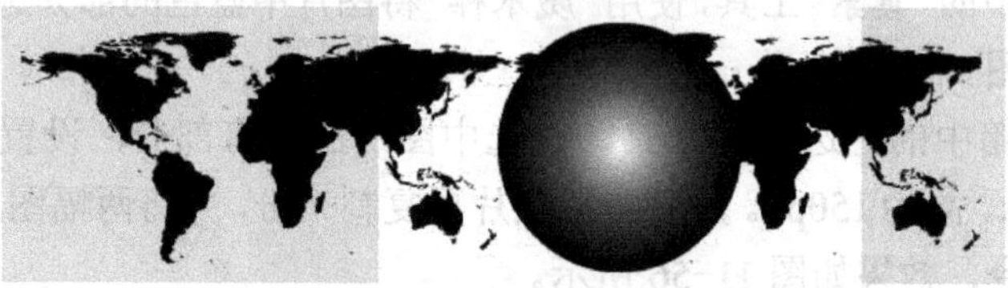

图 11-60 调整“地图 1”位置

20）在“地图 1”层的第 50 帧中的任意帧上单击鼠标右键，在弹出的快捷菜单中选择“创建补间动画”命令，为“地图 1”层创建补间动画。

21）分别将“地图 2”和“圆形”元件拖到图层“地图 2”和“圆形 2”中。在编辑区中的位置关系如图 11-61 所示。

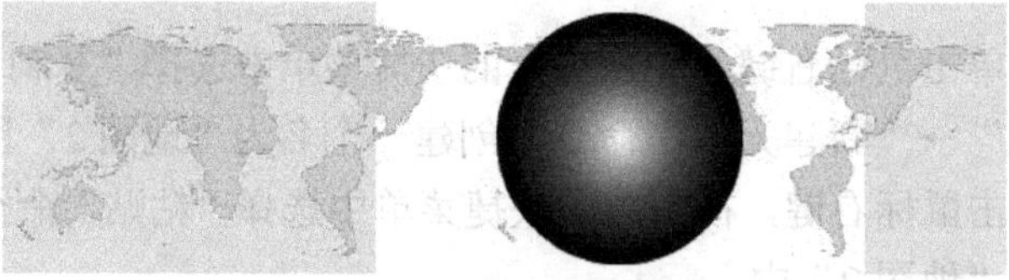

图 11-61 拖放“地图 2”和“圆形”元件

22）在“地图 2”层的第 50 帧处插入关键帧，在“圆形 2”层的第 50 帧处插入帧。

23）单击“地图 2”层的第 50 帧，选中第 50 帧的“地图 2”元件并调整位置，如图 11-62 所示。

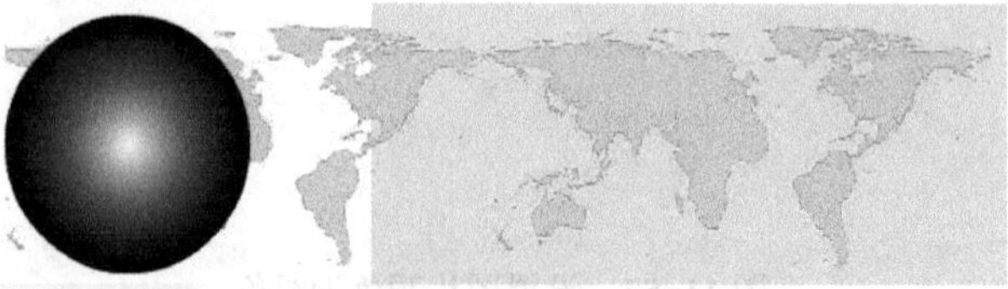

图 11-62 调整“地图 2”位置

24）在“地图 2”层的 50 帧中的任意帧上单击鼠标右键，在弹出的快捷菜单中选择“创建补间动画”命令，为“地图 2”层创建补间动画。

25）分别在“圆形 1”和“圆形 2”图层上单击鼠标右键，在弹出的快捷菜单中选择“遮罩层”命令，创建遮罩效果。图层效果如图 11-63 所示。

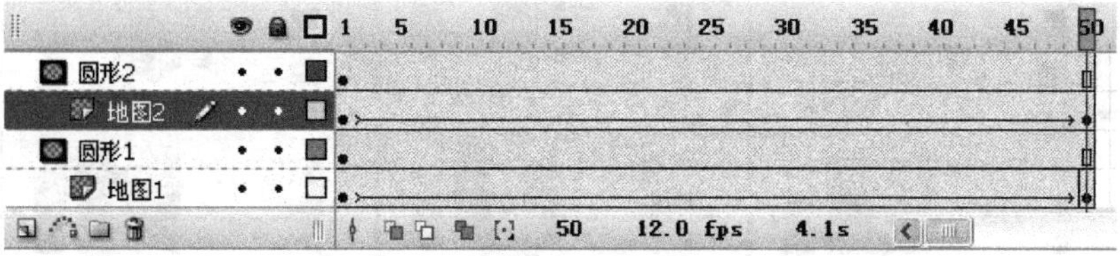

图 11-63　创建遮罩层

26）将“圆形”元件拖入到图层“圆形 3”中。在该图层的第 50 帧处插入帧。选中该圆形，设置“圆形”元件的属性如图 11-64 所示，效果如图 11-65 所示。

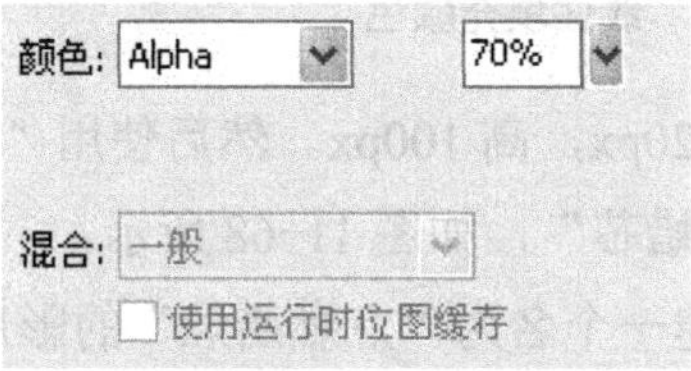

图 11-64　设置“圆形”颜色属性

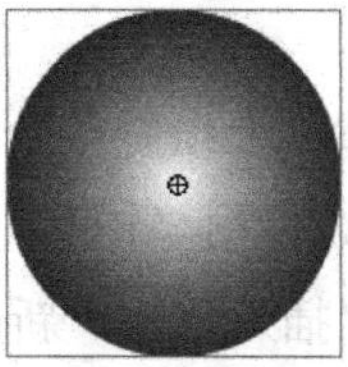

图 11-65　设置后的效果

27）按 <Ctrl+Enter> 组合键预览动画效果，然后保存文件，命名为“地球仪转动”。

任务 7　点燃蜡烛

操作步骤

1）创建一个新 Flash 文件，将编辑区大小设置为 300px×200px，背景颜色设置为黑色。

2）单击“插入”→“新建元件”命令，创建一个名为“隐形按钮”的按钮元件，在第 4 帧处插入关键帧。

3）单击工具箱中的“矩形”工具，在属性区设置“笔触颜色”为无色，“填充颜色”为白色。在编辑区中央绘制一个矩形，大小为：宽 20px，高 20px，如图 11-66 所示。

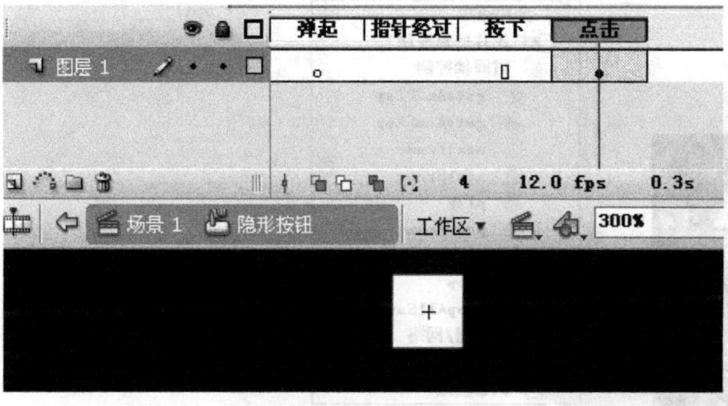

图 11-66　绘制白色矩形

4）单击“插入”→“新建元件”命令，创建一个名为“蜡烛”的图形元件。

5）在工具栏中选择“矩形”工具，然后在下方的属性栏中将“笔触颜色”设置为无色，在“颜色”面板中设置“填充颜色”类型为“线性”，左中右 3 个红绿蓝色值如图 11-67 所示。

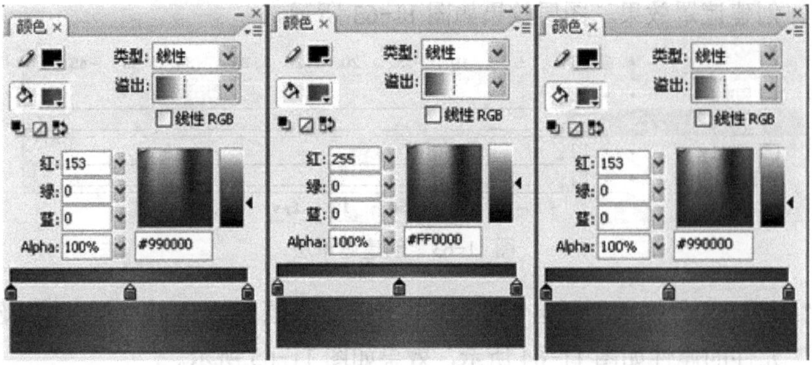

图 11-67　设置“蜡烛”线性填充颜色

6）在编辑区上绘制一个矩形，大小为：宽 20px，高 100px。然后使用“选择”工具调整矩形的形状，使用“铅笔”工具为蜡烛绘制“蜡芯”，如图 11-68 所示。

7）单击“插入”→“新建元件”命令，创建一个名为“点燃蜡烛”的影片剪辑元件。

8）将图层 1 更名为“蜡烛”，在第 1 帧从库中将“蜡烛”元件拖放到编辑区中央，并在第 20 帧处插入帧。

9）添加一个新图层，命名为“隐形按钮”，在第 1 帧从库中将“隐形按钮”元件拖放到编辑区上，调整好位置，使“蜡芯”覆盖在“隐形按钮”上，并在第 20 帧处插入帧。

10）在隐形按钮上单击右键，弹出快捷菜单上选择“动作”命令，打开“动作”面板，将“脚本助手”打开添加 on 命令，属性中事件为默认的“释放”。

11）接下来继续打开“全局函数”→“时间轴控制”，将“go to”添加 on 语句中。在“go to”语句“帧”属性填写数字 2，即“当鼠标释放的事件发生时，跳转播放第 2 帧”。

12）设定第 1 帧的动作为“stop”，如图 11-69 所示。

图 11-68　绘制“蜡烛”

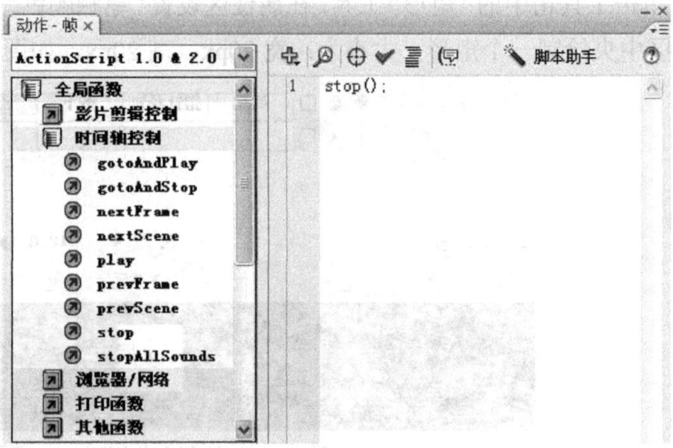

图 11-69　设定“stop”动作

13）再添加一个新图层，命名为“火苗”，在第 2 帧处插入关键帧。在工具栏中选择“椭圆”工具，然后在下方的属性栏中将“笔触颜色”设置为无色，在“颜色”面板中设置“填充颜色”类型为“线性”，左右两个红绿蓝色值如图 11-70 所示。

14）在编辑区上绘制一个合适大小的椭圆，使用“旋转与倾斜”工具调整椭圆的方向，使黄色在上面，并使用“选择”工具改变椭圆的形状，如图 11-71 所示。

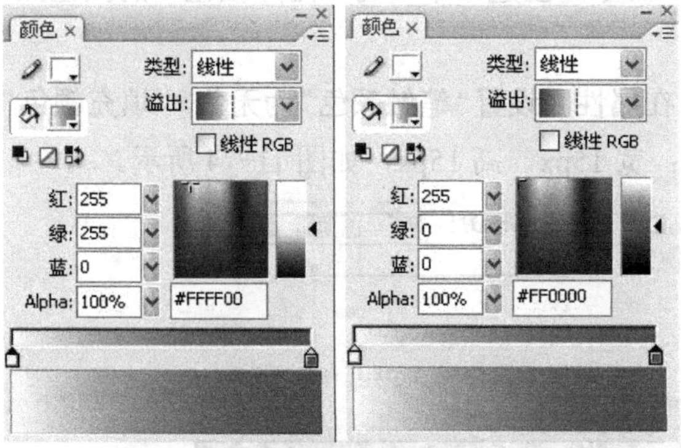

图 11-70　设置“火苗”线性填充颜色

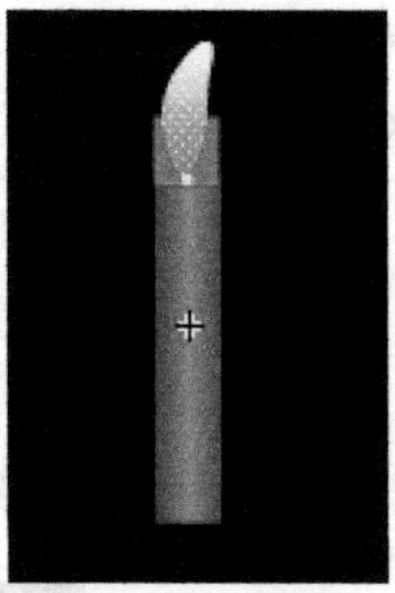

图 11-71　绘制“火苗”

15）在第 20 帧处插入关键帧，略微调整“火苗”的形状，创建第 2 ～ 20 帧的形状动画。设定第 20 帧的动作为“gotoAndPlay(2)”，如图 11-72 所示。

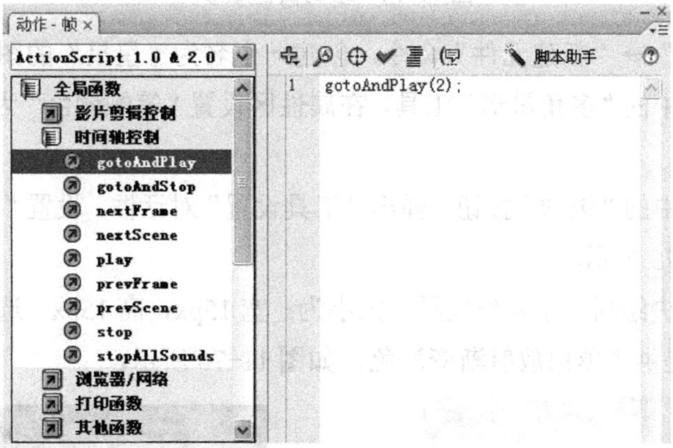

图 11-72　设定“gotoAndPlay(2)”动作

16）单击“场景 1”按钮，返回到场景中，从库中将影片剪辑“点燃蜡烛”拖放到编辑区上，数量根据需要自定，如图 11-73 所示。

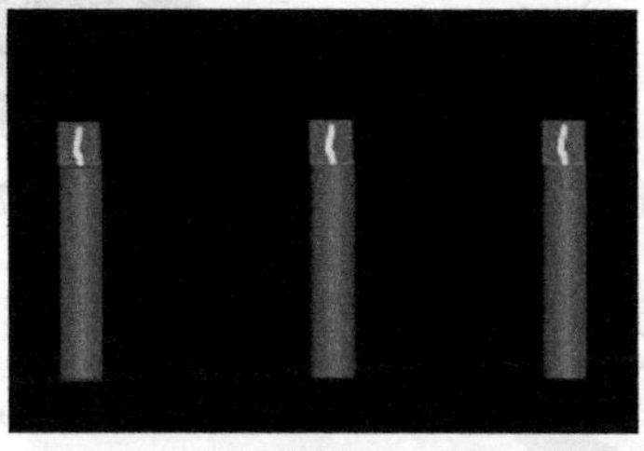

图 11-73　将“点燃蜡烛”拖放到编辑区

17）按 <Ctrl+Enter> 组合键预览动画效果，然后保存文件，命名为“点燃蜡烛”。

任务 8　跟随鼠标拖动的星星

操作步骤

1）创建一个新 Flash 文件，将编辑区大小设置为 300px×300px，背景颜色设置为黑色。

2）单击“插入”→“新建元件”命令，创建一个名为“隐形按钮”的按钮元件，在第 4 帧处插入关键帧。

3）单击工具箱中的“矩形”工具，在属性区设置“笔触颜色”为无色，“填充颜色”为白色。在编辑区中央绘制一个矩形，大小为：宽 15px，高 15px，如图 11-74 所示。

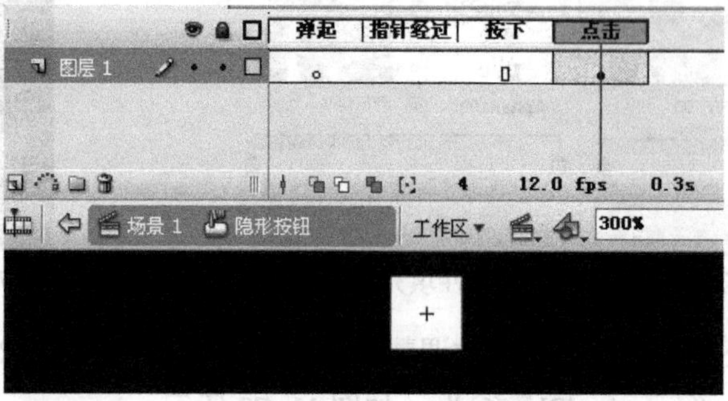

图 11-74　绘制白色矩形

4）单击“插入”→“新建元件”命令，创建一个名为“星星”的图形元件。

5）单击工具箱中的“多角星形”工具，在属性区设置“笔触颜色”为无色，“填充颜色”为白色。

6）单击属性区中的“选项”按钮，弹出“工具设置”对话框，设置“样式”为星形，“边数”为 4，如图 11-75 所示。

7）在编辑区中央绘制一个 4 角星星。大小为：宽 15px，高 15px，选择“颜料桶”工具，填充颜色面板中，提供“黑白放射渐变”色，如图 11-76 所示。

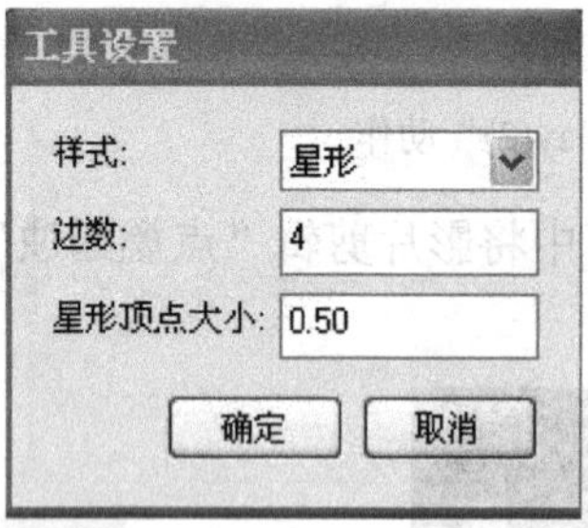

图 11-75　工具设置

图 11-76　绘制 4 角星

8）单击“插入”→“新建元件”命令，创建一个名为“闪亮的星星”的影片剪辑元件。

9）在第 1 帧将库中的“星星”元件拖放到编辑区中央，接着分别在第 5 帧和第 10 帧处插入关键帧。

10）选中第 10 帧中的“星星”元件，将其颜色中的 Alpha 值设置为 0%，如图 11-77 所示。

11）创建从第 5 ～ 10 帧的补间动画，如图 11-78 所示。

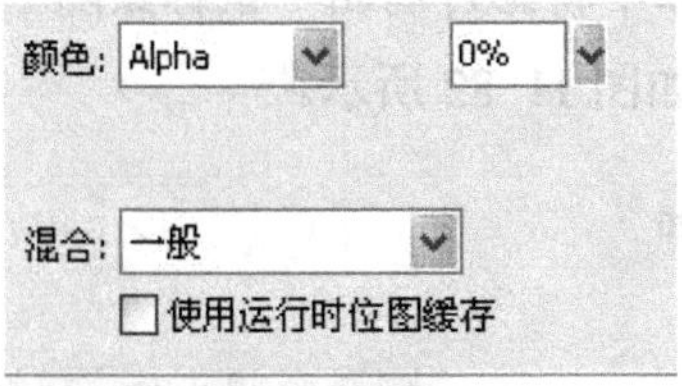

图 11-77　调整“星星”颜色属性

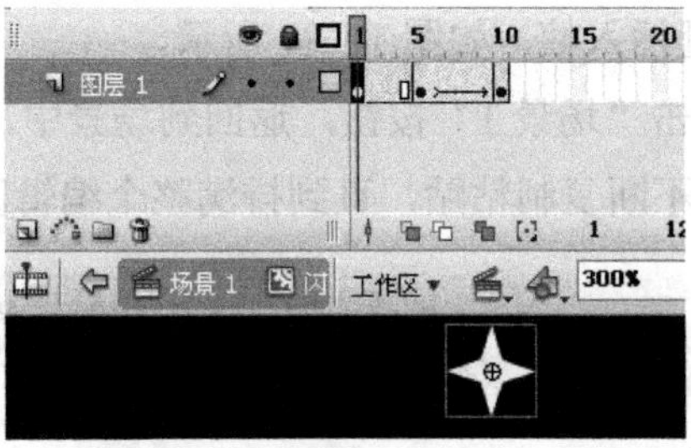

图 11-78　创建补间动画

12）单击“插入”→“新建元件”命令，创建一个名为“鼠标跟随”的影片剪辑元件。在第 1 帧把“隐形按钮”元件从库中拖到编辑区中央，并设定第 1 帧的动作为“stop”，如图 11-79 所示。

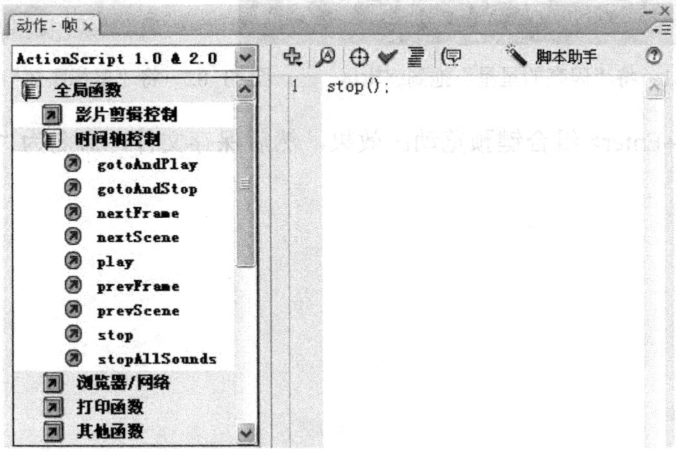

图 11-79　设定第 1 帧动作

13）在“隐形按钮”上单击鼠标右键，从弹出的快捷菜单中选择“动作”，为“隐形按钮”设置动作，如图 11-80 所示。

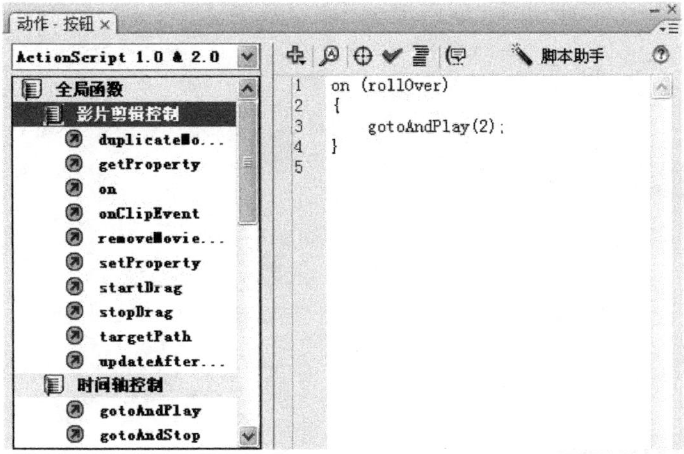

图 11-80　设定“隐形按钮”动作

14）在第 2 帧处插入白色关键帧，把“闪亮的星星”元件从库中拖到编辑区中央，并在第 11 帧处插入帧，如图 11-81 所示。

15）单击“场景 1”按钮，返回到场景中，从库中将影片剪辑“鼠标跟随”拖放到编辑区上，然后不断复制粘贴，直到排满整个编辑区，如图 11-82 所示。

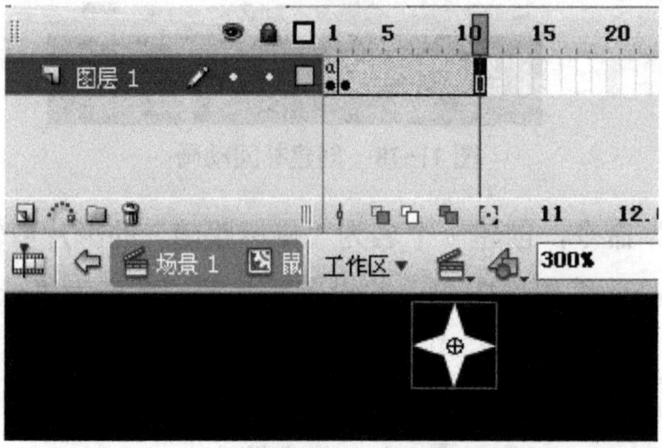

图 11-81　将“闪亮的星星”拖到编辑区

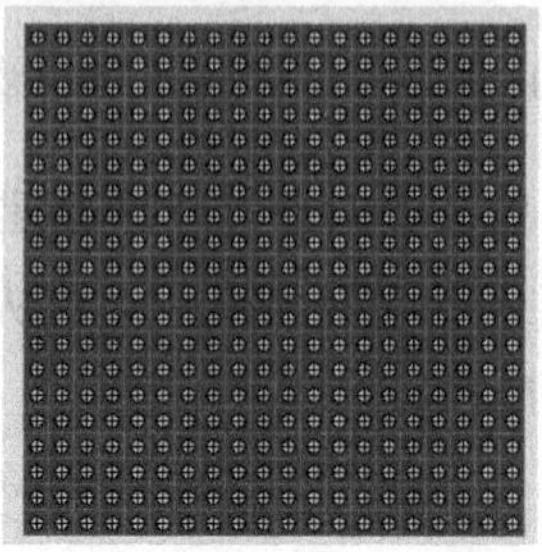

图 11-82　将“鼠标跟随”拖到编辑区

16）按 <Ctrl+Enter> 组合键预览动画效果，然后保存文件，命名为“跟随鼠标拖动的星星”。

参考文献

[1] 陆惠恩．软件工程基础 [M]．北京：人民邮电出版社，2005．

[2] 陈明．软件工程实用教程 [M]．北京：清华大学出版社，2005．

[3] 谢夫娜，丁兆海．软件工程 [M]．北京：电子工业出版社，2004．

[4] 金江军，潘懋．电子政务导论 [M]．2 版．北京：北京大学出版社，2003．

[5] 郭庚麒，余明艳．软件工程基础教程 [M]．北京：科学出版社，2004．

[6] 汤庸．软件工程方法与管理 [M]．北京：冶金工业出版社，2002．

[7] 张海藩．软件工程导论 [M]．北京：清华大学出版社，1990．

[8] 张玲，丁莉，李娜．软件工程 [M]．北京：清华大学出版社，2005．

[9] Harold Kerzner．项目管理的战略规划：项目管理成熟度模型的应用 [M]．张增华，吕义怀，译．7 版．北京：电子工业出版社，2003．